工廠叢書 ⑪①

# 品管部操作規範

曹子健　陳進福 / 編著

憲業企管顧問有限公司　　發行

# 《品管部操作規範》

## 序　言

企業要把品管工作規範化管理，落實到部門，進而落實到品管部門的每一個崗位和每一件工作事項上，是高效執行的務實舉措，只有層層實行品管工作操作規範化管理，事事有規範，辦事有流程，操作工作有方案，才能提高企業的整體管理水準，從根本上提高企業的執行力，增強企業的競爭力。

我們兩位品管顧問師，都參與工廠品管工作至少 25 年，受到憲業企管公司總顧問師黃憲仁邀約，擔任品管顧問師、駐廠顧問師。黃憲仁顧問師為提升台灣企業界競爭實力，花大錢，積極出版實用性工廠叢書，盈虧不計，令人敬佩。

我們積多年品管工作經驗，深切明白品管部工作的問題所在，如何提升各企業的品質績效，因此編制這本《品管部操作規範》，這本書是我們的駐廠輔導心得，通過細化品管部門各崗位以及每一個品管工作事項的具體內容，介紹了品管部工作的具體事項、制度、表格、管理辦法流程和方案，企業可以在短時間內促進品管部門的運作效率。

此書對品管部如何安排組織結構、品管部在生產作業過程的品質管理、品管部如何安排品質管制制度、品管部如何建立品質管制體系、製作品質標準、品管部的品質改進、品管部的品質控制、品管部的事務管理、品管部的控制成本等各項工作進行了系統的介紹，可說是針對每一項品管工作，都有詳細的工作流程與方案，是品管部進行規範化管理的工具書。

2019 年 8 月

# 《品管部操作規範》

# 目　錄

## 第1章　品管部的工作職責 / 8

品質是企業的命脈，沒有好產品就沒有市場，沒有市場企業就無法生存。品管部實際上是把好企業的生命關，因此明確其部門職責、各人員職責並嚴格履行是重中之重。

## 第 2 章　品管部如何建立品管體系 / 46

一個完整的品管體系包括一致的品管目標、明確的管理職責、內部品質審核、加強全員品質意識、不斷改進創新等等，要根據自己企業的管理理念、人員素質、產品類型等具體情況，策劃、建立、實施和改進自己的品管體系。



## 第 3 章　品管部要製作品質標準書 / 96

品質標準是產品生產、評定品質的技術依據，通過產品和零件的測試、檢驗研究，確定若干技術參數，反映產品品質特性，從而使企業生產經營能夠有條不紊地進行。

## 第4章　品管部如何控制生產過程品質 / 133

控制生產管理過程是為確保生產過程處於受控狀態，對直接或間接影響產品品質的生產、安裝和服務過程所採取的作業技術和生產過程的分析、診斷和監控。主要包括樣品、進料、製作過程及成品檢驗等。



## 第5章　品管部如何降低不良品 / 183

不管多麼完善的管理制度，只要有生產活動就會有不良品產生，正確分析不良品產生的原因，妥善處理不良品是品管部經理要慎重面對的問題。

## 第 6 章　品管部如何進行品質改進 / 202

品質改進是消除系統性的問題，對現有的品質水準在控制的基礎上加以提高，使品質達到一個新水準、新高度。品質改進是一個過程，要按照一定的規則、流程進行，否則會影響改進的成效。



## 第 7 章　品管部如何進行品質控制 / 242

品質控制是為了通過監視品質形成過程，消除品質環上所有階段引起不合格或不滿意效果的因素。品管主管的崗位職責、管理流程和管理制度等都是品質控制點。

## 第 8 章　品管部如何控制品質成本 / 285

通過品質成本分析找出產品品質的缺陷和管理工作中的不足之處，為改進品質提出建議，為降低品質成本、尋求最佳品質水準指出方向，使品管部經理選擇合適的品質成本優化法，進而達到品質成本的最低。



## 第 9 章　品管部實際案例 / 342

精彩的品管部案例，拿出來討論，集中智慧，按步操作，必能解決問題。

# 第 1 章

# 品管部的工作職責

## 第一節　品管部門的責任

品管部的主要職能是保證產品的品質，生產過程的品質管理及品質體系的運行。

### 一、品管部門的職能

品管部的主要職能是保證產品的品質、生產過程的品質管理及品質體系的運行，其具體職能有如下幾個方面。

1. 負責公司品質方針、品質目標的貫徹落實，改善公司的品質管理工作。

2. 負責公司各種品質管理制度的制定與實施，以及各種品質管理活動的執行與推動。

3. 組織品質控制人員、品質檢驗人員對專業技術知識的學習，建立一隻高素質的品質控制、品質檢驗隊伍。

4. 負責進料、在製品、成品的品質標準和檢驗規程的制定與執行，監督指導各項品質的檢驗工作。

5. 處理品質異常，協助處理客戶投訴與退貨的調查、原因分析，並擬訂改善措施。

6. 組織不合格品的控制，制定不合格品的預防和糾正措施，並予以督導執行。

7. 負責檢驗儀器、量具、實驗設備的管理工作。

8. 監督、檢查品質記錄，組織分析品質數據。

9. 負責品質管理信息的收集、傳導、回復，以及品質成本的分析與控制工作。

10. 負責全面品質管理在公司的推行，並對各部門的工作進行內部品質審核。

11. 建立、實施公司品質管理體系，組織編寫品質手冊等品質文件，並進行審核。

12. 組織和協調公司產品的認證工作，負責對原材料供應商的評估。

13. 召開現場品質工作會議。

14. 負責本部門員工的聘用、解僱，以及下屬員工工作的督導、評價與考核工作。

15. 完成總經理交付的其他相關工作。

## 二、品管部門的權力

品管部主要是在品管部經理的領導下，受總經理委託，對全公司品質工作行使策劃、指揮、指導、審核、控制和監督的權力。具體權力如下。

1. 制定、實施和控制品質管理方針的權力。
2. 對品質計劃、品質變異處理的審批權力。
3. 對品質事故檢查中發現的問題依制度提請處罰的權力。
4. 對不合格品進行管理的權力。
5. 部門內部開展工作的自主權。
6. 重大、緊急品質事故中越權指揮的權力。
7. 重大、緊急品質事故中越級彙報的權力。
8. 品質管理經費預算及控制的權力。
9. 部門內部員工聘任、解聘、考核、處罰的建議權。
10. 其他與品質管理工作相關的權力。

# 第二節　品管部門的組織職能

## 1. 單一產品、單一工廠的品管部組織機構

圖 1-2-1 所示的是加工、生產單一產品的單一工廠的品管部組織機構。此時，在具體生產企業中，生產製造活動是由大量緊密結合的工序組成的，而且每一道工序都涉及專門技術。因此，需要一個品質工程師進行所有工序的品質計劃工作。

圖 1-2-1　單一產品、單一工廠的品管部組織機構圖

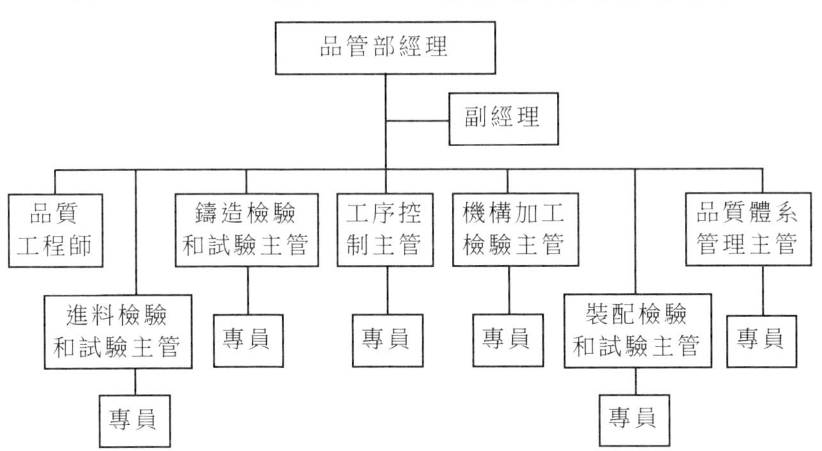


表 1-2-1　職能分配表

| 職務 | 配置人數 | 主要職責 | 職位替代者 |
|---|---|---|---|
| 品管經理 | 1 人 | 生產品質計劃、品質制度的制定、品控體系的建立以及品管部工作的領導 | 品質工程師 |
| 品檢課長 | 1 人 | 負責領導全體質檢進行產品品質檢驗 | 制程組長 |
| 品質工程師 | 1 人 | 品質標準的制定、品質管理稽核、品質審核、ISO9001：2008 體系維持 | 品標組長 |
| 品標組長 | 1 人 | 負責制定品質標準 | |
| 來料組長 | 5 人 | 負責來料物料檢驗 | |
| 制程組長 | 1 人 | 負責現場品質檢驗 | |
| 終檢組長 | 1 人 | 負責現場成品檢驗 | |
| 統計員 | 1 人 | 負責品質資料的統計、品質任務單的發放、品管部日常事務的處理 | |

2.不同產品線的品管部組織機構

圖 1-2-2 不同產品線的品管部組織機構圖

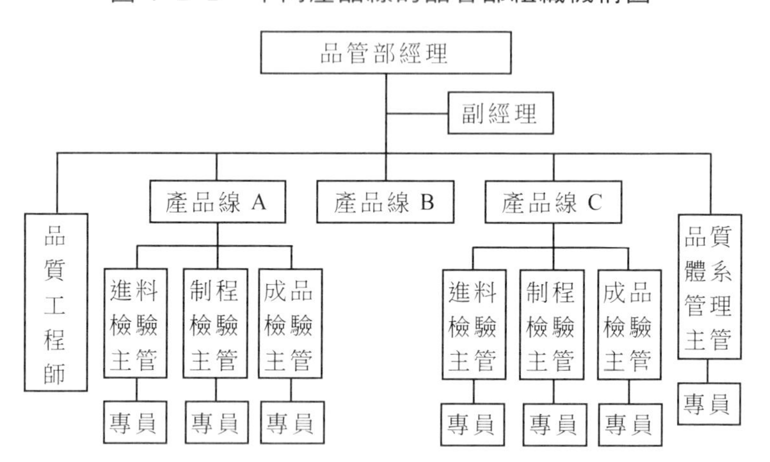


圖 1-2-2 所示的是一家規模中等，共有 3 條產品線(A、B 和 C)的工廠的品管部組織機構。

3.不同產品、單一工廠的品管部組織機構

圖 1-2-3 所示的是規模較大、生產若干種產品的單一工廠的品管部組織結構。

圖 1-2-3 不同產品、單一工廠的品管部組織機構圖

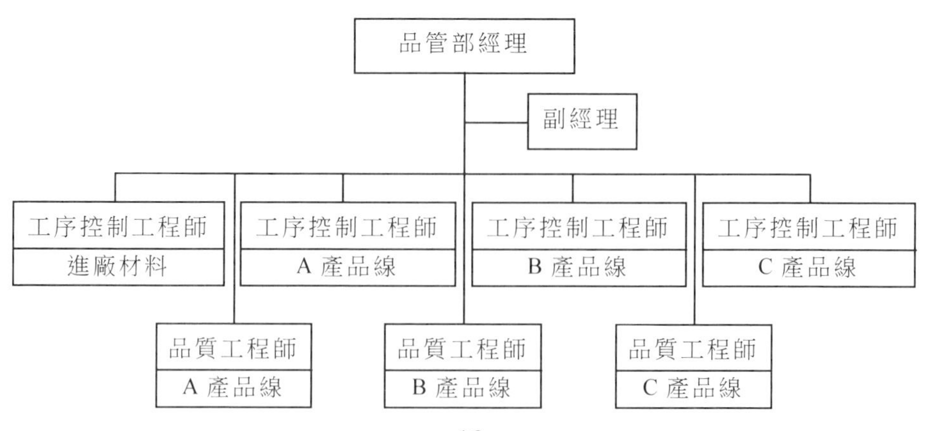

## 4.不同製造部門的品管部組織機構

圖 1-2-4 所示的是一家大型器具企業品管部的組織機構。

**圖 1-2-4　大型器具企業品管部的組織機構圖**

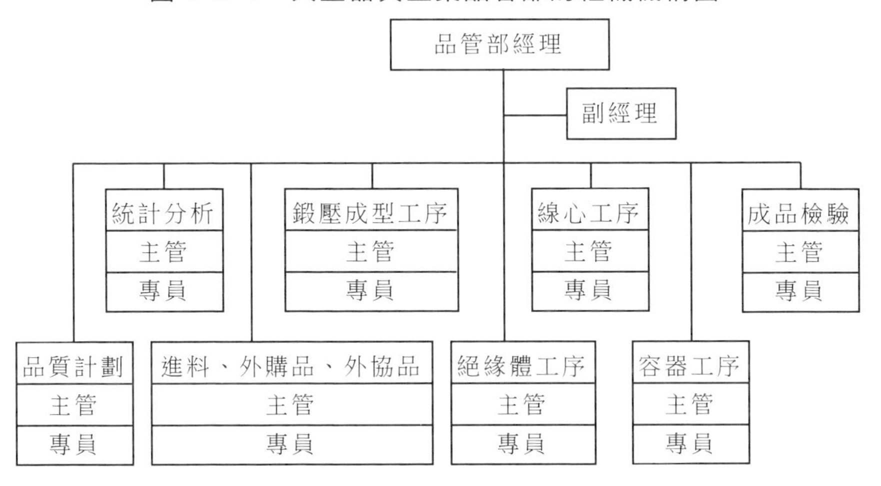


## 5.大型企業品管部組織機構

**圖 1-2-5　大型企業品管部組織機構圖**

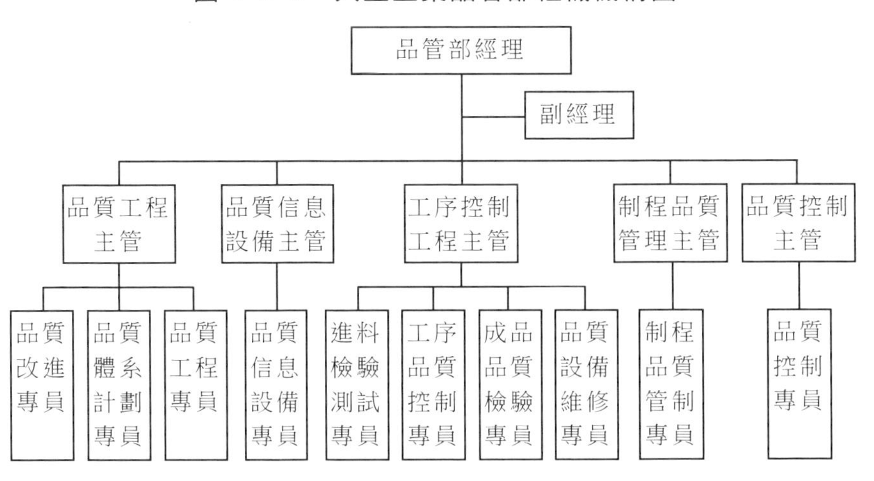

在大型企業，必須有很多職位去恰當地完成品質管理中的各項工作，圖 1-2-5 所示的是類似的大型企業品管部組織機構。

## 6.按工作事項劃分的品管部組織機構

圖 1-2-6 是某製造企業品管部按工作事項劃分的組織機構。

圖 1-2-6　按工作事項劃分的品管部組織機構

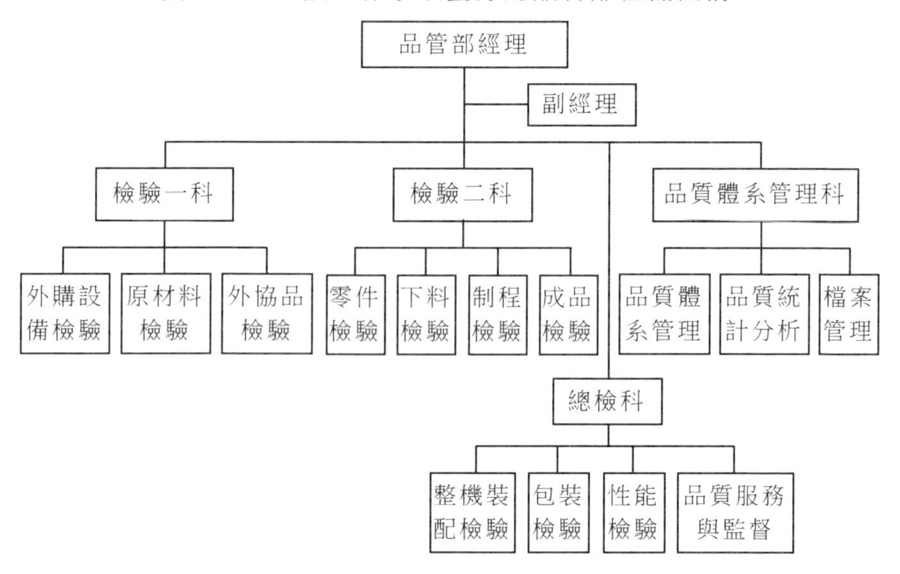

# 第三節　品管部人員配置

在企業的實際需求中，品質部部門的基本組織形式，配備人員，常見如下：

## 1. 職級配置標準

對品質部做內部職級配置，目的是便於決策權的集中。一旦品質主管出現空缺時，誰都可以執掌品質部。常見的職級配置為 3 級梯次：

圖 1-3-1　品質部職級配置標準（3 級梯次）架構圖

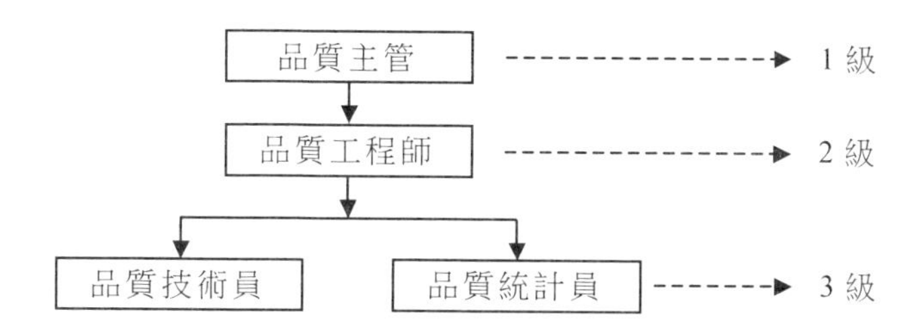


## 2. 人數配置標準

嚴格來說，品質部不同於人力資源部。品質部的工作專業且事務繁忙，因此沒有統一的標準，可能一人多職。但一些職位是必須有的：

表 1-3-1　品質部人數配置標準

| 序號 | 職務 | 人數 | 具體工作內容 |
|---|---|---|---|
| 1 | 品質主管 | 1人 | 負責品質規劃、品質人員調配 |
| 2 | 品質標準（品質工程師） | 1人 | 必須存在。負責產品品質標準的制定與日常品質稽核 |
| 3 | 品質統計 | 1人 | 必須存在。負責品質數據的統計與品質問題的分析 |
| 4 | 來料檢驗 | 不定，由企業來料數額決定 | 負責來料檢驗 |
| 5 | 成品檢驗 | 2～5人 | 負責成品檢驗，大部份採用抽檢的形式 |
| 6 | 制程檢驗 | 不定，由企業調查規模決定 | 負責制程檢驗 |
| 7 | 產品化驗員 | 2人為佳 | 負責企業物料的化驗 |
| 8 | 產品認證 | 可由品質標準負責人兼職 | 負責產品認證 |
| 9 | 內審 | 可由品質標準負責人兼職 | 負責企業品質內審 |
| 10 | 計量員 | 可由品質標準負責人兼職 | 負責企業量規儀器管理 |

### 3.職責配置標準

配置品質部內部人員，原則上是人人有事幹。其具體原則如下：

⑴必備職位：品質主管、品質工程師、品質統計員、品質檢驗

員。

⑵可兼任職位：產品認證、內審、計量員，一般可由企業品質工程師、品質技術員來兼任。

## 第四節　品管部各工作崗位的職責

### 1. 品管部主管

⑴直接上司副總經理；

⑵負責進料、制程中產品和成品的品質核對總和品質保證；

⑶管理 QST 進行品質體系的持續改進；

⑷對供應商進行指導並批准其產品的品質等級；

⑸指導實驗室的工作；

⑹負責不合格品的隔離和管理，批准報廢品；

⑺主導品質標準、檢驗方案、檢查方法、採取措施計劃的實施和應用；

⑻負責品質管理體系的事務；

⑼主導管理評審；

⑽督導外部聯絡；

⑾負責顧客品質服務；

⑿上司指定的其他事項。

### 2. QA 課主任

⑴直接上司品管部主管；

⑵負責成品的品質核對總和品質保證；

⑶協助管理精密測定試驗和環境實驗工作；

⑷負責安排顧客檢驗的相關事務；

⑸策劃 QA 方案，制定 QA 計劃，並主導實施；

⑹負責進行產品品質和技術指標的檢討確認；

⑺負責處理不合格品；

⑻指導 OQC 的工作；

⑼督導 DOCK CHECK 事項；

⑽上司指定的其他事項。

### 3. QST 課主任

⑴直接上司品管部主管；

⑵負責品質管理體系事宜和外部聯絡；

⑶負責公司內外審查；

⑷負責籌備管理評審；

⑸負責推行 5S+2＝7S 活動；

⑹負責追蹤糾正預防措施的實施；

⑺配合管理者代表開展活動；

⑻協助籌備開展企業文化活動；

⑼負責管理文控中心；

⑽上司指定的其他事項。

### 4. IQC 課主任

⑴直接上司品管部主管；

⑵負責進料的品質核對總和品質保證；

⑶主導供應商品質開發和培訓，並按期實施評估；

⑷判定供應商的產品品質、能力水準；

⑸策劃檢驗方案，制定檢驗計劃，並主導實施；

⑹負責進行材料的品質和技術指標的檢討確認；

⑺負責進行樣板、新規部品和不合格品的確認、定性；

⑻經理指定的其他事項。

5. QC 課主任

⑴直接上司品管部主管；

⑵負責制程、半成品和最終產品的品質核對總和制程品質保證；

⑶負責 QC 人員的管理和培訓，並要求按檢驗標準實施檢驗；

⑷管理 IPQC 人員，確保制程的有效性；

⑸針對品質問題和事故要求生產部實施糾正預防對策；

⑹督導生產技術流程適合、正確和應用；

⑺產品生產中進行首件確認；

⑻實施和監督統計技術應用方法，並判斷和分析其結果；

⑼負責籌備品質例會；

⑽經理指定的其他事項。

6. 品管部各工程師

⑴直接上司品管部各相關主任；

⑵負責所擔當的品質問題的分析、判斷和確認，並將結果向主管報告；

⑶制定檢查指導書，並指導檢查、檢驗工作；

⑷檢驗用治具和工具的申請，使用方法指導；

⑸上級指定的其他事項。

7. 品管部各班長

⑴直接上司品管部各相關主任；

⑵負責所擔當範圍的品質核對總和品質保證工作；

⑶要求屬下按檢查指導書實施檢查、檢驗工作；

⑷品質問題的調查、回饋和檢討等事項；

⑸上級指定的其他事項。

8. 品管部各技術員

⑴直接上司品管部各相關班長；

⑵負責所擔當範圍的品質問題發現、檢討和回饋；

⑶協助工程師的工作；

⑷上級指定的其他事項。

9. 品管部各組長

⑴直接上司品管部各相關班長；

⑵負責所擔當範圍的品質核對總和品質保證工作；

⑶管理屬下按檢查指導書的要求完成檢查、檢驗工作；

⑷落實品質問題等事項，為技術員、工程師進行品質分析提供依據；

⑸主任指定的其他事項。

10. 品管部備課檢查員/擔當

⑴直接上司品管部各相關組長；

⑵按指導書的要求及時優質地完成所擔當的品質核對總和品質保證工作；

⑶記錄相關品質資料；

⑷上級指定的其他事項。

11. 品管部 DOCK 檢驗員和實驗員

⑴直接上司品質部各相關組長；

⑵按指導書的要求及時優質地完成所擔當的相關實驗/檢驗；

⑶作好相關品質記錄並及時向上級報告；

⑷保持實驗/檢驗環境的符合性和有效性；

⑸上級指定的其他事項。

12.品管部文員

⑴直接上司品管部主管；

⑵工程文件收發登記和處理；

⑶部門辦公室的日常事務處理；

⑷上級指定的其他任務。

## 第五節　做一位優秀的品管部經理

具體而言，品管部經理的工作任務有以下幾方面：

1.建立、實施品質管理體系

⑴協助總經理領導公司建立、實施和保持品質管理體系。

⑵審查品質手冊、品質方針和品質目標，待總經理批准。

⑶確保品質管理體系的建立過程得到必要的支援。

⑷向總經理報告品質管理體系的業績，包括改進的需求。

⑸在整個企業內促進顧客品質要求意見的落實。

2.文件控制

⑴審核品質手冊。

⑵指導各部門品質負責人相關文件的編制、使用和保管。

⑶負責對現有品質體系文件的定期評審。

⑷指導本部門與品質管理體系有關的文件的收集、整理與歸檔工作。

3.品質記錄

⑴負責監督、管理各部門的品質記錄。

⑵指導各部門資料員收集、整理、保管本部門的品質記錄。

⑶檢查檔案室保管超過一年的品質記錄。

⑷審查各部門編制的品質記錄格式。

4.品質管理評審

⑴協助總經理主持品質管理評審活動。

⑵負責向總經理報告品質管理體系的運行情況，並提出改進建議，編寫相應的品質管理評審報告。

⑶指導品管部門的評審計劃制訂、收集，並提供管理評審所需的資料，負責對評審後的糾正、預防措施進行跟蹤和驗證。

⑷協助、協調各相關部門準備、提供與本部門工作有關的品質評審資料，並指導其提出實施品質管理評審中的相關糾正、預防措施。

5.實現品質計劃目標

⑴審查各有關部門編制的品質計劃。

⑵指導質管部門負責對各部門品質計劃的實施情況進行監督檢查。

⑶協助各部門負責人與本部門相關的品質計劃的編制與實施。

6.處理與顧客有關的品質問題

⑴協助行銷部識別顧客的需求與期望，組織有關部門對產品需求進行評審，並負責與顧客進行品質方面的溝通。

⑵指導質管部門對新產品品質的檢測能力。

⑶協調開發部對新產品的設計開發能力。

⑷協調生產部對產品的生產能力及交貨期。

⑸協調供應部對所需物料採購的能力。

⑹審查特殊合約的產品品質要求評審表。

## 7. 品質標準設計和開發

⑴在品質要求方面根據開發部設計、開發產品的組織、協調與實施等工作，設計品質標準和技術的標準。

⑵協助公司總工程師等項目負責人審核項目建議書，下達設計和開發任務書、設計開發方案、設計開發計劃書、設計開發評審、設計開發驗證報告、協助審核試產報告。

⑶為總經理批准項目建議書、試產報告等工作，提供品質方面的參考意見。

⑷協助供應部做好所需採購的物料的品質檢查工作。

⑸協助行銷部進行品質方法的市場調研或分析，把握市場訊息及新產品動向，審閱顧客使用新產品後的《客戶試用報告》。

⑹指導質管部門負責新產品的核對總和試驗。

⑺指導生產部負責新產品的加工試製和生產品質標準。

## 8. 生產和服務運作的品質監控

⑴在品質控制方面指導生產部進行生產和過程控制與生產設施的維護保養，編制必要的品質作業指導書，負責產品的品質檢測。

⑵協助開發部編制完善的品質管理的技術規程。

⑶在品質方面協助生產部門對《月生產計劃》進行審批，並負責設施採購的品質審批。

⑷協助行政部對實現產品品質所需的工作環境進行控制。

⑸協助質管部進行產品驗證和標識及可追溯性控制。

⑹協助行銷部在品質方面的售後服務工作。

## 9. 測量和監控裝置管理

⑴負責測量和監控設備的校準；根據需要編制內部校準規程。

⑵負責對偏離校準狀態的測量和監控設備的追蹤處理。

⑶負責對測量和監控設備的操作人員的培訓與考核。

10.內部審核

⑴審核企業年度內審計劃和審核實施計劃以供總經理批准。

⑵指導擬定內部品質管理體系審核報告。

⑶協助總經理定期召開品質管理評審會議。

⑷全面負責內部品質管理體系的審核工作。

⑸選定審核組長及審核員，並審核年度內審計劃、審核實施計劃和內部品質管理體系審核報告。

⑹指導編寫《年度內審計劃》並負責組織實施。

11.不合格品控制

⑴協助質管部識別不合格品，並跟蹤不合格品的處理結果。

⑵協助生產部門對不合格品作出處理決定。

⑶協助生產部負責對不合格品採取糾正措施。

12.數據分析

⑴指導公司內外相關品質數據的傳遞、分析與處理。

⑵核查質檢部對統計技術的選用、批准、組織培訓及檢查統計技術的實施效果。

⑶協調各種相關品質數據的收集、傳遞、交流。

⑷指導各部門品質資訊統計技術的具體選擇與應用。統計技術方法很多，常用的有圖示法、直方圖、排列圖、因果圖、散佈圖等方法。

13.改進控制

⑴負責策劃品質體系和產品的持續改進，出現存在或潛在的品質問題時提出相應的糾正和預防措施，並跟蹤實施效果。

⑵協助行政部在出現品質問題時提供糾正措施及處理意見。

⑶協調各部門實施相應的品質預防、糾正和改進措施。

⑷負責監督、協調對產品糾正和對產品措施的實施。

⑸協助行銷部有效地處理顧客對產品品質方面的意見。

## 第六節　品管部經理的任職條件

品管部經理的重心在於生產的管理、調節。所以說，品管部經理的頭銜不是人人都可以戴的，其必須具備一定的任職條件。

1. 技術知識

⑴掌握與品質有關的知識，熟悉生產領域內的知識。

⑵具備數理統計學方面的知識。

⑶具備品質體系認證、維護等方面的知識。

2. 計劃能力

計劃能力是品管部經理管理能力中最基本的一種。它實質上是對品質管理系統經由思考、策劃、判斷與計算，從而擬定在未來的一段時間內所要達到的品質目標及所採用的程序和方法，以此作為執行依據的能力。一般而言，計劃能力一般體現在以下幾個方面：

⑴提出問題

在制訂品質計劃時首先要考察目前的狀況，通常以問題的形式提出。如：目前實際上產品品質狀況如何？過去的工作已取得的成績和存在的問題有哪些？現在的處境怎樣？未來的目標是什麼？

⑵分析問題

在確定目標之前我們必須分析問題，即進行前提條件分析。所謂前提條件，即指品質計劃實施過程中的預期環境，包括對未來的假設和預測。提出前提條件就是對品質計劃實施過程中的內外環境進行認識。不同的組織機構在制訂計劃時所需考慮的前提條件是不同的。

⑶確定目標

確定目標是品質計劃工作的重要步驟，但必須注意品質目標通常並不是單一的，而是由總目標和許多子目標構成的整體目標。

⑷設計方案

在分析了前提條件並確定了品質目標後，便可進入方案設計階段。達到品質目標的手段、途徑或方法往往不止一種，因而為達到同一目標就可能有多種方案。

⑸可行性分析

在這裏，可行性分析是指對各種品質改進方案進行考察與評價，分析所列方案實現的可能性，特別要對達到品質目標所需的各種資源進行分析，包括人員、資金、物資、組織、時間及空間等條件。

⑹確定計劃

確定計劃即選擇最佳方案，它是建立在對各種方案的可行性分析及比較研究之上做出的選擇。確定計劃時要特別注意所作出的抉擇是否與價值觀念、組織目標、策略方向一致，以及資源是否獲得了最佳的配置利用等。

⑺實施計劃

在計劃的執行過程中應該有相應的嚴格要求，必須責權分明，賞罰公平，通力協作。

⑻檢驗與考核

檢驗與考核實際上是對品質計劃工作與實施結果進行考查，這時整個計劃過程才算結束，其實際意義才體現出來。

3.領導能力

領導能力即主管利用其影響力帶領人們或群體達成企業目標的能力，包括指揮下級的「權」和促使下級服從的「力」。

4.激勵能力

激勵能力是指根據員工的需要設置某些目標，並通過目標導向使員工出現有利於組織目標達成的優勢動機，並按企業所需要的方式運行的能力。

5.控制能力

工作是否按既定的計劃、標準和方法進行，若有偏差就要分析原因、發出指示，並做出改進，以確保企業目標實現的能力就是控制能力。控制能力幾乎包括了品管部經理為保證實際工作與計劃的一致所採取的一切行動。品管部經理可從人員配備、人員評價、結構控制等方面對團隊成員進行監督控制。

6.技術創新

一般來說技術創新就是企業應用創新的知識和新技術，採用新的生產方式和經營管理模式，提高產品品質，開發生產新的產品，提供新的服務，佔領市場並實現市場價值。

7.管理創新

品管部經理的管理創新可以是對體制的改革創新，也可以是從小事與細節上提高創新，要視具體情況而議。

# 第七節　品管部經理的工作崗位說明書

表 1-7-1　品管部經理工作崗位說明書

| 崗位名稱 | 品管部經理 | 直接上級 | 運營總監 |
|---|---|---|---|
| 直接下屬崗　　位 | 品質保證主管、中心實驗室主管、客戶服務主管 | | |
| 本職工作 | 及時為公司的產品和過程品質提供優良的管理能力和管理水準，確保品管部門對公司品牌和戰略的配合與支持 | | |
| 主要權利 | 1. 對所屬員工和各項工作的管理權<br>2. 對員工工作行為、紀律、專業技術、過程控制的檢查權<br>3. 對直接下屬崗位調配的建議權和任用的提名權<br>4. 對本部門預算計劃的控制審核權及在部門預算範圍內的支配權<br>5. 對不合格產品的建議回饋權<br>6. 對供應商品質的評議權<br>7. 對技術開發設計及資料的提請更正權利<br>8. 對各部門品質管理體系運行情況的檢察權及建議處理權 | | |
| 領導責任 | 1. 對公司總體的品質管理績效負責<br>2. 對員工績效考核、指導、回饋、提升工作負責<br>3. 對員工工作效率和工作品質負責<br>4. 對本部門設備及員工所屬工具的完整性負責<br>5. 對供應商的的品質控制負責<br>6. 對本部門預算的執行情況負責 | | |

續表

| | |
|---|---|
| 直接責任 | 根據公司管理方針和發展戰略制定公司品質管理策略，確保品質管理體系的適宜性和有效性<br>根據品質管理體系要求，策劃、組織、監督各部門認真執行品質管理體系<br>根據公司不斷改革的要求，組織以品質為核心的各項調查和改進工作<br>參與制定公司年度預算，組織做好品管部工作計劃和年度預算並報批確保執行<br>5. 制定品管部年度、季、月工作計劃，並匯總品質資訊形成「品質統計月報及改進意見」<br>主持制定、修訂本部門員工崗位說明、任職資格、工作程序和規章制度，報批通過後組織施行<br>7. 結合技術開發部及有關部門和國家標準，制定公司有關產品檢驗的公司應用標準，並討論確定後宣傳、貫徹執行<br>8. 制定部門年度培訓計劃和員工發展規劃及全面品質管理體系培訓計劃，安排培訓課程，提出培訓需求，並協助培訓實施<br>9. 按工作程序做好與技術開發、技術服務、生產、採購等部門的橫向聯繫，並及時對部門之間的爭議提出界定要求<br>10. 每週主持召開部門工作例會，及時、準確地傳達上級指示、考核結果，與考核員工進行考核面談和績效溝通，向相關部門回饋員工考核意見<br>11. 指導、監督、檢查下屬工作的過程、品質、效果、成本等，並做好相應的記錄已備考核<br>12. 不斷完善管理工作程序，根據各崗位的分工，負責各項工作的落實、檢查、協調、考核和獎懲<br>13. 認真推行品質管理程序，嚴格按照品質管理體系進行供應商的評估、原材料的檢驗及入庫等手續 |

續表

| 任職資格 | | |
|---|---|---|
| | 學歷及工作經驗 | 具有大學本科及以上學歷，5年以上從事品質管理工作經驗，有從事××行業品質管理和技術工作經驗者更佳 |
| | 專業要求 | 相關理工科專業 |
| | 專業技能 | 熟悉服裝和鞋企業生產流程和作業程序及檢驗標準和檢驗流程<br>熟悉全面品質管理體系建設知識<br>瞭解生產工作各環節工作狀況和生產不合格件的處理情況<br>熟悉品質資訊搜集和品質統計月報的編制和品質工作的改進<br>掌握與產品相關的技術特色、保密等方面的知識 |
| | 綜合素質 | 有良好的組織協調能力，能有效的組織內部評審、管理評審以及品質問題的評議等<br>有較強的決斷能力，根據經營目標和改革的要求，提高產品品質和人員品質意識提出建議和決策<br>有一定的文字和口頭表達能力，並做好品質統計分析和建議工作等<br>有較強的公關意識，協調處理好各相鄰有關部門之間的關係<br>標準和原則意識強烈、為人正直無私，敢於發現和揭露問題、能夠很好的解決問題 |
| | 特殊技能 | 掌握各種類型原材料的檢驗原理和統計分析、抽樣調查等原則和標準 |

表 1-7-2　品管部經理的考核目標範例

| 考核要素 | KPI考核指標 | 權重(分值) | 指標統計方法及說明 | 考核週期/考核時間 | 數據來源 | 備註 |
|---|---|---|---|---|---|---|
| 新產品認證30% | 現有產品強制認證保持率為100% | 20% | 現有產品超過一種未得到強制認證保持，0分 | 季/次月日 | 產品強制認證審核記錄 | 新產品認證根據年度《新產品策劃》進行，每季根據實際情況變動，當變動時，其他指標的相應權重應予調整 |
| | 新產品認證每年不少於兩種 | 10% | 每少一種，減5分；每多一種，加5分；新產品認證數量需根據「新產品實施計劃」確定 | 年度/次月日 | 新產品認證資料 | |
| 品質管理體系日常運行20% | 每季ISO內審不少於1次 | 10% | 每少1次，得0分 | 季/次月日 | 內審報告 | |
| | 內審不符合項改善總項次保持20～30個 | 10% | 20～30個：10分；15～20個及30～35個：5分；少於15個及多於35個，0分 | 季/次月日 | 不符合項報告 | |
| 技術改造10% | 季產品技術改造不低於兩項 | 10% | 少1項減5分，扣完為止；超1項加5分，總分不超25分 | 季/次月日 | 生產技術改造單 | |
| 產品品質檢驗40% | 產品品質投訴次數 | 10% | 產品品質投訴次數每發生1次，減5分，可負分 | 季/次月日 | 每月投訴記錄分析報告 | |
| | 退貨次數 | 10% | 產品品質退貨每發生1次，減5分，可負分 | 季/次月日 | 每月退貨記錄 | |
| | 每週上報品質檢驗監督報告不少於1次 | 20% | 未上報1次，減10分；依次類推，可負分 | 季/次月日 | 每週品質監測報告 | |

# 第八節　品管部經理的工作目標

表 1-8-1　某企業 2013 年品管部經理的考核目標

| 考核要素 | KPI 考核指標 | 權重（分值） | 指標統計方法及說明 | 考核週期/考核時間 | 資料來源 | 備註 |
|---|---|---|---|---|---|---|
| 新產品認證 30% | 現有產品強制認證保持率為 100% | 20% | 現有產品超過一種未得到強制認證保持，0 分 | 季/次月日 | 產品強制認證審核記錄 | 新產品認證根據年度《新產品策劃》進行。 |
| | 新產品認證每年不少於兩種 | 10% | 每少一種，減 5 分；每多一種，加 5 分；新產品認證數量需根據「新產品實施計劃」確定 | 年度/次月日 | 新產品認證資料 | |
| 品質管理體系日常運行 20% | 每季 ISO 內審不少於 1 次 | 10% | 每少 1 次，得 0 分 | 季/次月日 | 內審報告 | 每季根據實際情況變動，有變動時，其他指標的相應權重應予調整 |
| | 內審不符合項改善總項次保持 20～30 個 | 10% | 20～30 個：10 分；15～20 個及 30～35 個：5 分；少於 15 個及多於 35 個，0 分 | 季/次月日 | 不符合項報告 | |
| 技術改造 10% | 季產品技術改造不低於兩項 | 10% | 少 1 項減 5 分，扣完為止；超 1 項加 5 分，總分不超 25 分 | 季/次月日 | 生產技術改造單 | |
| 產品品質檢驗 40% | 產品品質投訴次數 | 10% | 產品品質投訴次數每發生 1 次，減 5 分，可負分 | 季/次月日 | 每月投訴記錄分析報告 | |
| | 退貨次數 | 10% | 產品品質退貨每發生 1 次，減 5 分，可負分 | 季/次月日 | 每月退貨記錄 | |
| | 每週上報品質檢驗監督報告不少於 1 次 | 20% | 未上報 1 次，減 10 分；依次類推，可負分 | 季/次月日 | 每週品質監測報告 | |

品管部經理工作目標，說明如下：

· 品質控制體系的建立。

· 品質計劃的達成。

· 不良品的控制。

· 客戶品質要求達成。

· 部門工作效率提高。

· 品質投訴率降低。

· 其他的項目任務。

# 第九節　品管部的會議

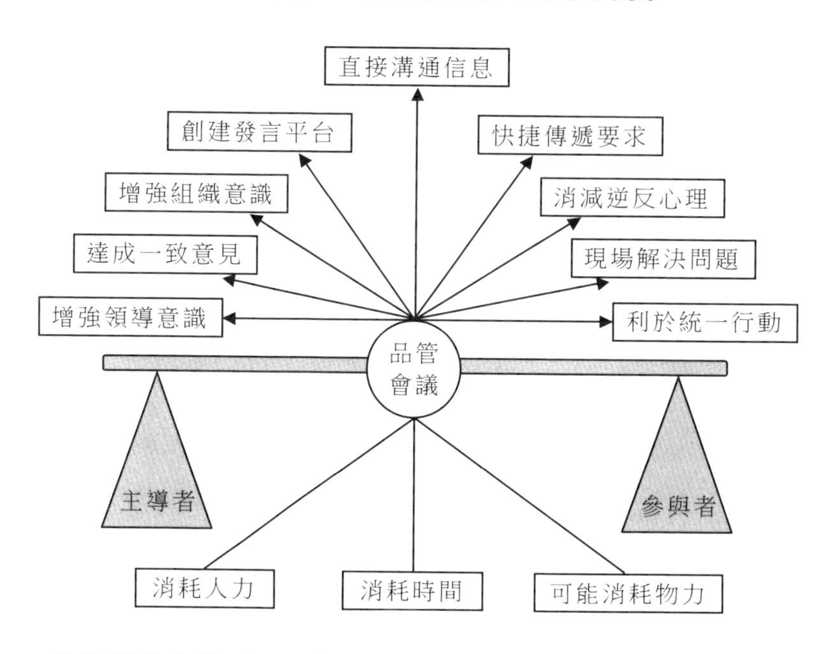


品管部的會議項目，部門內天天開會，三天兩頭召集供應商開

會，隔三差五又被顧客要求開會。

## 一、天天開的日常例會

會議時間：早上 8：00～8：15

會議頻次：每個工作日 1 次

會議地點：部門工作現場適當的地方

主持人：班、組長

參加人：班、組全體成員

會議主題：1. 上一個工作日的工作情況回顧；

2. 本工作日的工作任務和要求事項；

3. 班組成員發言意見。

會議方式：全體人員站立，面對面方式進行

會議記錄：除非必要，否則口頭提醒

## 二、每週開的品管部門例會

會議時間：早上 8：00～8：30

會議頻次：每個工作週 1 次，選擇在週一

會議地點：部門工作現場適當的地方

主持人：主管

參加人：部門全體成員

會議主題：1. 上一個工作週的工作大事回顧；

2. 本工作週的工作任務和要求事項；

3. 部門成員發言意見；

4. 外部門的投訴意見。

會議方式：全體人員站立，面對面方式進行

會議記錄：一般需要會議的主要事項記錄

## 三、協調性會議適時開

這種會議強調的主題內容，是與相關部門的工作協調，要掌握的關鍵是開會的時機。

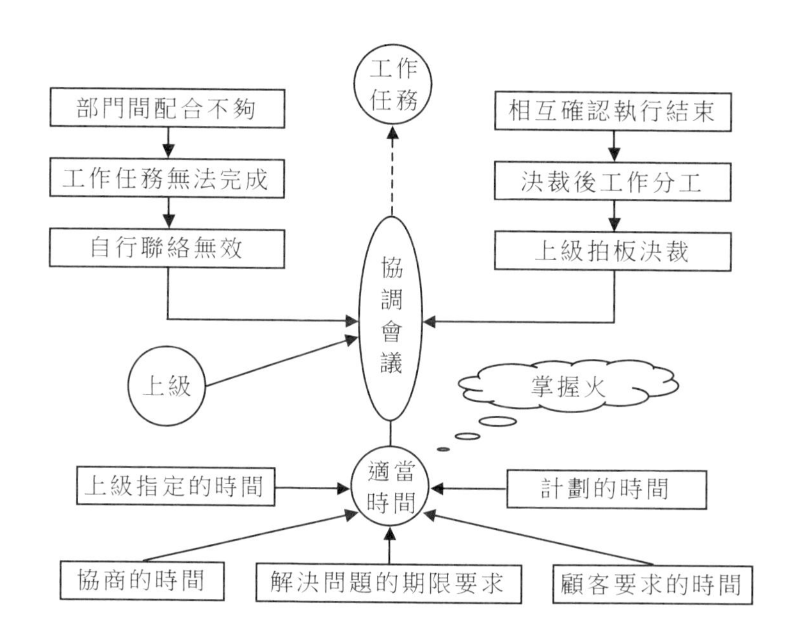


對於那些處於三不管地帶的問題、工作難度比較大的問題和實在不好由自己解決的問題，為了能夠獲得有效的解決辦法，則需要召開相關部門的協調性會議。開這種會議時，要重點掌握好開會的時機，因為開得太早時，相關部門沒有一點兒準備，則往往會削弱

會議的效果或拖延開會時間。開得太晚時又會影響後續的工作落實。

## 四、總結性、檢討性的會議

總結性會議強調的是結果。即總結工作成績，發現不足之處，為下一步開展工作打好基礎。

部門工作總結會議按如下方式進行：

會議時間：下午時刻

會議頻次：每季 1 次，選擇在本季的最後一個週末

會議地點：辦公室或會議室

主持人：主管

參加人：部門全體幹部

會議主題：

⑴本季的工作大事回顧；

⑵本季的工作計劃執行情況；

⑶部門主要幹部發言意見；

⑷部門的整體運作狀態；

⑸部門資源配置狀況；

⑹下一季工作計劃檢討；

⑺持續改進事項。

會議方式：坐下來，從頭說起

會議記錄：需要

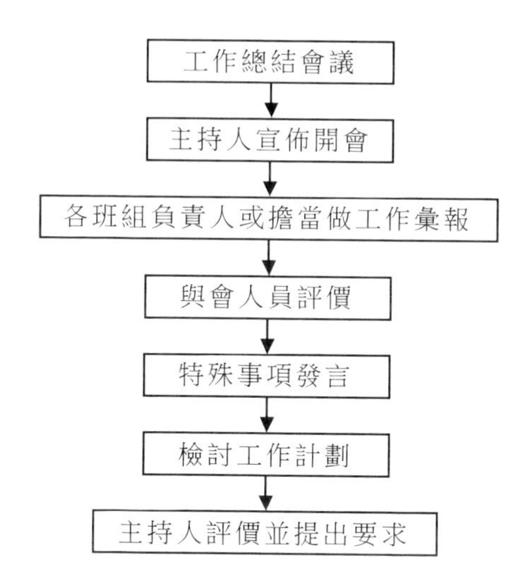


# 五、報告性會議按要求開

報告性會議是指就某一事項的動態或結果，向相關部門以會議的方式進行報告的過程。這種會議主要強調的是報告內容。對於品管部門來說，進行報告會議的機會是比較多的。例如：

⑴品質事故報告會；

⑵進料改善報告會；

⑶糾正/預防措施實施結果報告會；

⑷試生產品質報告會；

⑸產品生產批量品質報告會；

⑹產品品質顧客投訴/抱怨事項報告會；

⑺業務進展報告會；

⑻實驗結果報告會；

⑼持續改進實績報告會。

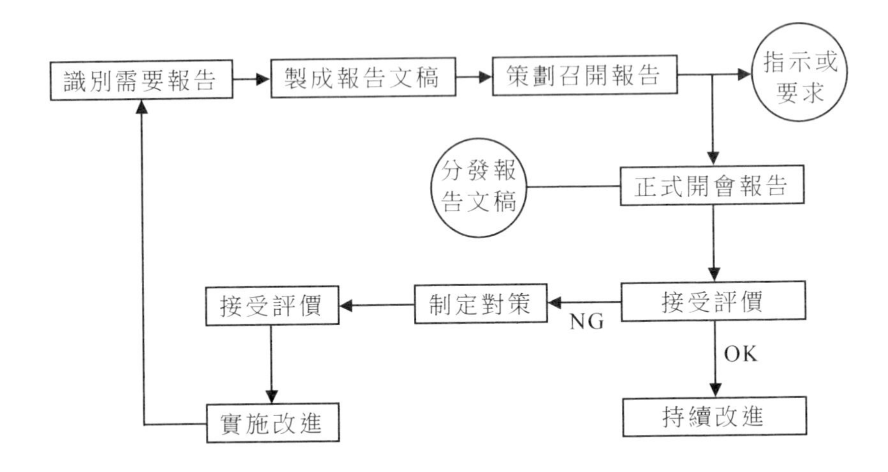


# 六、品質管理會議制度

## 第1章　總則

第1條　目的。

為規範本公司品質管理會議，建立、健全品質溝通管道，特制定本制度。

第2條　適用範圍。

本公司品質管理的各項會議，除遵照有關會議規定外，均依本制度處理。

第3條　權責單位。

⑴品管部負責本制度的起草、制定、修改、廢止。

⑵總經理負責核准本制度的起草、制定、修改、廢止。

## 第2章　品質管理會議規定

第4條　會議類別。

品質管理會議可分為例行性會議與臨時性會議兩人類別。

(1)例行性會議。企業品質管理例行性會議有以下幾項。

①年度評審會議。進行品質管理體系評審，確認是否持續有效地得到運行；討論確定企業年度品質目標、策略。

②內部稽核會議。組織品質稽核小組對品質管理體系運行狀況進行定期稽核，分為起始會議與結束會議。起始會議作稽核前的說明，結束會議作稽核後的報告。

③月品質管理會議。對上月品質狀況做檢討，就重大品質事項達成決議，制定次月品質管理的各項工作計劃，是本企業最重要的工作會議之一。

④品質改進提案委員會會議。對品質改進提案及其成果進行評估，評選優秀提案，並制定次年度品質改進提案工作的推行目標、計劃。

⑤品質管理小組推行委員會會議。對品質管理小組活動進行總結，並制定次年度品質管理小組活動的推行目標、計劃。

⑥品質管理小組成果發表會。由各品質管理小組發表推行成果，推行委員會進行評審，表彰優秀的品質管理小組。

⑦上週品質檢討會。對上週品質狀況做檢討，及時解決品質問題，落實月品質會議決議與計劃，確保達成品質目標。

(2)臨時性會議。臨時性會議由企業最高管理者或品管部經理主管依需要建議召開，一般召開時機有以下幾種。

①發生重大客戶抱怨或退貨時。

②製程發生重大品質問題時。

③供應商發生嚴重品質事故時。

④發生嚴重違反品質管理體系的重大事件時。

⑤重大品質貢獻、突破或其他需大力表彰或宣傳的事件發生時。

⑥其他必要時機。

第5條　會議管理規定。

除遵照企業有關會議管理的規定之外，應遵照下列規定處理。

(1)一般原則。

①例行性會議如已規定具體會議時間，則不另行通知；如未規定具體會議時間，應提前兩天以上通知各參加人員。

②例行性會議如有變更，原則上應提前半個工作日通知各參加人員。

③臨時性會議原則上應至少提前一小時通知參加人員。

④會議參加者必須準時出席並簽到；因故無法到會者，須事先向會議主持人或主席請假，並取得許可，原則上還須派代理人出席。

⑤會議應事先明確主題，與會人員應依據本職工作做好各種準備(包括資料、數據、樣品等)，並做好工作安排。

⑥主持人應控制會議進程，儘量在規定時間內結束會議。

⑦會議決議的落實實施情況，由會議主席指定人員追蹤，並作為下次會議追蹤議題之一。

⑧會議應有會議記錄，並依規定分發給相關人員。

(2)會議記錄。

①由會議主席指定參加人員中的一人擔任會議記錄工作；必要時，也可安排一名非指定的參會人員做記錄工作(如助

理或文書）。

②重要會議的會議記錄，經會議主席簽認後，複印分發給參會人員和相關人員，或由其傳閱。

③對會議決議涉及的具體工作安排，須確認追蹤結果，由會議記錄者填寫《決議事項追蹤表》，並做追蹤工作。

## 第 3 章　月品質管理會議實施辦法

第 6 條　會議目的。

⑴總結檢討上個月的品質狀況。

⑵就重大品質事項達成決議。

⑶制定次月品質管理的各項工作計劃。

第 7 條　參會人員。

⑴會議主席。由總經理擔任；當其無法出席時，由其職務代理人擔任。

⑵主持人。由品管部經理擔任。

⑶參加人員。副總經理、總工程師、各部門經理、品管部各主管。

第 8 條　會議時機。

⑴月品質管理會議每月 15 日 8：00～12：00 召開，遇節假日順延。

⑵會議時間如有變更，經總經理核准後，由品管部負責通知。

第 9 條　會前準備。

⑴品管部負責於每月 12 日之前將各部門品質狀況月報表匯總、填妥，並轉發給各與會人員。

⑵上次會議決議事項的各責任人員須在決議規定完成期限之前，完成所承擔的工作事項。

⑶品管部在××日前應再度對各決議事項完成情況做追蹤確認。

⑷各與會人員依本部門品質狀況準備必要的資料、報表或樣品，以便在會議上報告或討論。

⑸各與會人員應於會議開始前 5 分鐘到達會場。

第 10 條　會議議程。

⑴會議開始。由主持人宣佈會議開始。

⑵追蹤上月會議決議事項的完成情況。由主持人追蹤上月決議事項，各部門經理簡要回答完成狀況，其他人員可提出異議或補充。

⑶各部門品質狀況報告。由品管部經理或各品質管理單位經理報告各部門上月品質狀況，簡要報告主要數據，並就重大品質事項提出分析或報告。

⑷溝通協調事項。各與會人員提出需與其他部門協調的事項，由相關人員討論處理。

⑸會議主席工作指示。會議主席就相關問題向責任人員提出質詢、讚揚、指示或要求，並就企業的品質經營方針或下月行動計劃做出指示。

⑹形成會議決議。記錄人將會中達成的重要決議事項整理後，交由主持人作陳述，各與會人員可提出異議，若無異議則確認為決議事項。

⑺會議結束。由主持人宣佈會議結束。

第 11 條　會後工作。

⑴由會議記錄人員將會議狀況整理成《會議記錄》及必要的《決議事項追蹤表》，呈品管部經理審閱。

⑵《會議記錄》應分發至各與會人員，做到人手一份。

⑶《決議事項追蹤表》應分發至相關責任人員。

⑷各決議事項的擔當者應在規定期限內完成要求的工作事項。

⑸各與會人員應將會議精神傳達給本部門相關人員，並貫徹到其日常工作中。

⑹品管部對會議事項做確認追蹤。

## 第 4 章　附則

第 12 條　本制度由品管部負責修改、解釋。

第 13 條　本制度自××××年××月××日起執行。

心得欄 ------------------------------

------------------------------

------------------------------

------------------------------

------------------------------

------------------------------

# 第十節 案例：品管部經理檢測表

## 一、品管部經理工作崗位能力檢測表

| 行為描述 | 自我評價 |
|---|---|
| 1. 能認清自己的主要工作內容及職責 | 是　　否 |
| 2. 不斷地學習，使自己具備品管部經理的任職資格 | 是　　否 |
| 3. 有市場服務意識，關注客戶的回饋信息 | 是　　否 |
| 4. 品質手冊，符合公司的實際情況和相關標準 | 是　　否 |
| 5. 程序文件與品質手冊保持一致 | 是　　否 |
| 6. 作業簡單明瞭，可操作性強 | 是　　否 |
| 7. 掌握品質體系建設的方法和步驟 | 是　　否 |
| 8. 進行品質管理前，能制訂詳細的實施計劃 | 是　　否 |
| 9. 能分清品質策劃、品質計劃與控制計劃之間的區別與聯繫 | 是　　否 |
| 10. 制定品質方針時，要經過反覆地討論、修改、評審 | 是　　否 |
| 11. 品質目標可衡量，並利於執行 | 是　　否 |
| 12. 能進行品質目標分解 | 是　　否 |
| 13. 能正確地認識和處理品管部與其他部門的關係 | 是　　否 |
| 14. 品質事故發生後，不推卸責任 | 是　　否 |
| 15. 能對品管部人員進行邏輯分組 | 是　　否 |
| 16. 能為品管部設置合適的崗位 | 是　　否 |
| 17. 崗位名稱的命名，能體現隸屬關係 | 是　　否 |
| 18. 編寫崗位說明書時，能將主要職責、次要職責、支持職責規定清楚 | 是　　否 |

## 二、品管部經理工作技能檢測表

| 行為描述 | 自我評價 |
| --- | --- |
| 1. 能分清內聘與外聘流程的區別，並能規範內部招聘流程 | 是　否 |
| 2. 品質人員的任用嚴格遵守「品質人員任用六原則」 | 是　否 |
| 3. 能成功組建品質功能小組 | 是　否 |
| 4. 能選擇恰當的時機對品質人員進行培訓 | 是　否 |
| 5. 能設計各功能小組的崗位規範 | 是　否 |
| 6. 能為品管部人員階段性成長提供良好的環境 | 是　否 |
| 7. 能認清階段性考核與績效考核的聯繫與區別 | 是　否 |
| 8. 能在企業內部開展品管圈活動 | 是　否 |
| 9. 掌握品管圈解決問題的方式 | 是　否 |
| 10. 能運用 PDCA 系統對品管圈主題進行改進 | 是　否 |
| 11. 清楚不同層次人員在品質管理中的工作內容 | 是　否 |
| 12. 能協調好不同部門人員在品質管理中的關係 | 是　否 |
| 13. 能使用多種途徑和方式對品質意識進行宣傳 | 是　否 |
| 14. 能科學地設定績效指標 | 是　否 |
| 15. 掌握設定績效指標的 SMART 原則 | 是　否 |
| 16. 掌握實施績效考核的原則 | 是　否 |

# 第 2 章

# 品管部如何建立品管體系

產品品質決定了企業的成敗，它是企業形象的內涵所在，也是顧客是否認可企業的首要因素。「品質第一」不再僅僅是口號，而是加快企業良性發展的根本，在市場經濟競爭越來越加劇的今天，無論怎樣強調品質管理的重要性都不過分。加強品質管理，並建立完善的品質管理體系已成為企業管理的重要內容。

## 第一節　要建立與企業相符的品質管理體系

### 一、著手建立品質管理體系

作為企業的品管經理在建立完善的品質管理體系時，首先要識別體系所需要的過程及其在企業中的應用，然後確定這些過程的順序和相互作用，框架搭起來後，要確定有效運作和控制這些過程的準則和方法。同時，通過對識別顧客的需求到顧客滿意的評價以及對管理評審、人員培訓、設計開發等每一具體的品質活動過程的測量、監控和分析，確保獲得必要的資訊，以支援這些過程能有效運作，最終實現所策劃的結果並持續改進。

品管經理在建立與完善品質管理體系過程中可以從以下幾個方面著手：

### 1. 建立協調一致的品質管理目標

為滿足各受益者需求，品管經理應制訂明確的品質方針和目標，並提出要求，充分動員全員參與品質管理，激發企業上下共同完成品質目標的決心，使他們的能力得以發揮、潛力得到挖掘。通過不斷擴大管理能量、拓寬管理輻射面和提升管理層次，不僅達到了品質管理的目的，也會帶出一個重視品質的團隊，這將十分有利於企業文化的建設。

### 2. 重視並做好內部品質審核

內部品質審核對完善品質管理體系和提高產品品質都具有重要的作用。品管經理在進行內部品質審核工作時，不僅要嚴格控制不合格產品，使之不能出廠或對不合格品及時採取措施，還必須充分利用內部品質審核體系這個重要的管理手段，促進內部體系的保持和改進。品管經理不但要認真研究如何建立內審機構，任命與確定質檢人員的職責和制定工作方針，還要起到管理統率作用。時刻關注品質，常抓不懈，忌調換頻繁，專職管理不穩定。

### 3. 正確處理品質與自身的關係

品管經理在建立品質管理體系工作中，應建立相應的組織程序，培訓人員，制訂計劃，實施內部品質管理體系，審核、審批報告，必要時應親臨生產現場指揮，特別是在產量與品質發生衝突時，產量需服從品質。

### 4.建立健全網路體系、加速全員品質意識

「品質是生產出來的，不是檢驗出來的」，僅僅依靠有限的質檢員來抓品質是遠遠不夠的。品管經理要充分激發全體員工的品質意識，形成廣泛網路層，從而保證每一個細小環節乃至各道關卡都嚴格過關。品管經理在制訂個人與部門品質目標、制定獎懲制度、並對實施過程進行管理和自我結果評價、定時進行業務培訓、推進公開雙向和各種觀點交流中，應與專職人員上下形成一個整體，使各個過程相互協調、配合、相互促進，有效地利用自己的資源，這樣一個管理網路階層才更有效。

### 5.持續改進、不斷創新

品管經理應為企業的品質管理提供有力依據，以確保企業產品品質的持續改進以適應客戶需求相適應，使企業具備永恆的發展動力。改進的核心是提高有效性和高效率的品質管理，更科學地實施品質目標、方針。品管經理對於符合邏輯、客觀的數據以及測量獲得的資訊，也要有機地結合起來進行科學分析與研討，得出行之有效的決策依據，逐漸增強品質管理素質。

### 6.進一步完善品質管理體系

在建立內在品質體系的基礎上，品管經理還要因地制宜地制訂一系列的品質管理程序，形成完整的科學體系，全面開啟品質管理途徑，保障建立品質管理體系實施目標所需的過程和職責。

## 二、瞭解品質管理體系的內容

品質管理體系整體上應分為四大部份，即管理職責、資源管理、產品的形成以及為實施品質改進所需的測量、分析和改進。它們構

成了品質管理體系的四大整體要素。

### 1. 管理職責

管理職責是品質管理體系的一大整體要素，從組織機構的設置、領導者的職責和權限、品質方針和品質目標的制定，以及如何有效地在一個組織實施品質管理都作了規定。要通過組織機構的合理設置、領導者職責和權限的有效分配和控制、制定切實可行的品質方針和目標並在方針和目標的指導下開展各項品質管理活動，以及通過使品質管理科學化、規範化，使組織的品質管理達到要求並獲得持續改進。

品管經理應該對管理職責的基本內容有所瞭解。簡單來說，管理職責的基本內容就是制定品質方針，確定品質目標，並積極進行品質的策劃，另外還涉及文件和品質記錄的有效控制。對品質管理體系進行評審，以確保品質管理體系的適宜性、充分性和有效性是管理職責的另一項必不可少的內容。

通常，管理職責的實施和運作通過組織機構的設置和運作來實現。組織的最高管理者要對產品品質全面負責。各職能部門和各類人員的品質責任也要落實。在落實品質責任時，首先確定組織所有與品質有關的活動，然後，通過協調把這些品質活動的責任落實到各職能部門，並明確規定領導和各職能部門的品質責任。各職能部門再通過制訂崗位責任制和各項品質活動的控製程序(標準、制度、規程)，明確規定從事各項品質活動人員的責任和權限，以及各項活動之間的關係。

### 2. 資源管理

資源，是品質管理體系的組成和基礎。為了實施品質方針並達到品質目標，管理者應確定資源要求並提供必需的充分而且適宜的基本資源。

資源管理是品質管理體系的主要內容。產品的形成過程是利用資源實施增值轉換的過程。離開資源，形不成產品。資源是產品形成的必要條件，資源的優劣程度以及資源管理水準的高低，對產品品質的形成有著十分密切的關係。

為了實施品質方針並達到品質目標，高級主管應保證必需的各類資源，並實施積極、高效的資源管理。

資源管理的主要內容包括以下這些：

⑴人力資源

人是管理的主體，組織要重視人員的教育和培訓，搞好上崗資格認證工作，確保組織所有人員都勝任其工作職責要求。組織還要運用各種激勵措施，激發廣大員工的積極性，不斷提高人員的素質。

⑵資源供給

組織應明確實施和實現品質管理體系的戰略和目標所必需的資源，並及時地配備這些資源，以便實施和改進品質管理體系的過程，使顧客滿意。

⑶工作環境

工作環境涉及人的因素和物理因素兩個方面。這些因素直接或間接影響員工的能動性、滿意度和業績，同時，也對組織業績的提高具有潛在的影響。組織應確定和管理達到產品符合性所需的工作環境中的人和物質因素。影響工作環境人的因素主要包括：

如何通過建立良好的工作環境，使所有的員工都能發揮出其潛在的創造性；

①建立科學的工作方法，使員工有更多的參與機會；

②安全規則和指南；

③人體工效學。影響工作環境的物理因素包括熱、雜訊、光、衛生、濕度、清潔度、振動、污染和空氣流動等。

⑷基礎設施

基礎設施是組織運行的根本條件。根據組織的產品，基礎設施可包括工廠、工廠、硬體、軟體、工具和設備、支援性服務、通訊、運輸和設施。

組織應根據諸如品質目標、業績、可用性、成本、安全性、保密性和更新等方面的情況來確定和提供基礎設施，並進行基礎設施的維護和保養，以確保其能夠持續地滿足運行需求。

⑸自然資源

組織應考慮影響其業績的自然資源。組織通常不能直接控制這些資源，但它們卻可能對組織的結果產生重要的正面或負面影響。組織應有確保能得到這些資源並制訂防止或將負面影響減至最小的計劃或應急計劃。

⑹財力資源

財務資源管理包括將資金的實際使用情況與計劃相比較並採取必要的措施。

品質管理體系的有效性和效率可能對組織的財務結果產生影響，包括內部影響和外部影響。內部影響如過程、產品的故障或材料和時間的浪費；外部影響如由於產品故障而導致的賠償費用以及因失去顧客和市場所造成的損失等。

⑺信息

資訊是組織的基礎資源。組織的知識積累、持續發展以及創新活動都離不開資訊這一資源。資訊對以事實為依據做出決策也是必不可少的。基於事實的決策方法是品質管理的基本原則。為了對資訊進行有效的管理，組織應識別對資訊的需求，應識別內部和外部的資訊來源，應及時獲得足夠的資訊，應利用資訊來滿足組織的戰略和目標，並應確保適宜的安全性和保密性。此外，組織應評審資訊管理的有效性和效率，並實施任何可能的改進。

⑻供方和合作者

所有組織都通過與供方和合作者建立合作關係而獲益。通過合作，雙方能進行坦誠明確地交流，並促進對創造價值過程的改進。通過下列方式與供方和合作者一起工作，組織可獲得各種增值的機會：

①使供方和合作者的數量最佳；

②雙方在最合適的層次上進行雙向溝通，從而促進問題的迅速解決，避免造成費用增加、支付延誤或其他爭議；

③與供方合作，確認供方的過程能力；

④對供方交付合格產品的能力進行監控；

⑤鼓勵供方實施持續的改進計劃並參與聯合改進；

⑥讓供方參與組織的設計和開發活動，共用知識並對合格產品的實現和交付過程進行改進；

⑦讓合作者參與採購需求的識別及確定共同的發展戰略；

⑧對供方和合作者獲得的成果進行評價並給予承認和獎勵。

⑼過程管理

沒有過程，就沒有產品。產品實現過程的任何一個階段和環節，都對產品的品質產生著直接的和至關重要的影響，必須對直接影響產品品質的產品實現過程進行策劃和控制。

品質管理體系目的是為了實行全過程的品質控制。在進行品質控制時，應根據組織的特點確立產品壽命週期，並將品質形成的全過程劃分為若干個階段，明確每一階段的品質分目標，確定合理的工作程序和開展必要的品質活動，以確保產品(服務)品質在全過程處於受控狀態。

為了便於過程管理，組織應規定：輸入和輸出要求，如規範和資源；過程中的活動；如何進行過程確認；產品如何進行驗證；過程分析方法，包括對可操作性和可維修性的分析；風險的評估和減輕方案；糾正措施；改進的機會：更改的控制等。

生產和服務提供是產品實現的支援過程和子過程，組織對這些過程的管理也應做出考慮，從而確保提高相關方的滿意度。

⑽過程的輸入、輸出和評審

組織應詳細規定並記錄過程的輸入，以用於制定輸出的驗證和確認要求。輸入可以來自組織內或組織外。組織應識別那些對產品和過程至關重要的輸入要求，以便分配適宜的職責和權限。組織應識別產品和過程的重要性或關鍵特性，以便制訂相應的控制和監測過程中各活動的計劃。

過程輸出應對照輸入加以驗證，應形成文件並應根據輸入要求和驗收準則進行評價。這種評價應明確在過程效率方面須採取的糾正措施、預防措施和可能的改進。

在確定輸出及驗收準則時，應考慮過程的可靠性和可重覆性、對潛在不合格的識別及其預防、設計和開發輸入是否充分、設計和開發輸出是否適宜、輸入和輸出是否與已策劃的目標相一致、可能的改進以及未解決的問題等。

⑾過程確認和更改

對產品進行確認是為了確保它們滿足顧客的需求和期望並使其他相關方滿意。在產品確認時，應考慮的方面有品質方針和目標、設備的鑑定、產品的生產條件、產品的使用或應用、產品的外置、產品對環境的影響、利用自然資源（包括材料和能源）所產生的影響等。

組織應定期開展產品的確認工作，以確保當產品發生更改時能夠及時地作出反應。組織要對更改過程實施監督和控制，以確保更改對組織有利且能滿足相關方的需求和期望。通過更改記錄和相互溝通，可確保產品的完整性並為改進提供資訊。

⑿顧客或相關方有關的過程

組織在採取措施，實施整個產品實現過程之前，應充分理解顧客或其他相關方對產品整個實現過程的要求。這種理解及其可能的影響應為所有的參與者所共同接受。

顧客要求及相關資訊通常來源於合約要求、市場調查、顧客或其他相關方規定的過程或活動、對競爭對手的分析、水準對比的結果，以及法律和法規要求等。為使相關方的需求和期望得到充分理解而必須開展這些活動，構成了品質管理體系中與顧客或相關方有關的過程。組織應對這些過程作出規定並加以實施和保持，並能使顧客和其他相關方積極參與。

### 3.測量、分析和改進

組織應在適當的時間間隔對產品、過程能力、顧客滿意度等進行測量和評價，以證實產品的符合性，確保品質管理體系的符合性，實現品質管理體系有效性的持續改進。這主要包括監控和改進組織業績對所需數據的記錄、收集、分析、匯總和溝通。組織應依據測量結果分析被測對象的趨勢和變化。組織應確定使用統計技術的需求，並選擇便於使用的統計技術，並對所選擇的統計技術的應用進行監控。

⑴顧客滿意度的測量和監控

組織應監控作為品質管理體系業績測量指標之一的顧客滿意或不滿意資訊，應確定獲得和使用這種資訊的方法。

為了有效地實現對顧客滿意度的測量和監控，組織要認識到有許多與顧客有關的資訊來源，並應建立收集、分析和利用這些資訊的過程。組織要能夠識別這些資訊來源。

與顧客有關的資訊可包括有關產品的回饋資訊、顧客要求和合約資訊、市場需求、服務提供方面的數據以及競爭方面的資訊。

⑵其他相關方滿意度的測量和監控

組織應收集員工對組織滿足其需求和期望所採取方式的意見，應評定個人和集體的業績以及他們對組織的貢獻。

組織應評定其過程達到規定目標的能力，應測量財務業績、諸外部因素對結果產生的影響，並要識別採取措施後帶來的價值。

組織應監控供方的業績，檢查它是否符合組織的採購方針，測量或監控採購產品的品質，測量採購過程的業績。

組織應針對與社會的相互影響，規定與其目標有關的一些測量，定期評價其採取措施的效率以及社會有關方面對其結果的感受。

⑶內部審核

組織應定期進行內部審核，以確定品質體系是否與相應國際標準的要求一致以及是否已得到有效地實施和保持。組織應建立內部審核過程，以評價其品質管理體系的強項和弱項。內部審核過程也可評價組織其他活動和支援過程的效率和有效性。內部審核過程應包括與內部審核有關的策劃、實施、報告和跟蹤等活動。

組織應從審核活動和審核區域的狀態及其重要性以及前次審核的結果等方面來策劃審核大綱，規定審核的目的、範圍、頻次和方法。審核應由與所進行的審核活動無關的人員實施。組織要確保審核過程的客觀性和公正性。管理者應根據審核中發現的缺陷及時採取糾正措施。

內部審核要考慮的事項包括是否存在足夠的文件、過程是否得到有效實施、不合格的識別、結果的記錄、人員的能力、改進的機會、過程能力、統計技術的應用、資訊技術的應用、品質成本數據的分析、職責和權限的分配、業績的結果和期望、業績測量的充分性和準確性、改進活動與相關方(包括內部顧客)的關係。

⑷財務方法

品質管理體系是否有效，對於組織盈虧的影響至關重要。任何品質管理體系都必須考慮組織的贏利和虧損。

從財務的角度衡量品質管理體系的有效性，對於組織的經營管理，對於在產品形成過程中減少因失誤造成的損失以及對於提高顧客的滿意程度均具有十分重要的意義。通過對品質管理體系的財務化度量，為識別組織內無效活動和發起內部改進活動提供了手段。

組織應評價並建立將財務因素與品質管理體系聯繫起來的方法，以便能在整個組織內用財務用語進行溝通。

⑸自我評價

組織應考慮建立和實施自我評價過程，並應依據組織的目標和各項活動的重要性來確定評價的範圍和深度。自我評價方法應簡單易懂、易於使用，所使用的管理資源最少並能夠為提高組織的品質管理體系業績提供資訊。

# 三、品質管理體系建立的步驟

大多數企業都有一套企業自己適用的品質管理、品質控制、品質保證、品質改進的程序和方法，不論是否符合 ISO 9000 體系標準的要求，這些做法本身對企業的各項工作發揮了重要作用。建立品質管理體系的步驟和方法沒有固定的模式，品質管理體系文件也沒有現成的範本，企業的管理者應根據企業的管理基礎、管理理念、人員素質、產品類型及企業規模的具體情況，認真策劃、建立、實施和改進自己的品質管理體系。下面介紹品質管理體系建立的步驟，在建立和實施品質管理體系中通常採用的方法和應該注意的問題，品管經理在應用時應根據本企業的實際情況有所側重和變化。

## 1. 準備階段的工作

企業在採用品質管理體系之初，要認真進行準備和策劃，在沒有認真策劃之前，不要倉促上馬，不要盲目跟風，更不要跟隨朦朧的商業時尚四處亂闖。有的企業在沒有很好地瞭解和掌握標準、沒有識別自己企業的特點、沒有週密策劃的情況下，倉促上馬，結果事與願違，花費了不少人力物力，製造了一大堆所謂的文件和記錄，把原有的管理制度搞亂了，新的管理制度不適用，造成管理上的混亂和生產、服務上的被動。

建立品質管理體系準備階段的工作，可以從以下幾個方面進行考慮：

### (1)瞭解 ISO 9000 體系標準的作用和基本內容

ISO 9000 體系標準是是國際標準化組織頒佈的在全世界範圍內通用的關於品質管理和品質保證方面的系列標準，目前已被 80 多個國家等同或等效採用。在企業決定實施品質管理體系標準之前，企業的最高管理者和高、中層管理人員(當然包括品管經理)應該首先對 ISO 9000 體系標準的有關內容有一個初步的認識，需要瞭解的內容包括 ISO 9000 體系標準的作用，ISO 9000 體系標準的內容，建立品質管理體系的過程、所需的資源和可能的風險，建立品質管理體系對企業的好處等。

⑵管理者決策

在初步瞭解、掌握了品質管理體系的有關要求之後，企業的管理者特別是最高管理者需要對是否在本企業實施 ISO 9000 體系標準進行決策。任何一個企業都有自己的管理特點和經營策略，並非所有的管理方法都能在本企業取得顯著效果，即便是那些正確的管理方法，還有個實施的時機、工作的先後順序和實施的方法等問題，要認真地思考一下，馬上實施 ISO 9000 標準是不是企業的當務之急。對多數企業而言，特別是對一些管理基礎比較薄弱的中小型企業，品質管理體系的建立和實施本身就是一個巨大的進步，它會引導企業走上正規的管理道路。

⑶確定建立品質管理體系的目標和時間表

建立和實施符合 ISO 9000 體系標準的品質管理體系的目標可以是第三方認證和註冊，也可以是按照標準建立可以進行自我評價、自我完善的品質管理體系，並不是每一個按照 ISO 9000 體系標準建立品質管理體系的企業一定要通過認證。當然，建立品質管理體系的絕大多數企業是以通過認證為目的的。

目標確定以後，要制定一個時間表以便按照時間表開展工作。

制定時間表時應綜合考慮企業的各項工作，對品質管理體系建立和實施過程中的人員培訓、文件編寫、體系的試運行、內部品質體系審核、管理評審、數據分析、持續改進、糾正和預防措施等階段的工作在時間上進行合理安排，既要確保建立和實施品質管理體系的需要，又不要片面強調某一方面而干擾企業管理的全局性工作。

⑷落實機構和人員安排

落實機構和人員安排是為了保證品質管理體系的建立能夠按照預期的計劃進行，並確保策劃的結果。

首先最高管理者應在企業的高層管理者中指定一名管理者代表並明確其職責。

其次是成立企業品質管理體系工作機構，這個機構的人數不一定多，但要精，也就是能夠勝任這項工作。要從教育、培訓、經驗和能力等方面選擇理論和實踐經驗比較豐富的本企業的管理人員負責這個機構。因為建立品質管理體系有許多工作需要做，比如人員培訓、文件編寫、體系運行、內部審核、糾正和預防措施、數據分析、持續改進等，沒有專人負責可能會延誤工作的進度。

⑸保證資源

企業實施 ISO 9000 體系標準的工作是需要一定的資源保證的，對此，一是要有準備，二是要及時落實，保證建立品質管理體系所需要的資源。首先是人力資源的保證，對品質管理各個過程的管理、執行和驗證人員，要確保能夠滿足崗位工作的要求，對暫時難以滿足要求的人員，要及時進行培訓，確保品質管理體系對人力資源的需要。

第二是設施設備資源，以保證提供符合要求的產品或服務的需要。因為企業已經具有連續提供合格產品和服務的基本能力，一般情況下，除非確實不能滿足產品或服務的要求，否則在建立和實施品質管理體系的過程中不需要新增過多的設施設備。

第三是必須的辦公設備和用具，以保證培訓和文件編寫的需要。

⑹確定是否需要聘請諮詢人員

雖然可以通過培訓和借鑑其他企業經驗等形式，使企業內部人員特別是專門的管理人員掌握品質管理體系標準和品質管理體系建立的方法、步驟，但是建立品質管理體系是一項專業性和實踐性都比較強的工作，為了更順利、更快捷地完成建立品質管理體系的工作，企業可以考慮聘請諮詢人員對企業的品質管理體系工作進行指導。

## 2.實施階段的工作

一般情況下，實施階段的工作主要有以下這些：

⑴培訓

一是標準和技術培訓。通過培訓，使企業的全體員工進一步掌握本職工作所需的技術和技能，牢記工作標準，樹立品質意識，熟悉 ISO 9000 體系標準要求。品質管理骨幹進一步熟悉標準、掌握建立品質管理體系的方法、步驟，特別是過程方法、品質改進和數據分析技術，最好能夠達到國家規定的品質工程師水準，能夠指導員工進行品質策劃、品質改進和品質控制。

二是品質意識培訓。品質意識培訓工作是企業深入的規劃行動，在整個企業內統一實施，消除對 ISO 9000 體系標準的神秘感和部份職工的恐懼心理，鼓勵全體員工積極參與，為品質管理體系的建立做好充分的準備，形成實施 ISO 9000 體系標準的良好氣氛。培訓教師可以外聘，也可以企業自己培養，企業最好訓練並擁有自己的專家，因為建立和實施品質管理體系是一個漸進的過程，不可能一蹴而就，企業自己的專家比較熟悉企業的生產和服務過程，瞭解企業的文化，便於溝通，能夠進行持續的、經常性的培訓和指導，與企業的實際情況結合得比較緊密。

聘請專家授課也是非常重要的，專家的作用是企業內部的培訓教師不可替代的。這些專家往往能夠從更高的高度上闡述品質管理的理論、分析品質管理的現狀，他們能夠有效防止企業內部的某些天長日久形成的習慣，因為只有這樣才能夠吸收更多的新鮮知識，便於借鑑其他企業的做法。

⑵識別過程、確定過程控制方法

企業在實施品質管理體系時，首先應識別與品質管理有關的過程，識別過程的步驟是建立品質管理體系的關鍵步驟，因為只有過程的識別是正確的，才能確保品質管理體系文件、品質管理體系評價和品質管理體系改進是正確的。

確定顧客的需求和期望。顧客的需求和期望包括明示的、隱含的、應該滿足和能夠滿足的、當前和未來的。瞭解和確定顧客的需求和期望是顧客滿意的先決條件。識別顧客需求的過程可能是投標、報價等活動過程，也可能是市場調查、競爭對手分析、水準對比過程。顧客對產品大多有什麼需要呢？無非就是物美價廉、注重實用性和有效性，知道了這些，對顧客的產品需求做出定量描述就不是件難事了。與產品需求相比，顧客對服務需求更主觀些，這意味著對這些需求做出定量的描述有些難度。能否正確識別和滿足顧客的需求是企業品質管理體系能否有效實施的基礎和前提。

識別過程和確定職責。過程的區分可以根據價值鏈的方法順向或逆向進行區分，對產品實現過程和支援性過程進行區分。有時需要對過程的供方、輸入、活動、輸出、顧客進行清楚的定義，當過程比較簡單、邊界比較清晰時，可以採用比較簡單的方法。

過程確定以後，要根據品質管理方針和目標對過程的要求，對與品質有關的部門和人員的品質管理職責進行設計和定位。品質職能設計是建立品質管理體系的重要內容，是貫徹 ISO 9000 體系標準的基礎性工作，企業在進行品質職能設計時，既要考慮標準的要求，更要密切結合企業的實際，合理設計品質職責。品質職能的設計應慎重，切實做到分工合理、介面嚴謹、責權清楚、資源充分。品質職能確定下來以後，各職能部門、各級工作人員，包括各級管理人員和最高管理者都應按照設計好的職能從事品質管理工作。

分析品質管理的現狀。在識別過程和確定控制方法的基礎上，應通過深入分析對企業品質管理的現狀有一個清晰的認識，特別是現有體系與標準的差距要認識清楚，為下一步按照標準的要求規範和改進現有的品質管理體系提供依據。

分析可以在諮詢人員指導下，由熟悉標準的人員進行，分析的結果可以用書面報告的形式提供給管理層或最高管理者。供領導決策時使用。

報告的內容可包括以下這些：

①現有的品質控制活動那些是符合標準要求的？

②那些基本符合標準要求，但是需要改進，如何改進，需要什麼資源？

③那些不符合標準要求，如何進行控制，需要什麼資源？

④現有的品質管理文件或制度那些可以繼續使用，那些需要修改，那些需要廢止？

⑤建立品質管理體系的風險是什麼？

⑥如何控制？

現狀分析之所以一定要以書面形式表達，這是管理中的一個經驗，即：善於用書面方式表達的管理者往往最先勝出，只要不能以書面方式表述，表明管理者對這個策劃就沒有一個清醒的認識，這個策劃本身可能就不是一個好主意。

⑶品質方針的制定

品質方針是「企業的最高管理者正式發佈的該企業的總的品質宗旨和方向」，最高管理者和品管經理一定要親自制定品質方針，不要讓人捉刀代筆。當然，讓專業人員對品質方針的文稿進行推敲、潤色也是可以的。

在實際工作中，企業不要僅僅把品質方針的公佈作為終點，而要採取很多步驟，使之貫徹於企業之中，並且超越任何個人行為，可以考慮如下這些措施：

①對員工強制灌輸品質方針，創造出極其強而有力，幾乎成為教義般環繞這種理念的品質意識；

②嚴格按照品質方針規定的理念來培訓員工，按照品質方針規定的理念培養和選拔管理人員直至最高管理者本人；

③在企業各種計劃、任務、指標、目標、策略、戰術中能夠一貫地配合品質方針的實現；

④強有力的溝通，在企業的產品、設施、設備和一切可能的場所宣傳品質方針。

⑷文件的編寫

品質管理體系文件的編寫最主要的是要符合企業的實際，要滿足品質控制的需要，要防止把品質管理體系文件變成「八股文」，洋洋萬言、不知所云。企業的員工看不懂、學不會、做不來，這樣的文件只會把企業的管理搞亂。

文件要符合標準，但是文件一定要消化標準，變成符合企業實際、容易理解、易於操作的規章制度。不要企圖編寫所謂「永遠正確的文件」，品質管理體系文件是企業管理的規章制度，任何規章制度都需要與時俱進，這些文件需要根據企業的發展和客觀條件的變化及時進行修改，並且這種修改永遠不會窮盡，也就是說，寫出一套十全十美的品質管理體系文件是不可能的。

作為中小企業，品質管理體系文件不需要太複雜，滿足需要就可以了，可以將品質管理手冊和程序文件放在一起，當然如果企業的管理者認為必要，分開也可以，沒有統一的規定。

文件寫好以後，要反覆修改，並且一定要徵求文件實施者的意見，讓文件實施者看一看是否能夠操作。當然要根據管理者的要求，保持文件適當的先進性，不能用降低標準辦法滿足實施者的需要。

⑸貫徹實施

文件修改結束，經授權的管理者批准後，為了強調文件實施的重要性、統一整個公司的行動，可以舉辦一個正式的文件發佈儀式，這種儀式的目的在於準確無誤地告訴公司的員工，公司的品質管理體系開始實施了，大家應該認真學習文件、自覺按照文件的要求辦事，一切與文件要求不一致的行為都必須予以糾正。

品質管理體系文件的目的是為了控制，因此，品質管理體系文件只有實施才能發揮作用，所以一定要強調文件的實施，不能實施的文件是一堆廢紙。

# 第二節　撰寫一系列的品質文件

編制一套全面的、適合本企業應用的品質體系文件是進行有效的品質管理控制的必要工作。品質體系文件一般應包括形成文件的品質方針和品質目標聲明、品質手冊、程序文件(過程控制文件)、作業指導書、標準化的表格、品質記錄等。企業在組織編制品質體系文件時應確保這些文件的系統性、法規性、高增值性、見證性和適宜性。

## 一、編制品質文件

在編制品質體系文件時，首先要撰寫品質方針。

1. 明確品質方針

品質方針在內容上應是企業經營方針的一部份，應與企業的總體經營方針相適應、相協調，應從產品品質要求及使客戶滿意角度出發作出承諾，應對持續改進作出承諾，應提供制定和評審品質目標的框架。因此，制定企業的品質方針必須符合以下要求：

(1)明確有力

品質方針是企業的「品質宣言」，應體現企業的目標以及客戶的期望與要求，要表明企業對待產品品質的態度和決心。與此同時，還應用有力的政策措施來保證品質方針的實現。

(2)嚴肅穩定

品質方針必須由企業最高管理者頒發，並且有權按規定程序修改，但最高管理者無權違反自己頒發的品質方針。最高管理者應該以身作則地教育全體員工嚴格且自覺地按品質方針辦事，共同為實現品質方針而努力。

⑶合理可行

品質方針必須具有一定的超前性才能吸引和激勵員工，但又必須適合企業的實際情況，通過努力能夠得以實現。期望過高，實際做不到，反而影響企業聲譽。

⑷言簡意賅

品質方針是要在企業內外廣為傳播的，因此文字要通俗易懂、簡潔明瞭，最好以最少的文字把企業抓品質的宗旨、方向和重大政策全部說清楚。

總之，在制定企業的品質方針時應結合企業的特點並與企業的其他方針相協調，同時也要採取必要措施保證品質方針為全體員工掌握、執行。

## 2.建立品質目標

品質目標通常是指根據品質方針規定企業一定時間內在品質方面所要達到的預期效果。建立品質目標是企業最高管理者的職責，具體要求包括以下兩點：

⑴品質目標應是可測量的

作業層次上的品質目標應盡可能定量，如降低廢品率至 1%等，然後同設定值進行比較以確定實現的程度。

⑵品質目標的內容

品質目標的內容應包括產品要求，滿足產品要求所需的內容(如資源、過程、文件和活動)等。

在品質目標的設定時，也有一些原則要遵循：不斷改進、提高品質、使客戶滿意。在設定目標時也要考慮企業面向的市場當前和未來的需要以及企業產品和客戶滿意水準的現狀。

品管經理在編制品質體系的同時，還要把品質目標分解到企業中與品質體系有關的職能部門及層次中。各層次的員工應把品質目標轉化為各自的工作任務。品質目標的這種展開最終是為實現總的品質目標服務。要注意不能因為某個分品質目標的設定過高或過低，出現資源劃分不合理而影響總品質目標的實現。品質目標具有企業品質水準的定位作用，應注意其內容既要滿足市場和客戶的需要，又應具有本企業自己的特色。

## 二、撰寫品質手冊

ISO 認證管理對品質手冊的定義是：「規定企業品質管理體系的文件。」品質手冊可以是獨立的文件，也可以是企業文件的一部份。

### 1. 品質手冊的內容

品質手冊的內容應包括以下幾點：

⑴品質管理體系的範圍。該範圍應含組織提供滿足客戶和適應法律、法規要求的產品的能力所要求的內容。當要裁減時，應說明裁減的細節和合理性。

⑵程序文件的主要內容或對其的引用。

⑶過程順序和相互關係的描述。

⑷批准、修改、發放品質體系文件的控制。

### 2. 品質手冊的編制

品管經理可以從以下幾方面入手：

⑴品質手冊要素

①手冊的標題、範圍應明確地規定手冊適用的組織、規定所適用的品質體系要素。

②手冊的目次應列出手冊中各章節的標題及查詢方法。各章、各節、頁碼、圖表、示意、圖解及表格等的編號及分類系統應清楚、合理。

③介紹頁應介紹企業和品質手冊的基本資訊。企業組織的資訊至少應包括：名稱、位址及通訊方法。也可增加有關業務性質、背景、歷史和規模等概況的說明。

⑵品質手冊資訊

品質手冊資訊主要包括：

①現行版本或有效標識，發佈日期或有效期及修改內容的標識；

②品質手冊如何修訂和保持的簡單說明，如品質手冊內容的評審者、評審週期、被授權更改及批准的人員等；

③標識品質手冊和控制、分發形成文件的程序的簡單說明，是否含有保密資訊，是僅供本組織內部使用還是也可以對外；

④負責品質手冊內容的人員的批准證據；

⑤闡述企業組織的品質方針和目標，明確組織對品質的承諾並概述組織的品質目標，還應描述如何為所有員工熟悉和理解，如何在所有層次上得到貫徹和保持；

⑥說明企業組織結構、職責和權限，明確本組織內部的機構設置，闡述管理、執行和驗證影響品質工作的各職能部門的職責、權限及其隸屬關係。

⑶編制步驟

編制步驟如下：

①確定並列出現行適用的品質體系政策、目標和形成文件的程序或編制相應的計劃；

②依據所選用的品質體系標準確定適用的品質體系要素；

③使用各種方法，如調查或面談，收集有關現行品質體系和做法的資料；

④從業務部門收集補充的原始文件或參考資料；

⑤確定待編手冊的結構和格式；

⑥根據預期的結構和格式將現有文件分類，使用適合於本組織的任何其他方法編制品質手冊草案。

此外，應在手冊中引用該手冊使用者可以獲得的、現行有效的標準或文件，避免手冊篇幅過長。經授權的有能力的機構應負責保證品質手冊草案的準確性和完整性，並對文件的連續性和內容負責。

⑷控制要求

編制品質手冊的控制要求有以下幾方面：

①品質手冊發佈前，應由各負責人員對其進行評審，確保其清晰、準確、適用和結構合理。預期的使用者也應有機會對品質手冊的可用性進行評定和評論。然後，由企業最高層管理者批准發放。所有文本都應帶有批准發放的標記。如果能保存批准的證據，可使用電子的或其他的手冊發佈辦法。

②經批准的品質手冊的分發辦法(無論是按整本或按章節)應保證所有使用者都有適當的機會獲得手冊。管理者應確保其組織內每個使用者都熟悉品質手冊中與其有關的內容。

③應規定品質手冊更改的提出、編制、評審、控制和納入的方法。這項工作應委派給合適的文件控制職能部門。編制該基礎手冊所用的評審和批准過程也同樣適用於處理更改。

④文件發佈和更改控制對確保品質手冊內容經過適當審批是至關重要的，經審批的內容應易於識別。應考慮便於進行實際更改的各種方式。為確保每本品質手冊現行有效，應使用適當方法，保證每本品質手冊的持有者接收所有的更改，並納入品質手冊，可使用目次、單獨修訂狀態頁或其他適當的方式來保證使用者所持有的手冊是經過審批的。

⑤對為了投標、顧客的非現場使用以及為其他目的而分發的品質手冊不作更改控制時，所有這樣的品質手冊應明顯標識為非受控文件。最終的品質手冊應反映出組織滿足選定的品質體系標準和品質體系要素中所規定要求的獨特的方法和措施。組織履行滿足要求的承諾所採用的方法和措施對手冊的使用者來說應該是明確的。

## 三、擬定程序文件

程序是指「為進行某項活動或過程所規定的途徑」(ISO 9001：2001)。品質體系程序則是指為實施品質體系要素所涉及到的各職能部門的活動或過程。將這個程序書面化就得到程序文件。實際上，程序文件是品質手冊的具體化、操作化。每一個形成文件的程序都應包括品質體系的一個邏輯上獨立的部份，即由誰何時、何地去做什麼，為什麼這麼做，如何做。同時，程序文件闡明了涉及品質活動的部門和人員的職責、權力及相互關係，並說明實施活動的方式，採用的文件及控制方式。當然，程序文件還需簡明易懂，結構和格式相對固定，以便於使用。

程序文件是品質體系初步設計的結果。程序文件數量多，涉及品質體系的每個要素，因此，企業各級各部門應高度重視程序文件的編制，特別要注意其協調性、全面性、可行性和可評價性。

1. 分析現行文件

企業現行的各種規章制度、企業標準中很多都具有程序文件的性質，但不規範或存在不足之處時，應以保證品質體系有效運行為前提、以程序文件的要求為尺度，對企業的現行文件進行一次清理和檢查。

2. 編製程序文件明細表

根據企業品質體系總體設計的和對體系要素展開的品質要求，確定應形成文件的程序明細表，對照已有的現行文件，設定需要新編、改造和完善的程序文件，制定計劃逐步編制。

3. 確定內容與編制要求

程序文件的內容與編制要求可概括為以下幾點：

⑴文件編號和標題

編號可以根據活動的層次進行編排，同一層次的程序文件應統一編號以便識別。標題應說明開展的活動及其特點，如「採購控製程序」、「設計評審控製程序」、「內部品質審核程序」等。

⑵目的和適用範圍

簡單說明為什麼要開展此項活動，涉及那些方面。

⑶引用文件和術語

需要引用的與程序相關的文件和涉及到的名詞、術語等。

⑷職責

明確由那些人員實施此程序以及他們的職責和相互關係。

⑸工作流程

一步步地列出開展此項活動的細節，保持合理的編寫順序。明確輸入、轉換的各個環節和輸出的內容；其中物資、人員、資訊和環境等應具備的條件，與其他活動介面處的協調措施；明確每個環節轉換過程中各項因素的「5W1H」，以及所需達到的要求，所需形成的記錄、報告及其審簽手續。注意需要注意的任務例外或特殊的情況，必要時輔以流程圖。

⑹品質記錄

明確執行此程序中所應採用的記錄表格的形式和報告，寫明表式的名稱並予編號，規定其保存期限。

程序文件應得到與活動有關負責人員的同意和接受，並為所有與其作業有介面關係的人員所理解。同時，程序文件必須經過審批，註明修訂情況和有效期。

在 2000 版 ISO 9001 中，有明確的程序文件要求的有這些條款：文件控制、品質記錄、內部審核、不合格控制、糾正措施、預防措施等。

## 四、編寫作業指導書

作業指導書是程序文件的進一步延伸和具體化，用於細化具體的作業過程和作業要求，作業指導書通常是一些專業性文件，用於指導員工的具體操作。作業指導書多應用在操作複雜或對品質影響比較大的工序環節。編制作業指導書的步驟如下：

1. 編制準備。主要是收集現有的運作文件資料，查閱有關技術資料，提出通用的作業文件格式樣本。

2. 列出指導書目錄。召集企業各部門專業人員共同探討，給合實際工作中的操作慣例，分析作業的驗收標準，初步確定作業指導書的目錄。

3. 落實編寫計劃和責任人。

4. 編寫。編寫作業指導書時，可參考類似的樣本，但應注意職責與內容的編寫必須協調統一。

5. 批准。試用後，對照程序文件，可將作業指導書修改完善，然後由有權限人員批准再交付使用。

## 五、制定品質記錄文件

記錄是指「闡明所取得的結果或提供所完成活動的證據的文件」(ISO 9001：2001)，因此，品質記錄實際上是一種文件，只是這種文件不能修改，因為它是對當時客觀事物的陳述。

ISO 9001：2001 版文件中明確指出：「品質管理體系所要求的記錄應予以控制。這些記錄應予以保持，以提供符合要求和品質管理體系有效運行的證據。應制定形成文件的程序，以規定品質記錄的標識、貯存、檢索、保護、保存期限和處置所需的控制。」

ISO 9001：2001 標準規定了為證明產品符合要求和品質管理體系有效運行所必需的品質記錄，包括：管理評審記錄、培訓記錄、產品要求的評審記錄、設計和開發的評審記錄(驗證記錄、確認記錄、更改記錄)、供方評價記彔、產品標識、產品與過程測量和監控記錄等。

品質記錄的設計應與程序文件的編制同步進行，以使品質記錄與程序文件協調一致，介面清楚。

1. 編制過程

⑴制定品質記錄總體要求的文件。根據品質文件、程序文件以及可追溯性要求，應對品質體系所需要的品質記錄進行統籌，並對

表卡的標記、編目、表式、表名內容、審批程序及記錄要求等作出統一的規定。

⑵表卡設計。在編製程序文件的同時，制定相適應的記錄表卡。必要時可將表卡附在程序文件後面。

⑶校審和批准。匯總所有記錄表式後應組織有關部門進行校審，其重點是從品質體系的整體性出發，審查各表卡之間的內在聯繫和協調性、表式的統一性和內容的完整性，校審並作出相應修改後應經過批准。

⑷彙編手冊。將所有表卡統一編號、彙編成冊發佈執行。必要時，對某些較複雜的記錄表卡要規定填寫事項的說明。

2.記錄要求

⑴應建立並保持有關品質記錄的標識、收集、編目、查閱、歸檔、儲存、保管和處理的形成文件的程序。

⑵品質記錄應清晰。記錄可以採用任何媒體形式，如硬拷貝或電子媒體。記錄的保管方式應便於存取和檢查，保管設施應提供適宜的環境，以防止損壞、變質和丟失。

⑶應規定並記錄品質記錄的保存期。合約要求時，在商定期內品質記錄可提供給客戶或其代表在評價時查閱。

此外，還應規定過期或作廢記錄的處理辦法。

# 第三節　品質管理標準化

品質管理與標準化有著密切的關係，標準化是品質管理的依據和基礎，產品(包括服務)品質的形成，必須使用一系列標準來控制和指導設計、生產和使用全過程。因此，標準化活動貫穿於整個品質管理的始終。

標準化是一個活動過程，主要是指制定標準、宣傳貫徹標準、對標準的實施進行監督管理、根據標準實施情況修訂標準的過程。這個過程不是一次性的，而是一個不斷循環、不斷提高、不斷發展的運動過程。標準是標準化活動的產物。標準化的目的和作用，都是通過制定和貫徹具體的標準來體現的。所以標準化活動不能脫離制定、修訂和貫徹標準，這是標準化最主要的內容。

## 一、品質標準化的作用

標準化工作和品質管理有著極其密切的關係。標準化是品質管理的基礎，品質管理是貫徹執行標準的保證。具體而言，體現在以下幾個方面：

### 1. 在作業方面

⑴避免作業方法因人而異，從而保證了產品品質的穩定。

⑵技術、經驗形成了標準文件，避免了人才流動帶來的技術、經驗流失。

⑶有了標準文件，利於新人的培訓。

⑷工作中每一步驟都有指標，從而保證了高效率。

⑸便於查找不良原因，保持品質穩定。

⑹作業工時容易計算，產量可靠，交貨期有保證。

2. 在設備使用方面

⑴操作方法標準化，避免因誤操作而造成損壞。

⑵標準零件容易購買，因而保養、維修變得較方便。

3. 在物料方面

⑴標準件有許多廠家生產，因而選定、購買變得容易。

⑵標準件收貨時，無需特別的驗收工作。

## 二、品質標準的種類

1. 企業技術標準

企業的技術標準是對企業標準化領域中需要協調統一的技術事項所制定的標準。企業技術標準體系分為兩個部份：

⑴與品質有關的技術標準，包括原材料、產品設計、技術、設備、檢驗等技術標準。

⑵安全、衛生、能源、環保、定額等技術標準。

企業技術標準的表現形式有標準、規程、工序卡、操作卡、作業指導書等。

2. 企業管理標準

企業管理標準是企業標準化領域中需要協調統一的管理事項而制定的標準。主要針對行銷、設計、採購、技術、生產、檢驗、能源、安全、衛生、環保等與實施技術標準有關的管理事項。

企業管理標準的表現形式有品質手冊、程序文件、管理規範以及標準性質的管理制度等。

3.企業工作標準

企業工作標準是按崗位制定的有關工作品質的標準。

企業應把每個工作崗位上一些穩定的重覆工作事項制定成工作標準。編寫企業工作標準時，要充分體現崗位上應實施的基礎標準、技術標準、管理標準及管理制度的要求，並做出具體明確的規定。

## 三、品質標準的制定

1.標準的內容構成

標準的構成，一般為如下幾部份：

⑴制定履歷：制定時寫明制定日期；修訂時記錄修訂原因、修訂內容、修訂日期。

⑵制定目的：寫明為何要制定該標準。

⑶適用範圍：寫明該標準適用的部門、場所、時間。

⑷標準正文：寫明任務的具體實施方法。

⑸附表附圖：當僅用文字難以把任務的實施方法描述清楚時，考慮加以表格或圖來說明。

2.檢驗標準制定要求和方法

檢驗標準，主要在於載明檢驗作業有關文件，用以規定及指明檢驗作業的執行，以便在繁雜的檢驗作業中，不易招致疏漏及處理上的混亂。

⑴檢驗標準分類

①廠內生產用

此類比較簡單，單工序的檢驗可合併於作業標準書內註明，著重在於制程中的線上所設置的檢驗站。此類檢驗通常採用全數檢驗較多。檢驗標準強調檢驗項目、規格及檢驗方法。

在進入成品倉前，有些產品還需做可靠度的環境試驗(抽檢)。

②廠外驗收用

例如，來自廠外的購買料或托外加工的半成品、托外生產的產品，此類牽涉到要求事項、比較標準、權利與義務等，所以必須有較完整的條款，並於合約簽訂時予以列入，避免以後交貨時發生爭議。

此類通常採用抽樣檢驗，使用 GB/T2828.1-2003 表，應包含允收水準、檢驗項目、檢驗方法、量測具的標準及包裝標準。

⑵檢驗標準的制定方法

①明確制定檢驗標準的目的

使檢驗人員有所依據，瞭解如何進行檢驗工作，以確保產品品質。

②其他應注意的事項

如檢驗時，必須按特定的檢驗順序來檢驗各檢驗項目，必須將檢驗順序列明；必要時可將製品的藍圖或略圖，置於檢驗標準中；詳細記錄檢驗情況；檢驗時於樣本中發現的不良品，以及於群體批次中偶然發現的不良品均應與良品交換。

③有關檢驗標準的制定與修正。

由工程單位、品質管理單位制定。

3.品質標準制定要求和方法

⑴明確產品品質標準的意義

產品品質是指產品在功能、外觀、規格、安全性、使用壽命等方面，都要符合客戶的品質需求。企業應建立完整的產品品質標準，對外可向客戶提供品質保證的依據，對內可使質檢人員及作業員明確品質保證的要求，使其工作有據可循。

⑵產品品質標準的適度性

產品品質標準首先要建立在客戶認同的基礎上，然後根據公司的實際生產條件而定。一個適度的品質標準，可略高於公司現行條件達到的水準，但不宜過高，以免浪費資源。同時，所制定的標準必須有客觀依據，必要時可採取破壞性試驗取得標準數據。

⑶產品品質標準的基本內容

①產品品質檢測文件。

a. 產品名稱、規格及圖示。

b. 檢測方法、條件。

c. 檢測設備及工具。

d. 品質合格評定標準。

②產品實物樣板。

③產品品質符合性，包括化學的、物理的技術指標和參數。

4.物料品質(檢測)標準制定方法

⑴物料品質的含義

物料品質是指物料成分、尺寸、外觀、強度、黏度、顏色等品質特性。物料品質特性可分為：物理的、化學的、外觀的品質特性。

對上述特性，無論能否測定，都要盡可能清楚明瞭地表達出來，它是物料驗收的依據及產品品質保證的基礎。若由於物料的基本特性或其他原因無法用文字表達時，應以實物樣品來表示。

⑵物料品質標準的適度性

物料品質標準的嚴格程度，應依據產品品質對物料品質的要求而定。

品管部門在制定物料品質標準時，應參考技術部、採購部、生產部的意見綜合而定。

一般而言，一個良好的物料品質標準既能保證生產需求，降低生產成本，又能是供應商在現階段接受或經過一段時期的努力能夠達成要求的水準。

⑶物料品質標準的基本內容

物料品質檢測標準內容包括：物料品質(檢驗)標準表和實物樣品。

## 5. 品質檢驗作業標準制定

⑴定義

品質檢驗作業標準，是規定和指導質檢工作的書面文件，它明確規定了品質控制工作的職責、權限及作業方法。

⑵質管檢驗作業標準

①檢驗作業指導書。

質管作業指導書與生產作業指導書一樣，是質管人員進行崗位操作的指導性文件，以保證質管人員的作業方法按規定執行。

②質管程序文件。

質管作業指導書和質管程序文件的主要區別在於，前者是告訴質管人員「如何執行自己的崗位職責」，後者則是明確相關工作的接口。

⑶品質程序文件

為了加強品質控制力度，工廠應制定以下程序文件。

①來料檢驗程序。

②制程檢驗程序。

③半製品檢驗程序。

④裝配制程檢驗程序。

⑤成品最終檢驗程序。

⑥出貨檢驗程序。

⑦其他質管作業規定，如揀用程序、報廢程序、退貨程序、客戶抱怨處理程序等等。

## 四、品質標準的執行

### 1. 正確執行

如果沒有付諸實施，再完美的標準也不會對企業有任何幫助。為了使已制定的標準徹底貫徹下去，企業管理者首先需要讓員工明白這樣一個思想：標準是員工進行操作的最高指示，任何人都必須按照標準進行操作。

### 2. 查找問題

標準是根據實際的作業條件及當時的技術水準制定出來的，代表了當時最先進、最方便、最安全的作業方法。隨著實際作業條件的改變和技術水準的不斷提高，標準中規定的作業方法可能變得與實際不適合，與實際不相符的標準不會對企業有所幫助，還可能會妨礙正常的工作，因此必須及時進行修訂。

## 五、品質標準的修訂

當企業發現制定的標準存在問題，影響了工作的執行時，企業應該及時對標準進行修訂。出現以下情況時可考慮對標準進行修訂：

⑴當部件、材料、機器、工具、儀器、工作程序已改變時。

⑵當標準的內容難以理解，規定的任務難以執行時。

⑶產品品質水準有所變化時。

⑷法律和規章發生改變時。

# 第四節　認真執行品質管理體系

品質體系的結構建立、品質文件編制好以後，實施並改進品質體系，使之正常、適宜、持續有效地運行，是企業品質管理控制的重要任務。

## 一、如何運行品質體系

品質體系的實施運行就是執行品質體系文件、實現品質方針和品質目標，保持並不斷改進、優化品質體系的過程，同時也是品質體系發揮實際效能的過程。

1. 品質體系的實施程序

⑴發佈組織管理者的指令和品質體系文件。品質體系文件編制工作結束之後，通常應通過一定的形式(如會議或下達文件等)發佈組織管理者的指令，宣佈品質體系文件開始生效，品質體系投入運行實施。

⑵宣傳和教育培訓。通過媒介和途徑宣傳實施品質體系的目的、意義和作用，組織員工學習有關品質體系文件，使員工掌握各項品質活動的程序管理要求，明確各自的職責和權限，以提高員工執行品質體系文件的自覺性和責任感。

### 2.品質體系運行的控制機制

要對品質管理體系保持控制才能使其實現效能，包括依靠體系的組織結構進行的組織協調、管理、品質體系審核和評審等。

(1)組織協調

品質體系是借助於品質體系的組織結構的組織與協調來進行運作的。品質體系的運行涉及組織內部所有部門的各項活動。所有各項活動的內容、途徑和順序，都必須在目標、分工、時間和聯繫方面協調一致，並對介面進行控制以保持體系的有序性。這些都需要通過組織和協調工作來實現。

此外，品質體系在運行過程中發現問題需採取糾正或改進措施時，也需要通過組織與協調工作，下達工作指令，執行措施。因而，如果沒有組織和協調工作，品質體系就不能正常工作。組織和協調工作的主要任務是，依據組織實施品質體系文件，協調各項品質活動、排除運行中的各種問題，使品質體系保持正常運行。

組織和協調工作的主要內容是：

①品質方針和目標，按照品質手冊和品質計劃的規定組織開展各項品質活動。

②對體系設計不週、計劃項目不全、體系環境因素的變化和運行中發生的問題進行協調。

組織和協調工作應在企業的品管部門主持下進行，有關職能部門具體實施，品管部門進行綜合協調。組織協調工作的關鍵是查找問題的真正原因，並採取有效的糾正、改進措施。

(2)品質監控

品質體系在運行過程中，各項活動及其結果偏離標準的現象在所難免，為此必須實施品質監控。監控分為由第二方或第三方進行的外部品質監督和本組織自身進行的內部品質監視和控制兩種。第二方的監督僅在合約環境下進行。當有關法規對企業的產品品質體系有要求時，第三方也將實施品質監督，品質監督的對像是各項程序、方法、條件、人員、過程、記錄、產品和服務等實體。品質監控是為了確保實體的符合性的活動。它的任務是對實體進行連續的監視、驗證和控制，發現偏離管理標準或技術標準的問題，及時回饋，以便採取糾正措施，從而使各項品質活動和產品品質均符合規定的要求。

⑶品質資訊管理

整個企業的管理在相當程度上是管理資訊，管理的藝術是駕馭資訊的藝術。要提高管理的科學性、有效性、及時性，就應建立一個現代化的資訊管理系統，並使這個系統健全。

如果說組織結構是品質體系的骨架的話，那品質資訊系統就是品質體系的神經系統，其功能在於全面、準確、及時、有效地獲取品質資訊，保證品質體系持續正常地運行。在運行過程中，通過品質資訊回饋系統對異常資訊的回饋和處理，進行動態控制，使各項品質活動和產品品質處於受控狀態。

品質資訊管理與品質監控、組織和協調工作是緊密聯繫在一起的。異常資訊一般來自品質監控，資訊的處理則有賴於組織協調工作。三者的有視結合，是品質體系有效運行的基本保證。

⑷品質體系審核和評審

組織按規定的時間間隔進行的品質體系審核和管理評審是品質體系的自我完善手段。

組織在進行品質體系審核中，要對品質體系要素進行評價，確定品質體系的有效性，對運行中存在的問題採取糾正、改進措施，保持體系的有效性。

在評審中，組織對品質體系審核的結果和品質體系的環境適應能力進行綜合評價，評定品質體系的適宜性，對體系設計中存在的問題和不適宜的結構進行改進，以確保品質體系持續地適宜和有效。

組織應根據具體情況分別建立組織協調、品質監控、品質資訊管理、品質審核和評審等子系統，並有機地加以組合，將各項活動分配並落實到各有關部門和崗位，建立介面和程序，確保品質體系的有效實施。

⑸記錄和考核

品質體系的運行要有充分的證據予以證實。因此，對上述組織和協調、品質監控、品質資訊管理、品質體系審核和評審等的過程和結果，都要及時、準確行記錄，作為考核的證據，並根據考核的結果進行激勵，以激起員工實施品質體系的積極性。

## 二、如何進行品質體系改進

品質體系改進是品質改進的重要組成部份，是品質管理的主要目的之一。

品質體系改進是旨在提高品質體系有效性和效率，為本組織及其顧客和其他受益者提供更多收益的品質改進活動。包括為實施品質管理所需的組織結構改進、程序改進、過程改進和資源改進。

### 1. 品質體系改進的原則

品質體系改進的基本原則是：

⑴應把滿足受益者的期望和需要作為推進品質體系改進的基本動力。作為受益者之一的社會，其要求在世界範圍內已越來越嚴格，

同時，期望和需要也越來越明確，在實施品質體系改進時應作足夠充分的考慮。

⑵應根據組織調整經營戰略、方針與目標的需要，調整、改進品質體系，在資源配置上應充分考慮知識、技術、手段的更新和滿足動態管理的需要，在戰略上確保品質體系能夠更好地服務於組織獲得長期成功的總體目標的實現。

⑶應以提高品質體系的有效性作為品質改進的主要目標，在未明確品質目標之前，不能從事品質體系的改進。為此，應認真開展對品質體系的評價，並通過評價務實地確立品質改進目標。同時，在增強體系有效性的前提下，提高品質體系的效率。

⑷品質體系改進應從改進過程入手，從改善過程介面做起，而且應運用系統工程的理論與方法，注重增強過程之間的協同性，以實現品質體系整體有效性和整體效率的提高。

⑸品質體系組織結構的改進，應將傳統的職能型金字塔式的組織結構向過程型扁平式的組織結構轉變，以提高品質體系的協調功能，增強體系對環境的應變適應能力。

⑹品質體系改進要以扎實的體系結構為基礎。要以品質教育作為品質振興的基礎，把人作為體系最寶貴的資源，實現以人為本的管理，注重通過持續的培訓不斷提高人員的素質和技能，包括高層管理者的品質經營素質，同時應建立優良的品質文化，增強全員為實現組織的品質方針、目標的凝聚力，激起人員積極性，煥發創造力，改善體系環境。

⑺品質體系改進應建立減少品質損失、降低品質成本、增長效益的經濟目標。有效利用資源，發揮資源的使用效率。這是衡量品質體系改進效果的重要原則。

### 2. 品質體系改進的方法

品質體系改進的方法，主要有「硬」系統工程法、「軟」系統工程法及業務流程重組法等三種。

⑴「硬」系統工程法

將「硬」系統工程方法論應用於品質體系改進，其基本程序為：分析及確定改進需求，確定品質體系改進的目標，擬定品質體系改進的備選方案，分析備選方案，選擇最佳方案，實施品質體系改進的最佳方案。

⑵「軟」系統工程法

將「軟」系統工程方法論應用於品質體系改進，其基本階段為：品質體系問題情景描述與表達，相關品質過程的根定義，構造並檢驗概念模型，概念模型與現實的比較，提高並實施「可行的和需要的」變革。

「硬」品質體系改進方法適用於品質體系結構良好的系統，而「軟」品質體系改進方法適用於品質體系結構不良的系統。事實上，往往「硬、軟」兼有，故應結合並用。

⑶業務流程重組法

業務流程重組法(Business Process Reengineering，BPR)是美國邁克·哈默教授先提出的。BPR 的基本觀念和方法，是為了更好滿足顧客要求，為使作為現代企業績效標誌的成本、品質、服務、速度、效益等得到顯著的改進，在對現有機構與現有過程重新評估的基礎上，對企業的組織體系和職能結構進行重新設計並對生產要素重新配置，以充分發揮企業競爭優勢的經營管理。

BPR 理論與方法應用於品質體系改進的一般步驟：

第一步是成立品質體系改進的項目組。

第二步是診斷品質過程。

第三步是構建品質過程的系統模式(品質體系模型)。

第四步是選擇品質過程。

第五步是對選定的品質過程進行重建設計思考。

第六步是實現重設計。

第七步是返回程序第二步。

以上步驟中選擇品質過程是關鍵，品管經理對此應有所瞭解。

## 第五節　品管部如何安排品管制度

### 1. 簽名制

品質管理制度是為規範企業品質管理的一種工具，又可稱為「系統」，是品質管理的指南，須事先予以明確並以口頭告知、內部公文或公告等方式讓全員知曉並遵行。

簽名制是指在生產過程中，從原材料進廠到成品入庫出廠，每完成一道工序，改變產品的一種狀態，包括進行核對總和交接、存放和運輸，負責人都應該在檢驗文件上簽名。尤其是在「成品出廠檢驗單」上，質檢員必須簽名或加蓋印章。

作業者簽名表示按規定要求完成了這道工序，質檢員簽名表示該工序達到了規定的品質標準。簽名後的記錄文件應妥善保存，以備參考。

### 2. 品質追溯制

品質追溯制也叫品質跟蹤管理，是指在生產過程中，每完成一道工序或一項工作，都要記錄其檢驗結果及存在的問題，記錄作業者及質檢員的姓名、時間、地點及情況分析，在產品的適當部位標明相應的品質狀態標誌。這些記錄與帶標誌的產品同步流轉，這樣，很容易分清責任者的姓名、時間和地點，職責分明，查處有據，還可以加強員工的責任感。

### 3.三檢制

三檢制就是實行作業者的自檢、作業者之間的互檢和專職檢驗人員的專檢相結合的一種檢驗制度。

⑴自檢

自檢就是作業者對自己生產的產品，按照圖紙、技術和合約中規定的技術標準要求自行進行檢驗，並據此判斷產品是否合格。

通過自我檢驗，使作業者充分瞭解自己生產的產品在品質上存在的問題，並開動腦筋尋找問題發生的原因，進而採取改進措施，這也是作業人員參與品質管理的重要形式。

⑵互檢

互檢就是作業人員相互之間進行的檢驗。主要有下道工序對上道工序流轉過來的半成品進行抽檢，同一機床、同一工序輪班交接班時進行相互檢驗，小組質檢員或班組長對本小組作業人員加工出來的產品進行抽檢等。

⑶專檢

專檢就是由專業質檢人員進行的檢驗。

### 4.重點工序雙崗制

重點工序雙崗制即指作業者在進行重點工序加工時，應有檢驗人員在場，必要時應有技術責任人或客戶的驗收人員在場，監督工序嚴格按規定程序和要求進行。

重點工序就是指加工關鍵零件或關鍵部位的工序，可以是作為下道工序加工基準的工序，也可以是工序過程的參數或結果無記錄、不能保留客觀證據、事後又無法檢驗查證的工序。

實行雙崗制的工序，在工序完成後，作業者、質檢員、技術責任人和客戶驗收人員，應立即在檢驗文件上簽名，並盡可能將情況記錄存檔，以示負責及以後查詢。

### 5.品質覆查制

品質覆查制是指為了保證交付產品的品質或參加試驗的產品穩妥可靠、不帶隱患，在產品檢驗入庫後及出廠前，與產品設計、生產、試驗有關的人員及技術部門的人員應對其進行覆查。

### 6.品質統計和分析制

品質統計和分析制即對生產中各種品質指標進行統計匯總、計算和分析，並按期向廠部和上級有關部門上報，以反映生產中產品品質的變動規律和發展趨勢，為品質管理和決策提供可靠的依據。

統計和分析的統計指標主要有：品種抽查合格率、成品抽查合格率、品種一等品率、成品一等品率、主要零件主要項目合格率、成品裝配的一次合格率、機械加工廢品率、返修率等等。

### 7.不合格品管理制

對不合格品的管理要堅持原則，即要查清不合格的原因、查清責任者、落實改進措施。

對不合格品的標示工作，即凡是判斷為不合格的產品、半成品或零件，應當根據不合格品的類別，分別按公司規定塗上不同的顏色或標明特殊標誌，以示區別。

### 8.品質檢驗考核制

在品質檢驗中，由於主、客觀因素的影響，產生檢驗誤差是很難避免的，甚至是經常發生的。據資料顯示，檢驗人員對缺陷的漏檢率有時可高達 15%～20%。

由於各企業對質檢員工作品質的考核辦法各不相同，也不可能有統一的計算公式，另外，考核是同獎懲掛鉤的，各企業的情況各不相同，所以很難採用統一的考核制度。但在考核中一些共性的問題必須予以注意、就是品質檢驗部門和人員不能承包企業或工廠的產品品質指標；同時，要正確區分質檢員和作業人員之間的責任界限。

⑴檢驗誤差的類別

表 2-5-1　檢驗誤差類別表

| 序號 | 誤差類別 | 原　因 |
| --- | --- | --- |
| 1 | 技術性誤差 | 由於質檢員缺乏檢驗技能造成的誤差 |
| 2 | 情緒性誤差 | 由於質檢員粗心大意、工作不細心造成的檢驗誤差 |
| 3 | 程序性誤差 | 由於生產不均衡、加班突擊及管理混亂所造成的誤差 |
| 4 | 明知故犯誤差 | 由於質檢員動機不良造成的檢驗誤差 |

⑵測定和評價檢驗誤差的方法

表 2-5-2　測定和評價檢驗誤差的方法

| 序號 | 方　法 | 具體內容 |
| --- | --- | --- |
| 1 | 採用重覆檢查 | 由質檢員對自己檢查過的產品再檢驗 1～2 次，查明合格品中有多少不合格品及不合格品中有多少合格品 |
| 2 | 覆核檢查 | 由技術水準較高的質檢員或技術人員，覆核檢驗已檢查過的一批合格品和不合格品 |
| 3 | 改變檢驗條件 | 為了瞭解檢驗是否正確，當質檢員檢查一批產品後，可以用精度更高的檢測手段進行重檢，以發現檢測工具造成檢驗誤差的大小，建立標準品，用標準品進行比較，以便發現被檢查過的產品所存在的缺陷或誤差 |

# 第六節　品管部的品檢方式

檢驗是生產過程中不可缺少的一道程序，是企業品質管理的有機組成部份。它是企業品質保證的主要手段，也是品質管理工作的最基本職能。作為一名品質主管，這一職能只能加強，不能放鬆，且在進行檢驗前，要選擇比較適宜的檢驗方式。

## 1. 免檢

免檢是指如果可以得到由有資格的單位進行過檢驗的可靠性資料(如合格證、檢驗報告等)，就可以不需檢驗。

免檢並不意味著不進行驗證，而是以供方(供應商)的合格證或檢驗數據為依據，決定接收與否。免檢是驗證的一種通俗的表達方式。

其適用範圍如下：

⑴生產過程穩定，對後續生產無影響時。

⑵長期檢驗證明品質優良、信譽很高的產品。

⑶批准的免檢產品或透過產品品質認證的產品。

## 2. 全檢

全檢就是對全部產品逐個地進行測定，從而判定每個產品合格與否的檢驗。

其適用範圍如下：

⑴產品價值高但檢驗費用不高時。

⑵關鍵品質特性和安全性指標。

⑶生產批量不大、品質又無保證時。

⑷產品品質不穩定時。

⑸精度要求比較高或對下一道工序加工影響比較大的品質特性。

⑹手工操作比重大、品質不穩定的加工工序所生產的產品。

⑺用戶退回的不合格交驗批應全數重檢，以篩選不合格產品。

### 3.抽樣檢驗

抽樣檢驗是按預先確定的抽樣方案，從交驗批中抽取規定數量的樣品構成一個樣本，透過對樣本的檢驗推斷產品批合格或產品批不合格。實施抽樣檢驗的前提是產品的生產過程是穩定的。

其適用範圍如下：

⑴量多值低且允許有不合格品混入的檢驗。

⑵檢驗項目較多時。

⑶希望檢驗費用較少時。

⑷生產批量大、產品品質比較穩定的情況。

⑸不易劃分單位產品的連續產品，例如鋼水、粉狀產品等。

⑹帶有破壞性檢驗項目的產品。

⑺生產效率高、檢驗時間長的產品。

⑻有少數產品不合格也不會造成重大損失的情況。

⑼希望檢驗對供應商改進品質起促進作用，強調生產方風險的場合。

### 4.自檢、互檢，專檢

⑴自檢是指由工作的完成者按照規定的規則對該工作進行的檢驗。自檢的結果可用於過程控制。

⑵互檢就是操作者之間對加工的產品、零件和完成的工作進行的相互檢驗。

互檢的形式多種多樣，有本班組品質質檢員對本組員工的抽檢、下工序對上工序的交換檢驗、本組員工之間的相互檢驗等。

⑶專檢是專職質檢員對產品品質進行的檢驗。

5.逐批、週期檢驗

⑴逐批檢驗是指對生產過程中所生產的每一批產品逐批進行檢驗。其目的在於判斷每批產品的合格與否。

⑵週期檢驗是指按規定的時間間隔從逐批檢驗合格的某批或若干批中抽樣進行的檢驗。

逐批檢驗只檢驗產品的關鍵品質特性，而週期檢驗要檢驗產品的全部品質特性以及環境對品質特性的影響。

## 第七節　案例：麥當勞的品質標準化

2004 年年初，由國際著名品牌研究機構推出的 2003 年世界最有影響力品牌 100 強中，麥當勞名列第 2 位。

麥當勞重視品質管理，所有食品必須經過一系列嚴格的品質檢查。例如，僅牛肉餅就有 40 多項品質控制檢查：牛肉原料必須挑選精瘦肉，牛肉原料由 83%的肩肉和 17%的上等五花肉配製而成，脂肪含量不得超過 19%，絞碎後，一律按規定做成直徑為 98.5 毫米、厚為 5.65 毫米、重為 47.32 克的肉餅。

麥當勞所有分店的食品品質和配料相同，並制定了各種操作規程和細節，例如，「煎漢堡包時必須翻動，切勿拋轉」等。另外，在食品採購、產品製作、烤焙操作程序、爐溫、烹調時間等方面，麥當勞都設定了嚴格的標準。

麥當勞擁有龐大、細緻的品質管理體系，其中包括三種檢查制度，即常規性月考評、企業總部的檢查和抽查。企業總部統一檢查的表格主要有食品製作檢查表、櫃台工作檢查表、全面營運評價表和每月例行考核表等。地區督導常以普通客戶的身份考察食品的新鮮度、溫度和味道，地板、天花板、牆壁和桌椅等是否整潔衛生以及櫃台服務員為客戶服務的態度和速度等。

圖 2-7-1　品質標準化管理模型

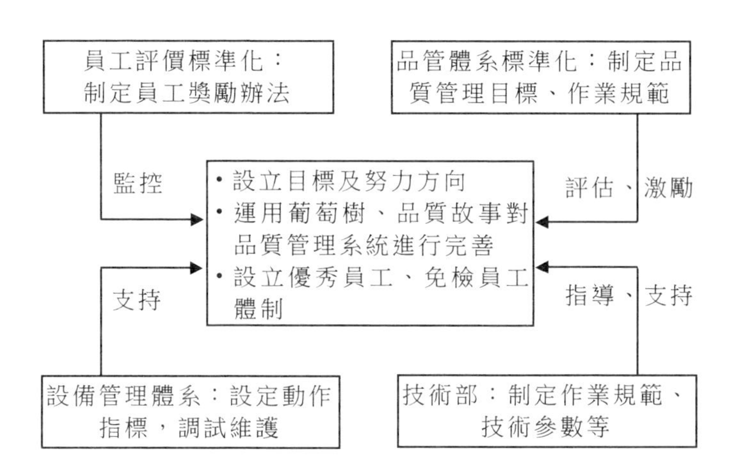

# 第3章

# 品管部要製作品質標準書

## 第一節　檢驗規範標準

1. 目的

本標準提供接收檢驗、製程檢驗與最終檢驗作業所使用的檢驗規範的製作說明與規定，將檢驗規範的製作予以標準化。

2. 適用範圍

⑴本標準含各項檢驗規範的製作規定，以求格式與撰寫的統一。

⑵本標準適用於接收檢驗、製程檢驗與最終檢驗等作業規範的製作，供相關單位與個人使用。

3. 責任部門

品管部為本標準的權責單位，權責主管經總經理授權，負責本標準的管理，並確保依據本標準的規範作業。

4. 作業標準

⑴檢驗規範的內容

檢驗規範內容的詳細與明確程度，將直接影響檢驗作業的工作品質。其規定內容至少應包括以下項目：

⑵品名與料號

①品名與料號必須撰寫於檢驗規範的每頁，以指出規範的目標對象。

②品名與料號應與原物料(半成品、成品)的通用名稱及原物料編號相同。當同種類原物料的檢驗項目與方法完全一樣時，只需建立一份檢驗規範，但品名之後應加「系列」二字，料號則在類號之後加上不等的「#」字，以補滿料號數字即可。

⑶文件編號

每一檢驗規範，應賦予唯一的文件編號作為識別。編號方法是在產品冠稱(前項所稱品名)之後，加以「QI」二字表示檢驗規範，其後再加兩個數碼的流水編號。如IG-1450系列-QI01，是指IG-1450系列產品編號01的檢驗規範。

⑷檢驗條件

①說明原物料在檢(測)驗時的週圍環境條件，如溫度、濕度，甚至落塵量的適當規定。

②某些特性試驗尚須規定電源頻率與電壓規格，以保證測試值不至於因檢驗條件的不同而有所偏差。

⑸檢驗項目

所有原物料(半成品及成品)的檢驗項目，大致可分為以下七項：

①安全性：指對使用者安全顧慮的電氣特性，如絕緣陽抗與耐電壓性能，通常依客戶指定的安全標準，如CNS、SGS等。客戶未指定時，得依廠內標準或國家標準的要求制定。

②環境試驗：成品及對影響產品重大性能的半成品，應執行必要的環境試驗，例如高、低溫試驗，濕度試驗，振動、衝擊、

壽命試驗等。

③電氣性能：指產品中最為直接影響功能的電氣特性。

④機械性能：例如抗拉力、抗曲性、壓力強度等，這些將影響產品整個性能的機械特性，尤其零元件的檢驗應屬檢驗要項。

⑤尺寸：尺寸的大小與公差的限度，將影響其後成品組裝的結構性能，尤其是零元件的檢驗屬檢驗要項，應參考工程圖樣及其規格與公差標準。

⑥外觀與包裝標示：外觀顏色差異及表面處理亦為品質特性的一部份。外觀常為顧客所挑剔，應參考限度樣品及相關色票為標準。包裝標示應與內容一致，尤其是成品檢驗屬檢驗項目，應參考圖面及限度樣品檢驗。

⑦工作技藝：例如組裝後半成品的高度、余腳長度、佈線整理、焊錫品質等。

除了量化規格外，一般均輔以限度樣品、照片或圖說以協助判定。

⑹抽樣方式

說明抽樣的方法，如 GB/T2828.1-2003，「一般檢驗水準Ⅱ」、「每日一次」等。

⑺檢驗方法

依設定的檢驗項目詳細描述執行的步驟。檢驗方法包括依據標準、使用設備、治工具的敍述。

⑻判定標準

將檢驗可能遇到的缺點逐一分類，作為判別對品質影響程度的基本依據。缺點的分類應屬檢驗規範的重點，一般可分為下列幾項：

①嚴重缺點：屬安全性能的缺失。

②主要缺點：屬主要特性的缺失，例如電氣與機械性能的缺失，或其他將影響生產、顧客拒收的尺寸及外觀重大缺失等。

③次要缺點：尺寸或外觀、標示的偶發缺點，經修理可恢復，或不影響生產及客戶可接受的缺失。

④輕微缺點：外觀與包裝標示上偶發的輕微缺點，不會再次發生，亦不影響生產及顧客可接受度。

⑼允收水準

可依不同零件的重要性，或客戶對出貨的要求，而對各項缺點制定允收水準。

⑽檢驗後處理

規定檢驗後的處理事項。

⑾記錄或報告

執行本項檢驗所需記載或報告的文件。

⑿檢驗項目的選擇

⒀接收檢驗與測試

前述七項檢驗項目，如規定了工程規格，在檢(試)驗零組件時均須執行。而接收檢驗作業除非特別需要，否則日常僅須執行下列項目的檢驗即可：

①半成品類：安全性、電氣性能、機械性能、尺寸、外觀與包裝標示五個項目。

②委外加工及組件類：安全性、電氣性能、機械性能、尺寸、外觀與包裝標示、工作技藝六個項目。

⒁製程檢驗與測試

製程中檢驗對象主要為半成品及成品。

①半成品：以上述電氣性能及工作技藝兩個項目為主。

②成品：製程中抽驗成品的時機，大部份屬首件製品的檢驗，應依「製程檢驗與測試作業標準」的規定及產品工程規格而決定檢驗項目。

⒂最終檢驗與測試

最終檢驗的對象為成品，除了日常的入庫逐批檢驗外，若有規定時，還須進行週期性的品質抽驗。檢驗項目為：

①入庫或出貨檢驗：安全性、電氣性能、外觀與包裝標示、工作技藝四個項目。

②品質抽驗。品質抽驗常為了驗證經過了時間推移的量產品質，仍然符合原來規格的要求，故檢驗項目常偏重於安全性、電氣性能、環境試驗中的壽命與高低溫試驗、耐濕性等項目。

## 5.允收水準的規定

允收水準，除了部份品質特性因持續穩定，而只抽取少數樣本檢驗外，其抽樣計劃與允收水準呈現特殊的 N＝5(樣本為 5)，C＝0(允許不合格數為 0)或依 GB/T2828.1-2003 表 2-C 的 S-1 抽樣水準外；一般檢驗是依 GB/T2828.1-2003 表 2-A 抽樣水準Ⅱ抽樣。

而允收水準，除另有規定外，悉依下列規定：

⑴接收檢驗與測試

①主要零組件。

· 嚴重缺點(CRITICAL)：抽樣檢驗中，發現一個即拒收，批退。

· 主要缺點(MAJOR)：AQL＝0.65。

· 次要缺點(MINOR)：AQL＝2.5。

②次要零元件(包裝材料、使用手冊等)。

· 嚴重缺點(CRITICAL)：抽樣檢驗中，發現一個即拒收，批退。

· 主要缺點(MAJOR)：AQL＝1.0。

· 次要缺點(MINOR)：AQL＝4.0。

③委外加工品。

· 嚴重缺點(CRITICAL)：抽樣檢驗中，發現一個即拒收，批退。

· 主要缺點(MAJOR)：AQL＝1.0。

· 次要缺點(MINOR)：AQL＝2.5。

⑵製程檢驗與測試

100%檢驗與測試。

⑶最終檢驗與測試

· 嚴重缺點(CRITICAL)：抽樣檢驗中，發現一個即拒收，批退。

· 主要缺點(MAJOR)：AQL＝1.0。

· 次要缺點(MINOR)：AQL＝2.5。

# 第二節　檢驗判定標準

1. 目的

本標準提供本公司產品的檢驗判定標準，使檢驗人員有所依循，以儘量求取判定的一致性。

2. 適用範圍

⑴本標準是針對本公司的產品、零件、附件及包裝、標示等，主客觀缺點予以嚴重、主要、次要缺點的分類及原則判定。

⑵本標準適用於接收、製程、最終的檢驗，本標準亦適於自主檢驗之用。

3. 責任部門

品管部為本標準的權責單位，權責主管經總經理授權，負責本標準的管理，並確保依據本標準的規範作業。

4.名詞定義

缺點：產品安全或品質不符合所規定的法規、標準、規格、圖樣或合約等的要求的叫缺點。

5.作業標準

⑴缺點的分類

①嚴重缺點

產品會危及使用者的生命、財產安全，或是產品設計或製造上的缺點會使產品功能失效即為嚴重缺點。

②主要缺點

產品的使用性能不能達到所期望的目的，或顯著地減低了其使用價值即為主要缺點。

③次要缺點

產品的缺失部份不影響本身機能，但會使產品的商品價值降低即為次要缺點。

⑵界定缺點

缺點的界定將在本標準或相關作業指導書、檢驗規範中予以規定。若無規定時，依下表的原則界定(由品管部提出，經工廠主管核准而作為判定依據)：

表 3-2-1　缺點的界定等級

| 缺點等級／缺點項目 | 嚴　重 | 主　要 | 次　要 |
|---|---|---|---|
| 造成人身傷害 | 容　易 | | |
| 造成操作上失敗 | ☆必然會 | ◎必然會 | 可能會 |
| 造成使用中斷(現場不易發現) | 必然會 | | |
| 造成低於標準的操作狀況 | | 必然會 | 可能會 |
| 減短壽命 | | 必然會 | 可能會 |
| 外觀加工或技術上的缺失 | | 主要部位 | 次要部位 |
| 註：☆現場無法立即矯正<br>◎現場能迅速改善、矯正 | | | |

⑶判定標準

①零件檢驗判定標準。

②把各種零件的檢驗規範中列入其判定標準。如無，一般以下列原則決定允收水準：

表 3-2-2　零件檢驗判定標準

| 項　目 | 抽樣標準 | 檢驗水準 | AQL | |
|---|---|---|---|---|
| | | | MAJ | MIN |
| 機構零件 | GB/T2828.1-2003 | I | 1.0 | 4.0 |
| 電氣零件 | | II | 0.65 | 2.5 |
| 包裝、印刷 | | I | 1.0 | 4.0 |

③再以下表所列原則判定缺點

表 3-2-3　判定缺點原則

| 檢驗項目 | CRI | MAJ | MIN |
|---|---|---|---|
| 1. 目視檢查 | | | |
| ⑴零件的外面有明顯碰傷、彎曲、變形、刮傷 | | ◎ | |
| ⑵零件的顏色差異影響允收 | | ◎ | |
| ⑶未依規定條款，標示內容不符、不清楚 | | ◎ | |
| ⑷其他零件材料的外觀碰傷等缺失，不影響組裝時 | | | ◎ |
| ⑸材料或材質不符 | | ◎ | |
| 2. 尺寸檢查 | | | |
| ⑴主要零件的尺寸不符，影響組裝 | | | ◎ |
| ⑵零件、線材尺寸與規格不符，在±10%以內 | | ◎ | |
| ⑶零件、線材尺寸與規格不符，在±10%以上 | | ◎ | |
| ⑷零件孔位不符，影響組裝 | | | ◎ |
| ⑸零件孔位不符，不影響組裝 | | ◎ | ◎ |
| ⑹線材引線端的處理不良，如扭絞、鍍鎳或鍍錫不良 | | | |
| ⑺線材破損、PCB 蹺皮、端子變形等零件的不良 | | | ◎ |
| 3. 性能規格檢查 | | | |
| ⑴安全項目檢查 | | | |
| ①絕緣耐壓超出安全規格 | ◎ | | |
| ②漏電電流超出安全規格 | ◎ | | |
| ③使用非安全機構認可的材質 | ◎ | | |
| ⑵次要性能項目超出規格 | | | ◎ |

④裝配技術判定標準

本項標準適於本公司的生產組裝作業、外包半成品或採購元件的技術判定使用。當用作自主檢驗時，作業員應依項目要求自我檢驗。

## 表 3-2-4　裝配技術判定標準

| 檢驗項目 | 內容說明 | 判定標準 | 評核 |
|---|---|---|---|
| 1. 零件本身 | | | |
| (1)數值，編號 | △錯誤或未標示<br>△標示不清或模糊 | | MAJ<br>MIN |
| (2)方向、極性、腳位 | △錯誤 | | MAJ |
| (3)材質 | △錯誤或不符所訂規格 | | MAJ |
| (4)破損 | △不影響實際數值、辨識及特性<br>△影響實際數值、辨識及特性<br>△任何線材破皮，裸線露出 | | MIN<br>MAJ<br>MAJ |
| (5)線頭、端子露出 | △插座線頭、連接器的引線或端子外露 | | MAJ |
| 2. 零件裝配 | | | |
| (1)太靠近 | △違反法規要求<br>△有短路可能 | | CRI<br>MAJ |
| (2)功率零件 | △不留適當的空隙<br>△不依規定安裝或散熱 | | MAJ<br>MAJ |
| (3)大電解電容 | △不緊密粘貼或牢固安裝 | | MAJ |
| (4)缺失 | △零件漏插、誤植 | | MAJ |
| (5)固定性 | △接線裝配不良造成間斷<br>△螺絲鎖付不良，尚可轉進圈<br>△螺絲鎖付不良，只可轉進一圈<br>△螺絲鎖付不當，造成其他零件的損壞<br>△絕緣片裝配不良造成短路<br>△應貼膠的零件或線材，點膠位置不正確或未點<br>△點膠或焊錫處容易鬆動 | | MAJ<br>MIN<br>MAJ<br>MAJ<br>MAJ<br>MAJ<br>MAJ |
| 3. 理線 | | | |
| | △未依規定繞線，不影響電氣<br>△未依規定繞線，影響電氣<br>△線未遠離發熱零件或規定的應遠離的零件 | | MIN<br>MAJ<br>MAJ |
| 4. 其他 | | | |
| | △零件面留有鐵腳錫或異物，可能造成短路<br>△VR、SW 等可變零件，於 PCB 面有多餘松香溢出 | | MAJ<br>MAJ |

⑤成品檢驗判定標準

表 3-2-5　成品檢驗判定標準

| 檢驗項目 | CRI | MAJ | MIN |
|---|---|---|---|
| 1. 安全項目 | | | |
| (1)絕緣耐壓、接地阻抗測試不良 | ◎ | | |
| (2)違反相關法規或安全規格 | ◎ | | |
| (3)電壓錯誤 | ◎ | | |
| (4)電源線裸露 | ◎ | | |
| 2. 主要功能失效 | | | |
| (1)沒電 | | ◎ | |
| (2)沒畫面 | | ◎ | |
| (3)不振盪 | | ◎ | |
| (4)歸線 | | ◎ | |
| (5)反折 | | ◎ | |
| (6)水準不良 | | ◎ | |
| (7)垂直不良 | | ◎ | |
| (8)無色彩 | | ◎ | |
| (9)不同步 | | ◎ | |
| 3. 內部裝配 | | | |
| (1)螺絲固定不良、焊接或繞線不良，會影響產品安全 | ◎ | | |
| (2)零件破損或失落 | | | |
| (3)內有異物 | ◎ | ◎ | |
| 4. 電氣性能及幾何失真規格 | | | |
| (1)主要性能項目超出允收規格±10%(含)以內 | | | ◎ |
| (2)主要性能項目超出允收規格±10%以上 | | ◎ | |
| (3)主要性能以外項目超出規格 | | | ◎ |
| (4)功率消耗超出規格 10% | ◎ | | |
| 5. 外觀、標示、包裝 | | | |
| (1)外觀有明顯碰傷、彎曲、變形、刮傷 | | ◎ | |
| (2)標示欠缺(特別是安全標示) | | ◎ | |
| (3)次要部位外觀碰傷、刮傷、輕微變形 | | | ◎ |
| (4)接合不齊，縫隙超出規定要求 | | | ◎ |
| (5)外觀不潔，有異物 | | | ◎ |
| (6)附件、說明書欠缺 | | ◎ | |
| (7)塑膠袋欠缺 | | ◎ | |
| (8)紙箱包裝錯誤 | | ◎ | |
| (9)紙箱潮濕、破損 | | ◎ | |

除另有指定外，一般以 GB/T2828.1-2003 的檢驗水準Ⅱ進行一般檢驗，以 S-2 進行特殊檢驗。AQL 以嚴重缺點不允許，主要缺點 1.0、次要缺點 2.5 的允許水準，以上表界定的缺點分類進行合格與否的判定。

## 第三節　檢驗、測量與測試設備管理作業標準

### 1. 目的

借由適當的檢驗、測量與測試設備管理及校正作業，使驗證設備維持其準確度，從而保證產品的測量品質。

### 2. 適用範圍

⑴本作業標準敍述本公司檢驗、測量與測試設備(以下簡稱測量儀器設備)的管理及其校正作業。

⑵本作業標準適用於在開發、生產、檢驗測試過程中，保管、使用、校正或維護測量儀器設備的單位或個人。

### 3. 責任部門

⑴品管部為本標準的權責單位，權責主管經總經理授權，負責本標準的管理，並確保依據本標準的規範作業。

⑵品管部負責管理測量儀器設備校正作業的人員，其責任如下：

①依據「測量儀器設備管理表」，將各部門所送測量儀器設備集中送校，以追溯相關國家標準。

②保存送外校正測量儀器設備的校正記錄。

③分析校正記錄及調整校正週期。

④依本標準管理測量儀器設備的登錄、管理、召回、校正、追

溯與送修。

## 4.作業規定

### ⑴測量儀器設備的管理

①各部門測量儀器設備的送外校正作業，是由品管部統一辦理。

②各部門應建立與維持最新「測量儀器設備管理表」，並依表定期送外校正；「測量儀器設備管理表」用以管理測量儀器設備的送校作業。

③本公司測量儀器設備的追溯系統。

圖 3-3-1 測量儀器設備追溯系統圖

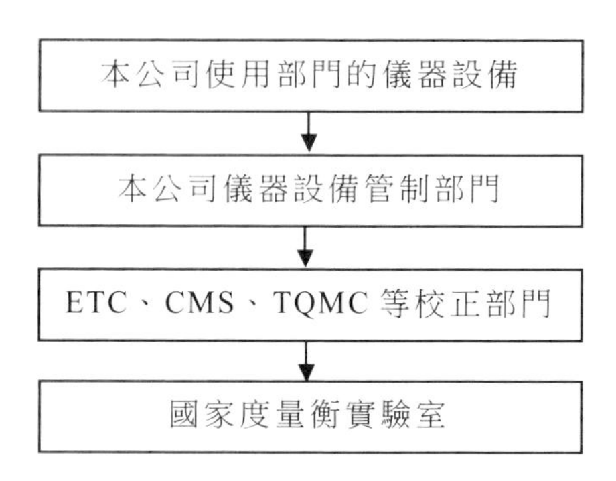


④確保測量儀器設備能依規定時間送校，除現場主管須主動管理外，負責儀器設備的校正、管理人員，應依本標準的規定實施召回作業。

⑤現場使用單位的主管，應責成下屬對儀器設備進行妥善的保存、放置，避免碰撞、傾倒、掉落，並保持儀器設備的清潔。

⑥對於損壞、掉落的儀器設備或有失效疑慮者，應立即送負責儀器設備的校正、管理人員確定，以避免不合格測量的發生。

⑦儀器設備若經校正發現不合格情形時，應立即研究其對上次校正至發現不合格為止的測量結果的影響，並採取必要的矯

正措施。

⑧新購或修理過的儀器設備應經校正合格後，才能使用於測量用途。

⑨送校回來的儀器設備，應再驗證其是否符合使用用途與目的，並標貼「驗證合格(限制使用)標籤」。

⑵校正週期

①隨著時間的變遷，決定測量儀器設備與標準器準確度的零件可能產生變化，因而影響儀器設備及標準器的準確度。因此有必要依其隨時間變化的情形，制定出適當的校正週期。

②校正週期的制定依據製造者的規格、前次的校正結果、使用方法與程度以及校正機構的建議等決定。

③為簡化校正週期的制定作業，原則上使用主動元件構成的儀器設備及標準器，其校正週期定為半年；而被動元件構成的儀器設備及標準器，其校正週期定為一年。

④若儀器設備連續兩次校正皆合格，則將校正週期延長 1 倍，但至多以原始週期 1 倍為限。

⑤儀器設備或標準器在校正中發現有不合格情形時，應將校正週期縮短一半，待連續兩次皆合格後，方恢復原校正週期。

⑥本公司測量儀器設備與標準器的個別校正週期詳見「測量儀器設備管理表」。

⑶校正作業

目前本公司儀器設備的校正，以委託外界校正機關校正為主。若自行校正則應發展與制定校正作業標準，作為實施校正作業的基準。

⑷允收標準

①受校儀器或標準器均應制定允收標準，於個別「儀器設備履歷表」中，作為校正或稽核時的判定標準。

②一般狀況下，以製造廠商的規格為依據。但在測量標的要求不十分精密時，可以用比測量標的準確 4～10 倍以上的規格制定，並將規格標示於機體或校正標籤上，以免誤用。

⑸校正報告

①校正報告須包括下列資料：

②校正日期、校正報告編號。

③受校儀器或標準器名稱、廠牌、型號、儀器設備編號及準確度等。

④校正時的環境狀態(溫度、濕度)。

⑤校正依據(使用何種校正程序)。

⑥誤差值或改正值。

⑦校正者、核准者的簽章及日期。

⑧如在非標準溫度、重力等狀態下校正，應有矯正因素。

⑨一般的測量儀器設備的校正報告至少保存兩年，而作為最高級次標準器的校正記錄，則一直保存至不再作為最高級次標準器使用為止。

⑩校正記錄存放於品管部，若現場需要矯正數據時，由負責儀器設備校正管理人員附貼於儀器設備上，供其使用。

⑹校正標示

①所有置於現場的儀器設備均應貼有狀態標示，以顯示該儀器設備的使用狀況。

②所有用於測量目的的測量儀器設備，均應標貼「驗證合格(限

制使用）」標籤，並在校正有效期限內，方能用於測量用途。

③用於狀態標示的標籤除校正機構的校正標籤外，本公司自用標籤說明如下：

a.「驗證合格(限制使用)」標籤：該標籤須填具如儀器識別號碼、本次驗證日期、下次驗證日期、驗證者章以及驗證敍述欄等資料，並貼於合格的儀器設備上。

b.「無須校正」標籤：儀器設備僅做功能檢查，無關數據擷取和判定，或只做點檢的，使用本標籤。

c.「暫停使用」標籤：儀器設備尚待校正，屬損壞、待修或逾期未校正的儀器設備，則標貼本標籤並且禁止使用。

④為避免不適當調整而使校正失效，以「封條撕毀驗證無效」標籤貼於儀器設備或治具的可調整處或可拆卸之處。

⑤標籤的製作應力求清晰醒目，所填資料應不易擦拭或消失。標籤的貼法應力求於儀器設備明顯處並與邊緣平行正貼。

⑺搬運、防護及儲存管理

①儀器設備的搬運應力求安全，體積較大或重量較重者，應由兩人或由多人共同搬運或以手推車運送。

②送外校正的儀器設備須以專人或專車送校並取回。其包裝應避免重疊放置或金屬間的碰撞。包裝箱與儀器設備間填充固定材料，以避免運輸中的移動碰撞。

③儀器設備的搬運應注意運輸的防震措施，並儘量避免超速、震動、緊急煞車等情形和行走崎嶇不平的路面。

④現場儀器設備應注意其放置的安全，避免傾倒、掉落或 碰撞的可能性，並定期給予擦拭清潔。

⑤暫時不用而留置現場的儀器設備亦應予以清潔保管，並注意

其校正期限及使用狀況。

⑥長期不用的儀器設備應歸還儀器設備保管單位保管。

⑦儀器設備放置場所的溫度、濕度應做適度的管理，並注意空氣的流通。

⑻儀器設備強制召回作業

①為確保測量儀器設備能依規定的校正期限送校，應實施強制召回作業。

②儀器設備使用單位依據規劃的「測量儀器設備管理表」所指定的送校日期，安排儀器的送校事宜。

③管理單位為確定使用單位能如期送校，應於校正到期前通知使用單位準備送校。

④儀器設備逾期不送校，管理單位應立即至現場將儀器設備貼上「暫停使用」標籤，禁止現場再使用，並立即安排校正事宜。

⑤儀器設備逾期送校的處理情形應記錄在案，並作為檢討作業的資訊。

⑼校正的環境與設施

①若進行自校時，應注意校正的環境適合校正標準器與(或)被校儀器設備的要求，否則應求算補正因素。

②若作業現場的環境條件影響儀器的準確度偏移時，應依儀器規格的要求予以補正。

⑽記錄系統

①校正文件可分為校正系統文件和儀器設備個別文件兩種。

②系統文件包括校正作業、測量儀器設備校正、逾期校正處理記錄、人員訓練計劃、矯正與預防措施等，系統文件以文件

的種類建檔保存。

③儀器設備個別文件包括儀器設備的校正記錄、校正週期及下次校正日期、校正不合格處理報告、維護和修理記錄等，可以個別儀器設備建檔的方式保存。

④記錄系統文件的管理作業，依本公司的「品質記錄處理標準」的規定實施。

⑾品管系統

①系統稽核。系統稽核應配合本公司品質管理系統的稽核實施，其報告應回饋儀器設備校正管理單位作為檢討與改進之用。

②矯正與預防措施。對於送外校正回來的報告，發現有校正不合格時，應立即採取以下措施。

③應立即研究、分析發生不合格的原因。若屬儀器設備或治具本身的問題時，須通知使用單位分析前次測量結果的有效性，並決定是否重驗、重校、重加工或拒收。

④應立即縮短儀器設備的校正週期，並經調整或修理再行校正合格後，方供現場使用。其校正週期須減半，且必須連續校正兩次皆合格後，方恢復原來校正週期。

⑤如非儀器設備本身，而是校正作業的原因時，應檢討：

· 校正程序、校正週期。

· 人員的訓練。

· 設備的適宜性。

· 矯正與預防措施應記錄在案並留存，作為追溯及檢討用。

## 5. 相關品質資料

依本標準所規定輸出的品質資料、表單等，均屬品質記錄，應依「品質記錄處理標準」的規定辦理。

⑴測量儀器設備追溯系統圖。

⑵測量儀器設備管理表。

⑶儀器設備履歷表。

⑷校正報告(一)(多點測量使用)。

⑸校正報告(二)(多次測量使用)。

⑹「驗證合格(限制使用)」標籤。

⑺「無須校正」標籤。

⑻「暫停使用」標籤。

⑼封條撕毀驗證無效」標籤。

⑽進貨檢驗日報表。

⑾「合格」標籤。

⑿「不合格」標籤。

⒀進貨不良批退聯絡單。

## 第四節　接收檢驗與測試作業標準

1. 目的

借由適當的接收檢驗與測試作業，確保進廠的原物料、委外加工品及外購成品的品質能符合既定規格與要求，以降低製程及其後服務的糾正成本，特制定本標準。

2. 適用範圍

⑴本標準涵蓋接收檢驗的規劃、作業流程、檢驗資料回饋及逾期儲存原物料管理等作業。

⑵本標準適於所有採購進廠或借入廠的生產用原物料（或客戶供應原物料品）、委外加工半成品、外購成品的接收檢驗與測試、鑑別，以及與庫存品質驗證作業相關的單位與人員使用。

3.責任部門

品管部為本標準的權責單位，權責主管經總經理授權，負責本文件的管理，並確保依據本標準的規範作業。

4.作業標準

⑴接收檢驗與測試的規劃

①新產品的接收檢驗與測試的規劃，是由品管部依產品工程規格、製造的難易以及品質特性的重要性，根據「檢驗規範製作標準」制定個別的檢驗規範。

②以總成本為考量，決定接收檢驗的方式與程度。

a.受限於設備與人力資源時，可考慮在供應商處實施驗證。

b.供應商的品質保證制度與檢驗報告，亦可作為驗證的衡量標準；通過 ISO 9000 系列認證的供應廠商，可列入免檢驗廠商，但須要求逐批附檢驗報告並納入管理。

c.樣品送第三者檢驗團體驗證。

d.實施進料檢驗，除另有規定外，依據 GB/T2828，1-2003 表 2 的抽樣基準，並確定檢驗項目與 AQL。

③鑑別所有需用的治具、量規、儀器與設備，並在實施檢驗與測試之前獲得，並經校正合格或驗證合格。

④對接收檢驗與測試人員，進行檢驗設備與檢驗方法的適當訓練並作資格認可。

⑵接收檢驗與測試作業

①作業流程。依據「進料管理作業流程圖」實施進廠產品的檢

驗與測試作業。

②收料作業。依據「採購作業標準」的收料驗收作業處理。

③檢驗作業。擔當檢驗的人員應依據下列的一種或數種文件執行檢驗與測試：

a.訂購單。

b.材料規格書、圖樣、進料檢驗規範、物料承認書、樣品的一種或數種(依指定)。

c.抽樣方法與檢驗水準。

d.合格供應商名冊。

除另有規定外，一般檢驗應以 GB/T2828，1-2003 正常檢驗一次抽樣方案的抽樣水準，特殊檢驗則以實際需要另訂。

檢驗人員應將檢驗的結果記錄於「進料檢驗記錄表」、「外加工進貨檢驗記錄表」、「供應商交貨履歷表」內，且每日應將檢驗記錄匯總成「進貨檢驗日報表」送交主管審核。

⑶允收作業

檢驗合格時，檢驗人員於「合格」標籤上加蓋品管部授權章戳，表示該批產品的允收，並將「進貨驗收傳票」連同抽驗品送回倉儲單位，以辦理入庫作業。

倉儲人員應依「合格」標籤的先後日期妥善擺放，以利先進先出的管理。

⑷不合格處理

若進料檢驗不合格時，除在該批外包裝上貼(掛)「不合格」標籤標示，將不符合事項記錄於「供應商交貨履歷表」及「進貨不良批退聯絡單」上作不合格判定外，並將不良實物送主管核定後，通知採購單位處理。

不合格品在未處理前，若急需使用該批進料，或應供應商請求而做特採處理時，依據「不合格品管理作業標準」的規定，由採購或生管單位將「特採申請單」與相關單位會簽，決定處理方式，必要時召開物料監審會議作最後定奪。

判定拒收時，應在「不合格」標籤上作拒收的標誌，並將進料移至退貨區。

若決定特採處理時，應重新貼(掛)「不合格」標籤，並作特採的標誌。

若決定篩選、重新加工、供應商來廠重新加工、變更規格使用時，則參照「不合格品管理作業標準」的規定辦理。

對於特准採用的進料，於發放時應在「制工單」上註記，便於發生不符情況時，可立即回收更換。

⑸檢驗資料的回饋

除了在「進料檢驗記錄表」上記載之外，檢驗人員應將每批進料的記錄記載於「供應商交貨履歷表」上，以作為供應商評等級的參考。

若不合格影響到對供應商品質活動的信任時，可經由物料監審會議(MRB)的決定，對廠商提出矯正行動要求，品管部發出「供應商矯正與預防措施要求單」，呈單位主管核示並會簽採購人員後通知廠商，要求依規定期限答覆，並作為改善跟催之用。

供應商於收到「供應商矯正與預防措施要求單」後，應迅速調查不合格原因，研究改善和預防措施，同時將改善對策依要求期限完成，品管部應審查與跟催供應商的矯正與預防行動，並記錄於「供應商矯正與預防措施要求單」上的各驗證欄位。

品管部應依「供應商評估作業標準」的規定，定期核算供應商的交貨品質評分，作為供應商考核的品質評分依據。

⑹超過儲存期限的管理

倉儲人員對超出儲存期限的物品，應於發貨之前通知品管部再行檢驗並確認，合格後才能發給生產線使用。

品管部應協助調查未使用原因，作為生管單位的參考。

5.相關品質資料

依本標準所規定輸出的品質資料、表單等，均屬品質記錄，應依「品質記錄處理標準」的規定辦理。

⑴進料管理作業流程圖。

⑵進料檢驗記錄表。

⑶外加工進貨檢驗記錄表。

⑷供應商交貨履歷表。

⑸進貨檢驗日報表。

⑹「合格」標籤。

⑺「不合格」標籤。

⑻進貨不良批退聯絡單。

# 第五節　製程檢驗與測試作業標準

1. 目的

借由適當的製程檢驗與測試作業，驗證各階段產品品質，確保唯有檢驗、測試合格的產品才能移交下一製程。

2. 適用範圍

⑴本標準敍述製程檢驗與測試的規劃、製程檢驗與測試作業、不合格品的鑑別與處理。

⑵本標準適用於與製程品質作業相關的生產單位及品管部。

3. 責任部門

⑴品管部為本標準的權責單位，權責主管經總經理授權，負責本標準的管理，並確保依據本標準的規範作業。

⑵生產單位。

①瞭解製程品質計劃表中，對作業所要求的檢驗與測試作業。

②執行製程品質計劃表所指定的檢驗與測試作業項目。

③執行必需的檢驗與測試後，在「調整、檢驗日報表」及「製程流程卡」上簽註。

④對生產異常或判定疑慮時，向主管報告。

⑶製程檢驗人員，負責執行被指派的檢驗與測試作業。

⑷生產單位與品管部經理，確保品質計劃表的要求被達成。

4. 作業標準

⑴製程檢驗與測試的規劃

①在新產品、新製程或新合約涉及變更製程時，生技部、品管

部應共同考慮產品特性、製程、設備、物料或環境的狀況，對製程中的重要點，驗證其品質狀況。每一階段的檢驗與測試作業，均應直接與成品規格或作業要求相關。

②應在製程中適當定點實施檢驗與測試作業。設置的位置與檢驗頻次，是依據產品的重要特性與驗證的難易，而規劃於特定產品製程檢驗與測試作業標準或品質計劃表中。

③製程中的檢驗與測試應依產品的特性、製程的形態規劃於特定的產品檢驗與測試作業中，並採用下列的一種或數種方法：

a. 製程設立與首件產品的檢驗與測試，包括產品試產、間隔再生產、每批首件產品的檢驗。

b. 產品試產、再生產的檢驗作業，參見「產品試產作業標準」的規定。

c. 自主檢查、作業人員自己所作的檢驗與測試，依據品質計劃表或作業指導書執行。

d. 檢驗站檢驗與測試，依據品質計劃或作業指導書執行 100%檢驗或抽樣檢驗。

④特定產品製程檢驗與測試作業、品質計劃表或作業指導書，應將整個生產設施的共同作業規範予以記載或引用。

⑤作業指導書應闡明圓滿達成工作、符合良好技術標準與規格的決定準則，並以敍述或引用參照的方式表達。

⑥技術標準應以書面標準、圖片或實體樣品說明，並以掛圖形式懸掛於作業場所。

⑵檢驗與測試作業的實施

①產品初次生產、製程初次設立或間隔一段時間再生產時，應依「產品試產作業標準」的規定實施驗證。

②檢驗結果記錄於「首件製品確認單」。

③每批首件產品須經製程檢驗人員檢驗合格後，始可繼續生產。檢驗的記錄應依規定予以保存。

④作業人員應依據品質計劃表或作業指導書執行所分派的檢驗與測試工作，並在「製程流程卡」上簽章，以表示檢驗與測試工作的完成與產品的合格。檢驗與測試的結果依規定記錄。

⑤製程檢驗員應使用適當版本的相關品質文件，如圖樣、規格、品質計劃表、檢驗規範與作業指導書等，執行檢驗與測試工作。

⑥作業人員與製程檢驗員應依品質計劃表或作業指導書的規定，填寫「調整、檢驗日報表」。將品質計劃表規定的檢測參數予以觀察、記錄，並在「製程流程卡」上簽註。

⑶不合格品的處理

①作業人員或檢驗員發現產品不合格時，應依作業指導書的規定予以標示，或移離生產線。

②當發現屬製程不良，亦即有重覆產品不良發生時，應立即向主管報告。若由檢驗人員發現，將不符合情形記錄並向主管報告，經生產線主管確認後，立即進行改善措施。

③若為製程本身或物料問題，而須採取矯正與預防措施以防止事件再發生時，製程檢驗員應即發出「品質異常報告書」給相關責任單位，並要求在一定期限內處理完畢。

④製程變異對產品品質有不良影響時，經品管部經理確認後，立即停止生產。待問題解決，並經製程檢驗人員確認後，恢復生產。

⑤停線若有爭議時，應由生產單位、品管部經理或管理代表會

議仲裁。如涉及技術問題，必要時通知生技、研發單位處理。

⑥製程檢驗員發出「品質異常報告書」後，應主動跟催處理情形與結果，並將「品質異常報告書」及處理結果歸檔，作為品質回饋與分析改善的資料。

⑦產品若經成品檢驗不合格而批退時，應依「不合格品管理作業標準」的規定處理。

⑧如決定重工時，應依據「重工處理作業標準」的規定辦理。重工後的產品再進行檢驗與測試合格後，方可發出。

⑨製程中如遇緊急用料或特採的情況，應將產品予以鑑別與記錄，其方式可於「成品入庫傳票」或「成品檢驗記錄表」內記錄，當發生問題時，方便回收或追溯。

⑩如製程變更，製程檢驗員應驗證變更符合原規格要求，並做成記錄外，於「製程流程卡」上註記，以作為將來追溯之用。

## 5. 品質資料

依本標準所規定輸出的品質資料、表單等，均屬品質記錄，應依「品質記錄處理標準」的規定辦理。

⑴調整、檢驗日報表。

⑵首件製品確認單。

# 第六節　最終檢驗與測試作業標準

## 1. 目的

借由最終檢驗與測試作業標準，以提供客戶良好品質的產品，並對產品及製程的矯正與預防措施提供迅速的回饋。

## 2. 適用範圍

⑴本標準包括產品入庫前的最終檢驗與測試，出貨前的品質保證稽核作業。

⑵本標準適用於成品入庫、出貨等檢驗與測試作業。

## 3. 責任部門

品管部為本標準的責任單位，權責主管經總經理授權，負責本文件的管理，並確保依據本標準的規範作業。

## 4. 作業標準

⑴最終檢驗與測試作業的規劃

①品管部應依據產品規格、客戶特別要求，將產品的品質特性要項規劃於個別產品的成品檢驗規範中。

②品管部應將抽樣基準、檢驗水準規定於檢驗規範及品質計劃中。

③品管部應將使用的文件，包括需使用的規格、圖樣、技術標準、樣品等提供檢驗人員使用。

⑵產品試產的檢驗與測試

①為排除新產品生產的可能問題，使以後的批量生產能夠順暢，新產品均應經過試產作業。

②試產品必須送交成品檢驗，依據制定的產品檢驗規範及相關文件，檢驗合格並排除發現的問題後，方能正式批量生產。

③產品的試產作業以及試產品的送驗、回饋、矯正措施等規定，見「產品試產作業標準」。

④產品於隔段時間再生產或進行重大工程變更而有影響產品特性及規格的可能時，應比照產品的試產作業，送樣交成品檢驗，檢驗合格後方能再生產或放行。

⑶檢驗與測試作業

①生產單位於每日下班前，填寫「成品入庫傳票」，送交成品檢驗人員進行檢驗。

②成品檢驗人員根據抽樣標準，以亂數取樣方式抽取樣品，並依據成品檢驗規範與特別要求或標準樣品進行檢驗。

③成品檢驗人員核對「製程流程卡」上的記載，確認製程中所規定的檢驗與測試均完成後，再進行最後檢驗批的檢驗與測試工作。

④製程中發生工程變更而有影響產品品質與規格的可能性時，應將首件產品送成品檢驗人員進行符合規格的試驗，待成品檢驗合格後，方能繼續生產。

⑷檢驗結果與處置

①成品檢驗人員將成品檢驗的結果記錄在「成品檢驗記錄表」內。

②檢驗合格時，成品檢驗員除在「成品入庫傳票」上簽章外，還要在合格產品上貼掛「合格」標籤。

③合格批中的不合格品，應立即修理完畢，並將不良原因填入「成品檢驗記錄表」內。

④檢驗不合格時，成品檢驗人員應在該不合格批上貼掛「不合格」標籤，並填制「成品不良批退單」，通知相關單位。

⑤不合格批除經特採程序准予入庫或出貨者外，應退回生產單位重工或篩選。

⑥生產單位與品管部雙方對不合格的判定有爭議時，應召開監審會議，成員為生產、生管、生技、研發部及品管部。

⑦成品檢驗人員應於每月月初，將上一月份「成品檢驗記錄表」匯總成「成品檢驗月報表」，呈單位主管核示。

⑸退回批的處理作業

①生產單位依據批退的原因決定重工或篩選，經品管部同意後進行。

②重工或篩選的原則如下：

a. 重工：因作業程序或設計不當而產生的不良(有趨向顯示對產品品質有不良結果或可能時)，應給予重工。

b. 篩選：為單一作業疏失，並可經由檢驗予以檢出時，可作篩選的處理。

③重工的產品須經成品檢驗人員再行檢驗合格，並在「成品入庫傳票」上簽章及貼掛「合格」標誌後，完成驗收手續。

④製造批有重工、工程變更、特採等情況時，應由品管部填記於「成品檢驗記錄表」上，以作將來的追溯用途。

⑹特採批的處理

①需要特採不合格產品、不合格批時，應依據「不合格品管理作業標準」的規定，提出特採申請，經核准後辦理特採入庫。

②生產單位應在「成品入庫傳票」上註明「特採入庫」字樣，交倉儲人員辦理入庫作業。

③倉儲人員應將特採批放置於指定區域，其出貨應經總經理的簽署才能放行。

⑺出貨核對作業

①倉儲人員接到「出貨單」時，應依其所記載的內容，準備與出貨的料號、品名、數量、箱數相符的貨品。

②倉儲人員對存放超過 180 天的產品，出貨前應通知成品檢驗人員重新進行檢驗，檢驗合格後才准其出貨。

⑻檢驗資料的回饋與矯正、預防措施

在檢驗中發現重大不良缺失，有立即改正的必要時，品管部應立即發出「矯正與預防措施要求單」，通知生產單位或生技、研發單位進行矯正與預防措施。

⑼成品檢驗規範的製作

①產品別成品檢驗規範製作，應依據「檢驗規範製作標準」的相關規定制定產品特有的檢驗項目、抽樣方式以及檢驗方法等。

②個別成品檢驗規範，則依據產品別成品檢驗規範的檢驗項目、允收標準等，予以定性、定量規定以供檢驗的執行依據。

5.品質資料

依本標準所規定輸出的品質資料、表單等，均屬品質記錄，應依「品質記錄處理標準」的規定辦理。

⑴最終檢驗與測試作業流程圖。

⑵成品檢驗記錄表。

⑶成品不良批退單。

⑷成品檢驗月報表。

# 第七節　不合格品控制程序

1. 目的

對不合格品進行控制處理，防止不合格品非預期地使用或流入到客戶手中。

2. 範圍

適用於××公司原材料、半成品、成品及成品交付後發生的不合格品的評審和處置。

3. 職責

⑴相關部門負責對不合格品進行評審處理和處置。

⑵品管部相應檢驗員負責對不合格品情況進行申報，品管經理負責確認，總經理負責報廢批准；其中對成品讓步放行及評審達不成一致意見時，由總經理進行最終裁決和批准。

4. 程序內容

⑴來料不合格品的控制

①採購物料經品管部 IQC 檢驗不合格後，IQC 應取一定不合格物料樣品和報告一起交品管經理鑑定，必要時由品管部召集採購部、生產部、技術部、物控部或相關部門經理召開評審會進行處理，參加評審人員應在來料檢驗報告上簽署處理意見，對於評審意見達不成一致的交總經理裁決。

②來料不合格物料的處理有兩種方式——讓步放行、退貨，檢驗員應根據處理結果在相應物料上進行標示。對於讓步放行的，由檢驗員貼上標誌後將相應檢驗報告上註明「讓步放

行」，交倉管員辦理入庫手續，物料應移入合格品存放區；對於判為退貨的，應立即將該物料移入退貨區，檢驗員應將 IQC 檢驗報告交物控部和採購部各一份，由倉管員通知採購部辦理退貨手續。

③對來不及檢驗需緊急放行的物料，在後來經檢驗不合格時，由生產部對使用該物料的半成品、成品及剩餘原材料進行標示，必要時應召集所有相關部門進行評審處理。

④對於生產中出現的不合格物料的處理，生產部應先通知相應檢驗員進行確認，並經品管經理批准後，由生產部辦理退倉手續，必要時由品管經理召集技術部、生產部、物控部等相關部門進行評審處理。

⑵過程不合格品的控制

①對讓步放行、緊急放行的物料，在生產過程中 IPQC 檢驗發現為批量不合格時，IPQC 應立即填寫「品質異常報告單」報品質組長和品管經理，並要求立即停止生產，必要時由品管經理召集技術部、生產部、物控部等部門進行評審處理，若在後面 OQC 發現來料檢驗為不合格時，應對使用該物料的產品品質可能造成的影響進行評估，由品管部組織技術部、生產部等相關部門進行評估，根據評估意見，必要時應追溯該物料對已完工產品的影響。

② IPQC 依據品質控制要求，於生產過程中發現少量產品不合格時，應記錄在相應工廠「巡檢記錄」上，生產部應及時對不合格品進行隔離標示並按要求進行返工；IPQC 在生產過程中發現批量不合格，應立即上報品管部組長，並填寫「品質異常報告單」報上級主管，經品管部經理確認後將「品質異

常報告單」交相關部門進行處理，必要時由品管部召集技術部、生產部等相關部門進行評審，評審意見達不成一致時交總經理裁決。

③半成品經返工仍達不到相關要求時，由生產部辦理退倉或降級、報廢。

④批量半成品的評審處理結果有返工、降級、報廢。若確定為返工的，由生產部進行返工處理；若確定為降級的，則由品管經理簽字後直接入庫；若確定為報廢的，應報總經理最終批准後實施報廢。

⑶最終檢驗不合格品的控制

①經 OQC 檢驗發現批次產品品質達不到標準時，生產部應立即將不合格品放入不合格品存放區。品管部 OQC 應將「出貨檢驗報告」連同不合格樣品一起交付品管經理處理；如需急於出貨的，由品管部召集生產部、技術部、物控部、行銷部對產品進行評審，參加評審的人員應在「出貨檢驗報告」上簽署意見，當意見不一致時，須上交總經理裁決，其餘則按下一條進行處理。

②不合格成品的處理結果有返工、降級、報廢。當評審意見為報廢時，應將「最終檢驗報告」交總經理最終批准；當評審意見為返工時，應由生產部進行返工；當評審意見為降級時直接入庫。

⑷交付後不合格品的處理

①對於交付到顧客處發現的不合格品，由行銷部及時填寫「客戶投訴(退貨)處理報告」交品管部。行銷部應盡可能取得該批產品的不合格樣品，必要時由品管部到顧客處現場核實，

針對品質嚴重情況，由行銷部與客戶進行協商。

②交付後不合格品的處理方法有客戶讓步接受、退貨、換貨等。對於退回的不合格品，應置入倉庫退貨存放區，品管部應對退回的不合格品進行重新檢驗確認，然後根據檢驗結果對退貨的原因進行分析並提出處理意見，經品管部經理確認後上交總經理批准。

③對退回的不合格品的處理方法有返工、報廢和降級三種情況。退回的不合格品應及時處置，不得在倉庫久置。若為返工的，應填寫「返工單」，經相關部門評審後交生產部一份，由生產部及時組織返工；對於降級和報廢的，倉庫應將降級的產品分區存放並標示，對於報廢的，通知倉庫實施報廢。

⑸對於不合格品的標示

對於不合格品的標示，參照「標示和可追溯性控製程序」和「檢驗控製程序」進行。

## 5.相關文件

⑴生產過程控製程序。

⑵標示和可追溯性控製程序。

⑶檢驗控製程序。

## 6.品質記錄

⑴ IQC 檢驗報告。

⑵返工單。

⑶巡檢記錄。

⑷品質異常通知單。

⑸客戶投訴/退貨處理報告。

⑹出貨檢驗報告。

# 第八節　案例：耐克(NIKE)的樣品生產體系

20世紀70年代，耐克(NIKE)公司一躍成為美國最大的鞋業公司，到80年代中期，耐克公司的年營業額佔美國運動鞋業市場的一半以上，成為一家世界頂級企業。

耐克公司本身不從事生產，它在生產上向外部借力，全力整合外部資源，利用外部的優勢，彌補自身的不足，投資建設生產場地。耐克公司將設計圖紙交給生產廠家，讓他們嚴格按圖紙式樣進行樣品生產，樣品審查合格後，按照樣品進行大批量生產。同時，耐克公司會調出一定的人力，對生產企業員工進行相關技術培訓，提高其生產作業技能和素質。產品生產結束後，由耐克公司貼牌，通過行銷網路將產品銷售出去。這種生產模式，為耐克公司節約了大量的生產基建投資、設備購置費用及人工費用，同時充分發揮了其他廠家的生產能力。

產品的製作和品質控制，在整個產品運作流程中起到舉足輕重的作用。企業生產應從戰略高度考慮品質、成本、交貨期及安全生產等各個方面，做好品質管理工作。

企業建立樣品生產戰略模型，應考慮兩方面因素，一是影響生產的內部因素，二是影響生產的外部因素，並綜合兩方面的現狀，進行有效評估和實施有效改進，保證樣品的品質。

耐克公司在生產戰略方面總結了一套獨特的生產運營模式，概括為「生產戰略五大黃金法則」。

你所在的公司，是否建立了與耐克公司生產模型相類似的生產管理體系？請作整體描述，並分析其中的優劣。

樣品製作是品質管理的開始。只有樣品通過審核，才可以進行大規模生產。為順利通過樣品生產品質關，應注意以下三個方面的綜合考量。

⑴列出產品材料明細表，備齊材料，根據圖紙製作樣品。在樣品製作過程中，應做好相關的記錄。

⑵根據樣品製作流程，編排技術流程，編寫作業指導書。作業指導書應囊括生產細節、工序操作和注意事項，語言簡明易懂，便於操作者領會。

⑶為在正式生產時監控生產過程，品管部也應該參與技術部的技術審查和樣品評審。

心得欄 ------------------------------------

# 第 4 章

# 品管部如何控制生產過程品質

## 第一節　樣品試做階段的品質管理

作業過程的品質管理以產品的「零缺陷」為目標，從樣品生產、進料、製程到成品輸出，精心設計每一個環節和流程的內容和方法，秉持嚴謹的態度，嚴格把關，保證作業的高品質。

樣品生產是為驗證設計與開發的產品的技術和性能而進行的生產活動，是確認訂單的前奏。因此，樣品必須滿足產品結構的技術性、標準化水準等生產要求，為正式投產過程的品質管理奠定基礎，同時也應滿足客戶要求，爭取客戶訂單。樣品階段的品質管理內容如表 4-1-3 所示。

## 表 4-1-1 樣品試做階段的工作內容

| | |
|---|---|
| 試做前：<br>確定試做內容 | 試做時要注意以下事項：<br>· 明確新的火腿罐頭試做的時間、地點、對象、目的、方法、數量<br>· 為便於瞭解試做的具體效果，控制每次試做改變的內容或要素只有一個(例如，主要只是改變火腿蒸熟的時間，看是否能夠讓火腿肉更有彈性)<br>· 首次試做的數量儘量控制在最少(第一次只用 5 隻火腿)。成功後，再加上試做量(10 隻或更多)。 |
| 試做前：<br>做好各項<br>準備工作 | · 在技術部門的指導下按照要求進行生產要素變更，如調整設備參數，進行新的作業方法培訓等(例如新的醃製方法、蒸的方法、新的溫度、濕度要求、罐裝的方法等)。<br>· 預先將試做標示告知相關的作業人員，便於在生產時將試做品與正常品區分開採。 |
| 試做時：<br>及時配合<br>嚴密跟蹤<br>做好識別 | · 做成試做牌，從第一個試做品起，即隨時提醒作業人員要按照新要求來進行生產。<br>· 將《試做一覽表》夾附在「試做開始牌」的背面，讓它隨試做品一起流動到下一個崗位，這樣所有相關人員可以隨時查看。<br>· 交接班時應注意：有時試做的數量大，前後連續作業時間長，一個班次可能無法全部結束，班組長應在交接班時通報清楚。<br>· 當發現試做引發大量不良又無法排除時，班組長應及時將信息回饋到技術部門並下令中止試做(例如可能蒸的時間過長影響了肉的香味、新加入的調斜對產品的色澤有影響等)。<br>· 當多種試做同時進行時(如該罐頭廠同時在試製牛肉罐頭或水果罐頭等)，應在每個試做對象上粘貼「識別條」，以防出錯。<br>· 與試做相關的不良產品(如罐頭密封不嚴或易拉條容易斷裂等)，應交回技術部門進行分析，其他人員不應擅自修理，以免影響試做安排部門對不良現象的確認。 |
| 試做後：<br>確認結果<br>情報回饋 | ①隨時跟蹤試做狀況，並即時填寫《試做一覽表》，最後與試做成品一起交給相關的檢驗人員。<br>②如果試做品無法出貨，則應遵從相應的報廢手續。<br>③總結並積累相關的數據，便於在今後的工作中作為參考。 |

表 4-1-2　樣品階段的品質管理流程

| 內　容 | 說　明 |
|---|---|
| 樣品階段的品質管理 | 產品設計與開發階段的工作程序、樣品的種類和管理方法、樣品履歷表的記錄和審核、樣品品質管理中的關鍵要點、樣品在生產作業中的使用規範 |
| 進料作業品質管理 | 進料檢驗的流程設計、進料檢驗的內容和方法、進料檢驗不合格品的處理、進料檢驗的數據統計和檢驗報告、緊急物料的核對總和放行程序 |
| 製程檢驗與管理 | 技術準備階段的品質控制、生產過程檢驗的階段設計、半成品品質管理的策略、製程檢驗員作業流程及權限、查核表和異常通知書的運用 |
| 成品品質檢驗管理 | 成品的檢驗方式和檢驗內容、成品檢驗的狀態標識和結果處理、成品檢驗中的數據記錄和統計、包裝階段品質核對總和控制措施、發貨階段的抽樣檢驗程序 |

表 4-1-3　樣品階段的品質管理內容

| 內　容 | 說　明 |
|---|---|
| 產品設計與開發階段的工作程序 | 設計與開發的策劃、輸入與輸出、審核、確認與改進 |
| 樣品的種類和管理方法 | 樣品的種類可分為確認樣、產前樣、生產樣等七種；管理方法包括樣品的收集、鑑定和存放等方面 |
| 樣品履歷表的記錄和審核 | 樣品履歷表的記錄內容、審核流程及附表 |
| 樣品品質管理中的關鍵要點 | 按照指定要求進行樣品生產，樣品型式試驗，提供給客戶的樣品必須保證品質 |
| 樣品在生產作業中的使用規範 | 樣品的申請、管理、保存及附表 |

# 一、產品設計與開發階段的工作程序

加強產品的設計與開發是提升產品品質的關鍵。設計與開發階段的工作程序主要包括設計與開發的策劃、輸入與輸出、審核、確認與改進。

## 1. 設計與開發的策劃

確定有關部門和人員的職責、權限、組織和技術介面及所需資源，針對開發和設計活動單獨編制品質計劃。產品品質計劃應針對具體產品的特殊要求和重點控制項目，編制各階段的品質控制方案，規定各階段主要的品質活動內容，提出專題試驗研究項目或技術攻關課題。

設計與開發的策劃應根據實際情況和產品的特點，確定工作程序和進度，明確劃分設計與開發階段，在每階段建立審核點，實施分階段品質控制。

## 2. 設計與開發的輸入與輸出

設計與開發的輸入要求是設計與開發工作的依據，應與相關人員溝通，使要求真正落實。如果無法與相關人員統一意見，可提出相應的措施，通過一段時間的工作實踐或調研、試驗確定。

## 3. 設計與開發的審核

通過檢查和提供證據，核查設計與開發的階段輸出是否滿足階段輸入的所有要求。對複雜產品應進行實驗，控制整機確認性試驗和驗收試驗，並在試驗前做好準備檢查。核查的主要內容是：

⑴試驗大綱是否經過簽署，是否有效；

⑵受試項目狀態；

⑶試驗組織建立情況；

⑷試驗人員的責任是否明確；

⑸試驗測試設備的有效性；

⑹試驗環境條件滿足試驗要求的情況，例如，溫度、濕度、場地；

⑺必要的試驗配置器具情況；

⑻試驗場地用水、用電、用氣情況；

⑼故障應急處理人員落實情況。

### 4.設計與開發的確認與改進

設計與開發確認是指通過檢查和提供客觀證據，表明產品滿足特定的使用要求，並形成《設計和開發確認報告》。

設計與開發的改進應履行審批手續，填寫《設計和開發更改申請單》，並保存相關記錄。

設計文件完成後應及時歸檔，並從檔案中複製需投產加工的圖紙。生產中有所改動，必須先辦理更改後，交檔案室，再由檔案室用新圖紙換發舊圖。

樣機生產圖紙應妥善保存，以便交付樣機時配發給用戶，不能隨意將樣機圖紙更改為批生產圖紙；必須更改的，應考慮到互換性，同時保存原圖，繪製新圖，辦理審批手續再更改。

## 二、樣品的種類和管理方法

樣品是代表產品品質達成能力的一種實物證明，對外可以向客戶證明企業現階段的品質水準，提高產品品質信任度；對內可以作為品質檢測與鑑定的依據。

## 1. 樣品的種類

在樣品管理中，常見的樣品可分為七種，如表 4-1-4 所示。

表 4-1-4 樣品的種類

| 樣品種類 | 說明 |
|---|---|
| 確認樣 | 需要同客戶確認的樣品，一旦確認，則依該樣品進行生產 |
| 產前樣 | 生產前，向客戶寄送樣品，確認產品的顏色、生產技術等方面是否正確 |
| 生產樣 | 為反映產品生產時的一些情況而隨機抽取的樣品，客戶可能根據這些情況提出新的要求 |
| 測試樣 | 有些客戶會要求產品必須通過某種測試，如果測試不通過他們可能拒收產品 |
| 出貨樣 | 已經做好準備出貨之前的樣品。有些客戶根據樣品決定這批產品的品質 |
| 參考樣 | 為了在產品的某方面達成共識，將樣品寄給客戶，作為品質、樣式、結構、技術等方面的參考 |
| 修改樣 | 客戶經常會對產品的某方面進行修改，修改後重新寄出樣品 |

## 2. 樣品的管理方法

樣品管理的方法有很多，主要圍繞收集、鑑定、存放、使用與變更四個步驟進行。

### ⑴樣品的收集

樣品由客戶或業務部、產品部提供，品管部按要求收集每張工單成品標識樣品和物料、配件樣品，所有樣品收集後，必須登記，並將不同類型分開錄入不同登記簿。

### ⑵樣品的鑑定

樣品的品質鑑定工作由 QE 人員負責進行，包括以下內容：

①基本品質檢驗，包括外觀、尺寸等方面的檢驗；

②試裝，針對產品的配件樣品而言，用實際試裝的方式可以確切地反映該批產品的偏差程度，有利於生產部與品管部調整作業重心；

③性能試驗，針對樣品的材料屬性、組織裝配效果、樣品的抗破壞能力(物理的、化學的、人為的損壞)及各類品質參數的達成狀態進行的試驗；

④可試性試驗，針對未來的產品在使用過程中的安全性，主要用於衡量產品在常規狀態下的安全保障係數，確定產品是否符合有關法律要求；

⑤小批量試製，針對新產品，為大批量生產進行的生產技術規範和品質標準的制定與確認工作。

⑶樣品的存放

樣品管理員應根據樣品類型將保存樣品的位置劃分成「待檢」、「已檢」和「備查」三個區域，按區域編號簽收樣品。並根據樣品來源類別(自行抽樣和客戶委送)，在既定區域內分區擺放。

⑷樣品的使用與變更

樣品的使用與變更應遵循一定的程序和要求，如表 4-1-5 所示。

表 4-1-5　樣品使用與變更的程序和要求

| | |
|---|---|
| 樣品的使用 | 品管部不同環節若需要借用樣品，應向樣品管理員申請借取，並做記錄 |
| | 借用人使用期間，應加強樣品保管，防止遺失或損壞，並及時歸還 |
| | 樣品管理員應及時監督追回借出的樣品，並對樣品的完整性做檢查 |
| | 如果樣品有遺失或損壞，應立即彙報，說明原因 |
| | 樣品管理員出於不慎或其他原因遺失某種樣品，應及時彙報，說明樣品種類及遺失原因，並要求補簽樣品 |
| 樣品的變更 | 樣品管理員收到新樣品時，應申請舊樣品處置意見 |
| | 需更改的樣品，樣品管理員應在樣品上做出標識，並寫明更改內容，提醒使用者在使用時注意，待領取樣品後即做取消 |
| | 經批准提供樣品部門，如需回收某種樣品，樣品管理員應在樣品檔案中登出，並申請補簽樣品 |
| | 由相關部門通知停止使用或失去效果的樣品，樣品管理員應及時申請報廢處理 |
| | 樣品管理員應不定期地整理與檢查樣品 |

## 三、樣品履歷表的記錄和審核

樣品履歷表(如表 4-1-6 所示)是針對樣品基本情況與變更情況的有效記錄。記錄內容涉及樣品的來源、種類、製作原料、設計者、製作者、完成時間、變更者、變更時間、變更內容。對於外來樣品，應貼示標貼，由品管部填制樣品履歷表，簽字存檔。

表 4-1-6　樣品履歷表

No.　　　　　　　　　　　　　　　　　　　　日期：

| 樣品名稱 | | 型　號 | | 客　戶 | | | | | |
|---|---|---|---|---|---|---|---|---|---|
| 設 計 者 | | 圖　號 | | 完成日期 | | | | | |
| 模具設計者 | | 完成日期 | | 模具製作者 | | 日期 | | | |
| 樣品設計變更履歷 | | | | | | | | | |
| 符　號 | 1 | 2 | 3 | 4 | 5 | 6 | 7 | 8 | 9 |
| 變更日期 | | | | | | | | | |
| 變 更 者 | | | | | | | | | |
| 變更內容 | | | | | | | | | |

說明：1. 基本資料由技術部門製作，生產履歷由生產部門記錄；

2. 本履歷表隨產品圖紙保管。

對於企業研發產品，應由技術部做出樣品，交品管驗收合格後，送給客戶進行確認。如果存在問題，跟單員應及時和生產部協商以求得解決方案。應將修改的樣品寄送給客戶，待確認後即可通知生產部進行生產。

## 四、樣品品質管理中的關鍵要點

樣品品質管理的目標是滿足來自客戶和生產兩個方面的要求，樣品品質管理應注意三個關鍵要點。

### 1. 按照指定要求進行樣品生產

樣品生產旨在考核產品設計品質，考驗產品結構、性能及主要技術，驗證和修正設計圖紙，使產品設計基本定型。因此，樣品生產必須嚴格按照設計圖紙和試製條件進行。

生產技術準備方面，應該力求簡化，一般只需準備對樣品生產必需的技術(例如，關鍵零件的技術準備)，或與樣品品質相關的工裝，以避免因設計的修改而造成不必要的損失。

## 2.樣品型式試驗

為檢驗樣品能否滿足技術規範的全部要求，需對一個或多個具有代表性的樣品利用試驗手段進行合格性評定，即型式試驗。

型式試驗的依據是樣品標準。試驗所需樣品的數量由論證機構確定，從最終產品中隨機抽取。試驗在被認可的獨立檢驗機構進行，對個別特殊的檢驗項目，如果檢驗機構缺少所需的檢驗設備，可在獨立檢驗機構或認證機構的監督下使用本企業的檢驗設備進行。

環境試驗是型式試驗的重點項目之一，可分實驗室試驗和外場試驗。

⑴實驗室試驗。一般在實驗室內進行，用人工的方法創造出某種氣候環境或機械環境，將樣品在此環境中試驗，能大大縮短試驗時間。

⑵外場試驗。能補充實驗室的不足，充分驗證樣品在現場使用中是否會損壞或能否正常工作。但對許多產品來說，不能完全用外場試驗代替，例如，消費品中的藥物，化妝用品，工業品中的水輪機、大型管道運輸系統。

## 3.提供給客戶的樣品必須保證品質

客戶對樣品的不滿意表現在三個方面：

⑴產品不符合客戶要求，包括結構、顏色、配置、包裝等方面；

⑵產品品質有問題，主要是指外觀、性能的不良；

⑶樣品根本不是客戶需要的樣品。

無論那種情況，都會令客戶懷疑企業的能力，甚至失去合作機會。如果決定提供樣品，就必須製作品質達標、符合客戶要求的樣品。如果客戶不滿意樣品，應及時向客戶瞭解情況，儘快改講產品。

## 五、樣品在生產作業中的使用規範

樣品是保持批量生產品質的參照標準，以具體形象向生產人員呈現產品樣式。在生產作業中應注意樣品使用的規範化，保證其最大限度地發揮功用。

### 1. 樣品的申請

填寫《樣品申請表》，向生產技術部申請樣品。

### 2. 樣品的管理

⑴安排專門位置存放樣品。

⑵製作樣品標籤，描述與說明樣品生產過程，包括樣品類型、製作材料、形狀、指標參數、操作環節、細節要求、收集日期、批准日期和有效日期等樣品信息，也可以在看板上加入提醒說明，以加強細節化管理。

⑶對新老員工樣品使用程序和方法進行培訓。

⑷安排專人跟蹤管理樣品的使用過程，可運用樣品借用單，註明樣品管理編號、取用時間、取用者及其所屬部門，與樣品一起保管。

⑸定期清潔、防護和檢查樣品。

⑹產品有變更時，生產技術部應及時發放新的生產用樣品，收回舊樣品。如來不及製作新樣品，則應在舊樣品上做好更改說明，以提醒使用者。新樣品製作完畢，即收回舊樣品。在樣品使用過程中，應及時回饋其使用情況，如表 4-1-7 所示。

表 4-1-7 樣品使用情況回饋單

日期＿＿＿＿＿ 編號＿＿＿＿＿ 申請單編號＿＿＿＿＿

| 序號 | 產品代碼 | 品名 | 數量 | 單位 | 總價 | 新品 | 舊品 | 客戶名稱 |
|---|---|---|---|---|---|---|---|---|
| | | | | | | | | |
| | | | | | | | | |
| 合計 | | | | | | | | |
| 使用情況 | 樣品消耗（ ） 退回（ ） 轉銷售（ ）<br>其他： | | | | | | | |

3. 樣品的保存

產品生產結束後，樣品應交回生產技術部門，由生產技術部門進行留存或報廢處理。

# 第二節 進料作業階段的品質管理

## 一、進料檢驗主管的崗位職責

進料檢驗主管主要負責所有進料的檢驗工作，包括原材料、外協品、外購零件的品質檢驗。具體職責如下。

1. 負責制定進料檢驗標準和檢驗規範，落實執行進料檢驗工作，並出具檢驗報告。

2. 參加外協品定點前的考察和外協廠的品質保證能力的評估工作。

3. 參加外協廠送樣產品檢驗結果的討論，並保管好討論記錄。

4. 妥善處理進料出現的品質異常問題。

5. 協助採購部處理不合格材料的退貨工作。

6. 對原料供應商、協作廠商交貨品質進行整理、分析與評價。

7. 對進料的規格和品質提出改善意見或建議。

8. 檢驗儀器、量規和試驗設備的管理與保養。

9. 進料庫存品的抽驗以及鑑定報廢品。

10. 完成品管部經理交辦的其他工作。

進料品質的控制是保證產品品質的基礎。品管人員應注意進料檢驗的流程、內容和方法，有效處理不合格產品，保證進料作業品質。

進料作業品質管理的內容如表 4-2-1 所示。

表 4-2-1　進料作業品質管理的內容要點

| 內　容 | 說　明 |
|---|---|
| 進料作業品質管理 | 繪製進料檢驗流程圖，根據具體情況提出特殊審核或特採 |
| 進料檢驗的內容和方法 | 進料檢驗的內容主要包括憑證檢驗、外觀檢驗、數量檢驗、尺寸檢驗、結構核對總和特性檢驗；進料檢驗的方法主要分為免檢方法、全檢方法、抽樣檢驗方法 |
| 進料檢驗不合格品的處理 | 不合格品處理前的準備、管理及記錄登記 |
| 進料檢驗的數據統計和檢驗報告 | 進料檢驗數據統計的意義，進料檢驗報告 |
| 緊急物料的核對總和放行程序 | 緊急物料的檢驗與放行流程及注意事項 |

## 二、進料檢驗的流程設計

對於不同的材料允許有不同的進料流程，但是相同材料的檢驗必須使用一致的流程。

判定不合格的物料，有時可由供應商或採購部向品管部提出予以特殊審核或提出特採申請。具體情況如下：

1. 供應商或採購部人員認定判定有誤時；
2. 該項符合物料生產急需使用時；
3. 該項缺陷對後續加工、生產影響甚微時；
4. 出現其他特殊原因時。

## 三、進料檢驗的內容和方法

執行進料檢驗作業，必須瞭解檢驗的基本內容，遵循科學的方法，最大限度地降低工作難度。

### 1. 進料檢驗的內容

進料檢驗的內容主要包括憑證檢驗、外觀檢驗、數量檢驗、尺寸檢驗、結構核對總和特性檢驗。

⑴憑證檢驗。檢驗供應商提供的品質憑證，包括產品的名稱、規格、型號、供貨數量、交付日期、產品合格證或其他品質合格證明，核對主要技術、品質指標及確認供應商檢驗的印章和標記。

⑵外觀檢驗。主要以目視的方法檢驗產品外觀是否有銹蝕、發黴、變色、劃痕、擦傷、裂紋、污染等品質問題。如果變形嚴重，以目視的方法即可檢驗；有些影響產品組裝的輕微變形仍然需要用

模具進行檢驗。

⑶數量檢驗。清點產品實際數量，確認是否與相關品質憑證上的數量相符。

⑷尺寸檢驗。一般用卡尺、千分尺、塞規等量具檢驗，看產品是否在公差範圍內。

⑸結構檢驗。主要檢驗結構是否完整，結構間的組合是否符合標準。常用拉力器、扭力器進行檢驗。

⑹特性檢驗。按規定對產品的物理、化學、機械、電氣特性進行檢驗、實驗，對測量的結果進行數據處理，並對照規定判定是否合格。

### 2.進料檢驗的方法

進料檢驗的方法主要分為以下三種類型：免檢方法、全檢方法、抽樣檢驗方法。

表 4-2-2　抽樣檢驗方法

| 抽樣檢驗方法分類 | 說　明 |
|---|---|
| 標準型抽樣檢驗 | 權衡供需雙方利益與損失，判斷送檢批是否合格 |
| 連續生產型抽樣檢驗 | 適用於檢驗大量不斷流動的產品和物料 |
| 調整型抽樣檢驗 | 按供應商以往業績和該批檢驗結果採用正常檢驗、嚴格核對總和減量檢驗 |
| 選別型抽樣檢驗 | 將全檢後的拒收品退回供應商，換回同數良品 |

⑴免檢方法。適用於大量低值輔助性材料，或經認定的免檢廠來料，以及生產急用而特批免檢的物料。

⑵全檢方法。適用於來貨數量少、價值不高、不允許有不合格品物料或工廠指定進行全檢的物料。

⑶抽樣檢驗方法。適用於平均數量較多，經常使用的物料。又可以細分為標準型抽樣檢驗、連續生產型抽樣檢驗、調整型抽樣核對總和選別型抽樣檢驗，如表 4-2-2 所示。

## 四、進料檢驗不合格品的處理

### 1. 不合格品處理前的準備

對不合格品的處理首先應做好前期準備工作。

⑴制定不合格品控製程序，並予以公告。

⑵制定有關的原始記錄票證、登記台賬和統計圖表。包括廢品通知單、返修通知單、不合格申請單、不良推移圖、排列圖、廢品處理清單、廢品統計表等。

⑶規定各類不合格品的區別標識，準備相應印章。

⑷設立各類不合格品的隔離存放地點。例如，廢品隔離室或隔離區域、返修品框架等。

⑸確定並掌握不合格品統計管理的方法。

### 2. 不合格品的管理

不合格品經過評審後應按照其特點進行不同方式的管理。

⑴來貨揀用。來貨揀用是指對來貨基本合格，但其中存在一定數量的不合格品時，在入倉前或使用前，挑出不合格品，然後入倉或投入生產。在投入生產的過程中，由使用部門邊挑邊生產，則稱為挑選性收貨。

⑵返工與返修。對不合格品進行重新加工和修理，使產品達到規定要求。

品質檢測人員應掌握好品質驗收標準，並向返工與返修人員闡明品質要求與要點、在製品品質檢驗與試驗的方法，記錄返工品的品名規格、數量，對返工品進行重新檢驗。

⑶條件收貨。在不合格品進行局部修整後，可直接使用且不會影響產品的性能水準，可視其在允收品範圍內。該批來貨被特許進廠後，應在貨品上做「特採」標記，並將驗貨資訊傳遞給來貨使用部門，以備相關部門採取應對措施。

⑷退貨。退貨是指來貨經鑑定認為品質不合格，退回供應商。

⑸報廢。做出進料報廢決定前，應仔細考慮：若進行報廢，是否造成巨大損失；是整體報廢，還是部份報廢；可否拆卸產品的元件轉作他用；批量進行報廢時，應注意報廢批中是否能檢出部門允收品。

### 3.不合格品記錄登記

現場巡檢員將當天產生的不良品數量，如實記錄在巡檢報表上，同時對當天送往不合格區的不合格品進行分類，詳細地填寫產品不合格的原因、評審、處理和改善效果等內容，以便於分析和改進。

不合格品的記錄登記可以選擇品質檢驗記錄表格、品質評審與處置記錄、品質改善報告或其他各類品質分析報表。

不合格品的記錄應包括以下內容：

⑴不合格品的名稱、規格、顏色、編號；

⑵不合格品的缺陷描述；

⑶不合格品的訂單號、生產日期、部門；

⑷不合格品的數量佔總產量比率；

⑸相關部門對不合格品的評審結論；

⑹不合格品的處置意見和實施結果的詳細情況；

(7)針對不合格現象的糾正與預防措施以及實施效果。

## 五、進料檢驗的數據統計和檢驗報告

對進料檢驗進行科學準確的數據統計，形成書面報告，既是規範品質管理的要求，又可以為企業提供完整的資料，為分析和改善來料品質提供保證。

進料檢驗統計內容可通過檢驗報告顯示，如表 4-2-3 所示。

表 4-2-3　進料檢驗報告

| 檢驗單號： | | 計劃日期： | | 檢驗日期： | | |
|---|---|---|---|---|---|---|
| 供應商代碼 | | 供應商簡稱 | | 來料批號 | | |
| 來料編號 | | 來料品名 | | 產品型號 | | |
| 批　量　數 | | 允許數量 | | 特採單號 | | |
| 計數檢驗<br>抽樣次數：　總抽樣數： | | | | 特　檢 | | |
| | | | | 項　目 | 檢驗數 | 結　果 |
| 缺陷類別 | 數量 | 允收數 | 判定 | | | |
| 安全缺陷 | | | | | | |
| 嚴重缺陷 | | | | | | |
| 主要缺陷 | | | | | | |
| 輕微缺陷 | | | | | | |
| 缺陷指數(%) | | | | | | |
| 缺陷總數：　缺陷率：<br>不良數：　不良率：<br>缺陷指數：　缺陷率： | | | | | | |
| 檢驗員： | | | | | | |
| 單項判定：□合格　□不合格 | | | | 綜合指數：<br>計量值判定：□合格　□不合格 | | |
| 最後判定 | | | | 人工判定說明 | | |
| 審核： | | | | 製表： | | |

## 六、緊急物料的核對總和放行程序

因生產需要，緊急物料來不及檢驗、驗證而需要放行時，應做出明確的標識，做好記錄。同時，品管部必須保證一旦發現產品不合格能及時追回、更換，在技術上糾正，不會發生較大損失，也不會影響相關、連接、相配的零件品質。

緊急物料的放行可依照下列步驟進行。

表 4-2-4　緊急放行申請單

| 流水號： | | | | | |
|---|---|---|---|---|---|
| 客　戶 | | 品　名 | | 申請單位 | |
| 訂 單 號 | | 數　量 | | 申請日期 | |
| 廠　商 | | 顏　色 | | 規　格 | |
| 來　源 | 原物料□　半成品□　成品□　客供品□ | | | | |
| 放行原因 | | | | | |
| 品管科意見 | | | | | |
| 批准人及意見 | 准予緊急放行□　不予緊急放行□<br>簽字： | | | | |

(1)緊急物料來不及檢驗時，當填寫緊急放行申請單(如表 4-10 所示)，表明緊急放行，由品管部、技術部、生產部簽署意見，經總經理批准後交倉庫。倉管員同進料檢驗人員按抽樣標準待檢，進料檢驗人員在來料包裝上貼「緊急放行」標籤後放行。

⑵應設置適當的緊急放行停止點，對於流轉到停止點上的緊急放行物料，在接到證明該批產品合格的檢驗報告後，才能放行。

⑶若發現緊急放行的物料檢驗不合格，應立即根據可追溯性標識及識別記錄，將不合格品追回。

## 七、案例：VW 汽車公司的進料檢驗戰略

德國 VW 汽車公司是一個在全世界許多國家都有汽車業務的跨國汽車集團。

大眾汽車一直處於領先的地位。近幾年由於國產汽車嶄露頭角，大眾汽車的利潤額每況愈下。

大眾汽車公司進行了一系列考察調研，決定從進料檢驗方面著手進行改善。該實驗室的投入使用，使許多需要在德國總部完成的材料檢驗工作，簡化並加快了材料生產的零件的認證流程。

從汽車公司的案例可以看出，檢驗策略改進與程序的省減，需要綜合考慮多方面的因素，進行系列的可行性論證，再進行實施。可行性論證可採用七步驟法進行。

### 第一步　確定問題

找出急需改善的問題，鎖定目標。

### 第二步　研究現時生產方法

收集現時生產方法的數據，並做整理，以選擇可能性最大的方面率先完成，然後按部就班地解決其他問題。

### 第三步　找出原因

結合各有經驗工人，利用腦力激盪法和品質管理表，找出每一個可能發生問題的原因，例如，原材料不良、機器缺乏保養，

再利用魚刺圖分析，歸納各類原因。

第四步　制定計劃及解決方法

結合各有經驗員工和技術人員，通過腦力激盪法和各種檢驗方法，找出解決方法。

第五步　檢查效果

利用第二、三步方法，收集並分析生產數據，與未改善前的數據相比，評價是否得到改善。

第六步　將有效方法制度化

改善方法被認可後，將其編入生產流程制度。

第七步　檢討成效並發展新目標

所有問題解決後，制定新目標，以達到不斷改善的目的。

# 第三節　製程作業階段的品質管理

## 一、製程檢驗主管的崗位職責

製程檢驗主管的主要職責是在品管部經理的督導下，嚴格貫徹技術設計意圖和執行技術標準，負責制造過程、在製品的品質檢驗相關工作。

1. 協助經理制定製程檢驗標準及相關管理制度，並督促質檢專員嚴格執行。

2. 負責製程巡迴檢驗及品質異常原因的追查與處理。

3. 選擇不良項目或可能有問題的製程進行研究、分析，提出改善、預防的措施。

4. 保存工序檢驗的相關資料，並協助相關工程師做好工序品質改進工作。

5. 在工序檢驗中發現的不合格現象得到糾正之前，控制不合格品流向下一道工序。

6. 半成品庫存的抽驗及鑑定報廢品。

7. 協助生產部門做好生產過程的品質檢驗工作。

8. 對生產作業標準提出改善意見或建議。

9. 制定檢驗儀器、量規的管理辦法，並組織執行。

10. 完成品管部經理交付的其他工作。

製程檢驗與管理是產品生產的中心環節。從技術準備階段的品質控制到產品輸出的品質控製程序和要點，甚至細化至查核表、異常通知書的運用，都是品質管理人員必須掌握的內容。

表 4-3-1　製程檢驗與管理內容要點

| 內　容 | 說　明 |
|---|---|
| 技術準備階段的品質控制 | 技術分析和審查、技術方案制定、技術設計和技術裝備設計製造 |
| 生產過程檢驗 | 首件檢驗、巡迴核對總和末件檢驗 |
| 半成品品質管理的策略 | 重視品質標準、檢查點的設計、合理地存放和保管半成品、不合格品的數據統計和改善 |
| 製程檢驗員作業流程及權限 | 產品驗證、首件檢驗、製程檢驗、製程稽核、製程檢查員權限等內容 |
| 查核表和異常通知書的運用 | 點檢用檢查表和記錄用檢查表兩種查核表的使用，異常通知書的使用 |

## 二、技術準備階段的品質控制

技術準備階段的品質控制包括四個步驟，即技術分析和審查、技術方案制定、技術設計和技術裝備設計製造。

### 1. 技術分析和審查

對產品設計進行技術分析和審查，是指瞭解設計圖上有關結構形狀、尺寸公差、材料及熱處理方法等方面的資訊，從技術角度檢查產品結構的合理性、可加工性，使所設計的產品符合的製造條件，力求達到最佳效益。

產品設計技術分析和審查的主要內容包括以下五個方面：

⑴結構關係是否合理，即零件的繼承性如何，結構的規格化與標準化程度如何，應儘量提高已有零件在新產品中的比例；

⑵技術要求是否經濟合理，例如，機械加工的精度、表面粗糙度是否適當；

⑶加工性能是否良好，材料選擇是否經濟合理；

⑷技術裝備係數是否合理，能否充分利用現有的技術裝備和標準器具；

⑸在現有設備上能否加工製造，有沒有條件採用高效率的先進技術和先進生產組織方式。

### 2. 技術方案制定

技術方案是產品技術準備工作的總綱，也是進行技術設計、編制技術文件的指導性文件，規定了產品加工所採用的設備、工裝、用量、技術過程以及其他技術因素。除單件小批生產的簡單產品外，一般在技術設計開始時都應編制技術方案。編制技術方案主要依據以下四個方面：

⑴是產品設計創新還是複製？

⑵是系列基型還是變型？

⑶是通用還是專用？

⑷產品生產是大量生產、成批生產、單件生產？

正確確定技術裝備係數是編制方案的一個重要內容。

技術裝備係數是為製造某種產品而設計的專用技術裝備的種數與製造產品的專用零件數之比，用來控制專用技術裝備數量，確定設計和製造技術裝備工作量，安排準備計劃。產品量大，標準化、通用化程度低，工人技術水準低，技術裝備係數應大一些；反之，應小一些。

### 3.技術設計

技術設計是指編制產品加工的全套技術文件，包括技術規程、檢驗規程、技術裝備圖、勞動定額表、原材料和器具消耗定額表及其他表格和卡片。

其中，技術規程是最主要的文件，包括產品及其各個部份的製造方法與順序以及設備的選擇，其主要形式有：

⑴技術路線卡，又稱為技術過程卡，技術路線是指從產品各個零件的加工、裝配、檢驗、試驗、包裝到入庫的全部生產過程所經過的路線；

⑵技術卡，又稱零件卡，主要用來指導工廠生產活動；

⑶操作卡，又稱工序卡，是一種用來具體指導工人操作的技術文件；

⑷技術守則，對重要和關鍵工序制定的技術守則；

⑸檢查卡、調整卡等輔助性文件。

### 4.技術裝備設計製造

技術裝備是製造產品所用的各種量具、夾具、切削器具、模具及輔助器具的總稱。使用技術裝備的程度，對保證產品品質、提高勞動生產率、改善勞動條件具有重要作用。

表 4-3-2　各種生產類型的技術裝備係數

| 工裝名稱 | 技術裝備係數 | | |
|---|---|---|---|
| | 單　件 | 小　批 | 大　批 |
| 量　　具 | 0.09～0.20 | 0.20～0.35 | 0.40～1.50 |
| 夾　　具 | 0.18～0.20 | 0.20～0.30 | 1.00～2.70 |
| 切削器具 | 0.04～0.08 | 0.15～0.25 | 0.30～0.90 |
| 模　　具 | — | — | 0.20～0.50 |
| 輔助器具 | 0.02～0.05 | 0.05～0.10 | 0.20～0.80 |
| 總工裝係數 | 0.23～0.53 | 0.60～1.00 | 2.10～6.40 |

技術裝備類型按其使用範圍，可分為標準、通用、專用。

⑴標準工裝和通用工裝可應用於範圍廣泛的產品零件的加工製造，一般由專業廠家製造，生產企業根據需要購買與配置。

⑵專用工裝則是根據具體產品的專門需要，由生產企業自行設計製造。

在設計和製造專用工裝時，應處理好保證品質、提高生產效率和降低產品成本三者之間的關係。為解決這個問題，通常通過技術裝備係數控制技術裝備的合理數量。

技術裝備係數，是專用工裝種數與專用零件種數的比值，代表技術裝備水準的高低。產品越精密、越複雜、產量越大，技術裝備係數越大；反之，可以小些。技術裝備係數過大，將使技術裝備準備工作量過大，延長準備週期，增加成本；如果太小，則不能滿足生產需要，無法保證加工品質和生產效率。因此，應參考相關數據，合理控制技術裝備係數的大小。

## 三、生產過程的檢驗設計

為了使每個品管部質檢員都明確檢驗要點和檢驗方法，必須先制訂一份檢驗計劃發給質檢員，以對其工作進行指導，使檢驗工作做到標準明確。

檢驗流程圖是生產過程中各項檢驗工作安排的一種圖表。具體包括：檢驗點的設置、檢驗項目、檢驗方式、檢驗手段、檢驗類別和檢驗數據處理等。

表 4-3-3　檢驗流程圖的要求

| 項目 | 說明 |
| --- | --- |
| 檢驗點的設置 | 即確定應該在何處進行檢驗。它是根據技術上的必要性、合理性和管理上的可行性來具體安排的 |
| 檢驗項目 | 根據產品技術標準、技術文件和圖紙所規定的技術要求，列出品質特性表，並按品質特性缺陷的嚴重程度，對缺陷進行分級，以此確定檢驗項目 |
| 檢驗方式 | 根據工序能力和品質特性的重要程度，明確自檢、專檢、定點核對總和巡迴檢驗等 |
| 檢驗手段 | 明確是理化檢驗還是感官檢驗或其他檢驗 |
| 檢驗類別 | 明確是全數檢驗還是抽樣檢驗 |
| 檢驗數據處理 | 規定如何收集、記錄、整理、分析和傳遞質量數據 |

生產過程檢驗一般可分為首件檢驗、巡迴檢驗和末件檢驗三個階段。

1. 首件檢驗

剛開始加工的一批產品，或在調整設備、器具，變更加工對象，調換操作者之後對加工出來的產品中的第一件或頭幾件產品進行的檢驗活動，稱為首件檢驗。

通過這種檢驗，可以在生產初始階段判明技術、操作條件是否正常，及時發現和解決問題，防止成批產品報廢。

進行首件檢驗，生產工人應將加工出來的第一件或頭幾件產品交專業檢驗人員進行檢驗。根據首件檢驗報告(如表 4-3-4 所示)，如發現有不合格品，應查明原因，調整或改進生產過程中影響品質的有關因素，直至首件檢驗合格後，再繼續成批加工。

表 4-3-4　首件檢驗報告

年　月　日

| 製造單位 | | 產品名稱 | |
|---|---|---|---|
| 首件類型 | □新產品　□新訂單 | 製造命令號碼 | |
| 首件數量 | | 製造責任人 | |
| 品管檢驗判定 | 主管：　檢驗： | | |
| 開發檢驗判定 | 主管：　檢驗： | | |
| 結　論 | | | |

首件檢驗通常由操作者和檢驗員分別實施。由操作者實施的檢驗稱為自檢，由檢驗員實施的檢驗稱為專檢。其中，自檢要求操作

者具有較高的技術水準和素質，掌握一定的測量方法，並且能對測量結果做出準確的判斷。

2.巡迴檢驗

巡迴檢驗又稱流動檢驗，指專職檢驗員到操作者的工作場地進行的檢驗。通過巡迴檢驗可以及時發現生產過程中的不穩定因素並加以糾正，防止成批產生不良品，便於專職檢驗員對操作者進行指導。

巡迴檢驗時，檢驗員應按一定的檢驗路線和巡迴次數，檢查有關工序加工的半成品、成品的品質，操作工人執行技術的情況，工序控制圖上的點子排列情況，以及廢次品的隔離情況，並做好記錄(如表 4-3-5 所示)。其中，工序品質控制點應該作為巡迴檢查的重點，檢驗人員應把檢驗結果標記在工序控制圖上。

表 4-3-5　過程巡檢記錄

| 序號 | 工序號 | 檢驗重點 | 檢查結果 | | | | | 不良記錄 | 對策 |
|---|---|---|---|---|---|---|---|---|---|
| | | | 1 | 2 | 3 | 4 | 5 | | |
| | | | | | | | | | |
| | | | | | | | | | |
| | | | | | | | | | |
| | | | | | | | | | |
| 檢查結果：○好　□尚好　△不良糾正 | | | | | | | | | |
| 說明：1.檢驗標準範圍可定上下限。<br>2.異常檢驗情況應追溯到源頭及全過程的處理。 | | | | | | | | | |

當巡迴檢驗發現工序有問題時，應進行如下兩項工作：

⑴查找工序不正常的原因，並採取有效的糾正措施，以恢復其正常狀態；

⑵對上次巡檢後到本次巡檢前所生產的產品，全部進行重檢和篩選，以防不合格品流入下道工序(或客戶)。

3.末件檢驗

末件檢驗是指當產品生產完成後，按規定的抽樣方案隨機抽取樣品，將檢驗結果與判定標準相對照，確定末件產品是否合格的檢驗。

靠模具或裝置來保證品質的輪番生產的加工工序，一般都需要設立末件檢驗，即一批產品加工完畢後，全面檢查最後一個加工產品，如果發現有缺陷，可在下批投產前完善模具或裝置，以免下批投產後因修理模具影響生產。

## 四、半成品的品質管理策略

半成品品質管理是生產品質管理的難點，加強半成品品質管理，可以從以下幾個方面著手。

1.重視品質標準

⑴嚴格按品質標準作業

品質標準是依據開發部、技術部、品管部和生產部相關文件、圖紙，經反覆討論和驗證後制定的，操作人員(生產人員、檢驗人員)必須認真遵守，不得隨意更改，如有疑問，可及時上報處理。

⑵加強操作人員對品質標準的理解

對於簡單和成熟的操作，生產人員清楚生產方法和技術標準，有產品圖紙或規範即可。

對於技術複雜、高精度的工作，應根據品質標準，制定作業指導書或請專家進行專門指導，確保生產人員理解作業方法和品質標準，同時，協助檢驗人員規範操作，及早發現問題。

## 2.檢查點的設計

線上檢驗有兩種形式，一是為每個工序設置一個檢查點，二是在重要工序上設立檢查點。

### ⑴每個工序設置一個檢查點

如果企業規模較大，產品複雜程度較高，且每個工序的人員較多，可在每個工序後設置一個檢驗崗，由品管部門派專職檢驗員檢查。每個工序都設置一個檢驗點，增加了人力，但可以保證每一個工序的半成品品質。

### ⑵重要工序設置檢查點

重要工序是指對產品品質起決定性作用的工序，是主要品質特性形成的工序，也是生產過程中需要嚴密控制的工序。如果企業規模不大，工序比較簡單，且人數較少，可以只在重要工序上設置檢查點。

檢查點還可以根據產品的不穩定因素，而進行設計。不穩定因素包括該產品以前生產有異常，使用的生產設備不穩定，新員工操作，新產品或設備的投入等。

## 3.合理地存放和保管半成品

庫存半成品一般應按照品種、過程、規格分類分區存放，擺放整齊，標識清楚。為了避免半成品在存放和保管過程中的丟失、損壞、變質或混號，應根據每種半成品的特性建立各種保管制度。

對一些精密的零件，應嚴格保管。

解決各種輔助裝置和設施的存放和保管問題，包括庫房建築、料架、料櫃和工位器具等。

4. 不合格品的數據統計和改善

根據半成品的不良程度，對不合格品做出返工、返修或報廢等處理決定。

定期統計各工序的不合格品，分析不合格的因素，制定改善措施；對操作人員及時培訓教育，對改善情況及時跟蹤。

## 五、製程檢驗員的作業流程及權限

生產部門在製造某一產品前，製程檢驗員應事先瞭解相關的製程檢驗資料，包括製造命令單、檢驗用技術圖紙、產品用料明細表、檢驗範圍及檢驗標準、技術流程、作業指導書、品質異常記錄及其他相關文件，作為檢驗作業的依據。在產品製程檢驗中，應注意以下內容：

1. 產品驗證

新機種及產品初次生產、製程初次設立或間隔一段時間再生產時，應依產品試產規定實施驗證。

2. 首件檢驗

每批首件產品需經製程品管人員檢驗合格後才能繼續生產，並記錄檢驗結果，製作首件檢查表。若首件不合格，應立即通知生產部門重新設定與調整。

3. 製程檢驗

⑴每個工段完成作業後，生產人員將在製品放置待驗區待檢驗，檢驗前應確認半成品追蹤單基本數據填寫是否翔實。

⑵製程品管人員使用最新版本的相關品質文件，包括圖樣、QC

產品圖、IPQC(In-process Quality Control，製程品質管理)、製程檢驗標準或各作業指導書，並確認檢測儀器均經校正合格，才能執行製程檢驗與測試作業並做記錄。

⑶檢驗完成後，例如，為品質合格產品在檢驗合格批上貼上「IPQC PASSED」標籤並蓋章，移至特定標示區域，以便入庫或下一製程加工。

⑷檢驗完成後，為品質不合格產品在檢驗合格批上貼上「REJ(Rejected)」標籤並蓋章，附以退貨單，移至退貨區域，做返工或維修處理。

⑸各種製程檢驗標示均需註明日期，經由檢驗人員簽章後生效。

### 4.製程稽核

製程檢驗員每天至少一次至各作業站、測試站稽核作業者所使用的材料、作業方式及儀器設定是否正確。同時，依據製程檢驗標準抽驗在製品，隨時瞭解品質狀況，及時發現問題。

### 5.有效管理

依據QC產品圖與各作業指導書的規定，在製程的重要環節，使用管理圖，以點線的變動監視產品及製程狀況，並提供查問題與解決對策的有用資訊。

### 6.異常問題的處理

⑴製程檢驗員巡檢時發現不良品應及時分析原因，並及時糾正作業人員的不規範動作；

⑵製程檢驗員對檢驗站的不良現象，需及時協同製造部門管理或技術人員分析原因並給出異常問題的解決措施與預防對策；

⑶重大的品質異常製程檢驗員未能處理時，應開具《製程異常通知單》，經生產主管審核後，通知相關部門處理；

⑷重大品質異常不能及時處理，製程檢驗員有責任要求製造部門停機或停線，以制止繼續製造不良品。

7.製程不良的把握

製程不良可區分數項，作業不良，是由作業失誤、管理不良、設備問題或其他原因所致。物料不良，是由採購物料中原有不良混入或上一工序的加工不良混入。設計不良，是由因設計不良導致作業中出現不良。

8.製程檢驗員的權限

在品質檢驗的過程中，製程檢驗員有權對檢出的少量不合格品提出處理意見。在生產過程檢驗時發現重大品質問題，製程檢驗員有權要求工廠停止生產，並向品管部經理彙報；對品管部經理的不合理判定，有權向高層管理者代表彙報。

## 六、查核表和異常通知書的運用

在製程檢驗與管理工作中，最常用的兩種表格是查核表和異常通知書。前者包含品質檢測的具體內容，後者主要針對品質檢驗過程中發現的問題。

1.查核表

查核表可以從各個角度，對生產現場可能發生的問題進行審查，以便發現及時改進。

查核表可分為點檢用核查表和記錄用核查表兩種。

⑴點檢用核查表

點檢用核查表在記錄時只做「有」、「沒有」、「好」、「不好」的標記，例如過程巡查記錄表，如表4-3-6所示。

表 4-3-6　過程巡查記錄表

日期：　　　　　　　　　　部門：

| 序號/時間 | 工序號 | 核查重點 | 檢查結果 | | | | | 不良表現 | 對策 |
|---|---|---|---|---|---|---|---|---|---|
| | | | 1 | 2 | 3 | 4 | 5 | | |
| | | | | | | | | | |
| | | | | | | | | | |
| | | | | | | | | | |

⑵記錄用核查表

記錄用核查表用來收集計量或計數資料，通常使用劃記法，例如不良記錄表，如表 4-3-7 所示。

表 4-3-7　不良記錄表

| 缺陷項目 | 劃　記 | 次　數 |
|---|---|---|
| 表面斑點 | ＋＋＋＋　＋＋＋＋ | 10 |
| 裝配不良 | / | 3 |
| 尺寸不良 | ＋＋＋＋ | 7 |
| 電鍍不良 | ＋＋＋/ | 6 |
| 其　　他 | | 2 |

2. 異常通知書

品質異常處理程序包括發現異常、異常分析和異常處理三個環節。

當品質管理人員所發現的批量品質問題，經品管部認定為品質異常後，應填制異常通知書(如表 4-3-8 所示)，立即通知相關部門分析異常原因。

### 表 4-3-8　異常通知書

<table>
<tr><td colspan="4">編號：</td><td colspan="4">日期：</td></tr>
<tr><td>產品名稱/編號</td><td></td><td>製造單號</td><td></td><td>製造時間</td><td></td><td>驗收單編　號</td><td></td></tr>
<tr><td>不良品名稱/編號</td><td></td><td>生產數量</td><td></td><td>不　良　數</td><td></td><td>批　號</td><td></td></tr>
<tr><td>異常內容</td><td colspan="7">異常處理：□批退　□停線　□停機　□模具維修<br>核定：　覆核：　經辦：</td></tr>
<tr><td>原因分析與　建　議</td><td colspan="7">□零件來料不良　□設備模具(治)不良<br>□作業(條件)不良　□設計(文件)不良<br>核定：　覆核：　經辦：　責任歸屬：</td></tr>
<tr><td>協辦部門</td><td colspan="3">改善對策及異常處理方式</td><td colspan="2">預計完成日期</td><td colspan="2">簽　　核</td></tr>
<tr><td></td><td colspan="3"></td><td colspan="2"></td><td colspan="2"></td></tr>
<tr><td></td><td colspan="3"></td><td colspan="2"></td><td colspan="2"></td></tr>
<tr><td></td><td colspan="3"></td><td colspan="2"></td><td colspan="2"></td></tr>
<tr><td>品質確認</td><td colspan="7">□合格，繼續生產　□不合格處理方式<br>核定：　覆核：　經辦：</td></tr>
<tr><td colspan="8">說明：1. 在生產過程中發生重大事故時使用；<br>2. 可以由製造部門或生產部門填單。</td></tr>
</table>

產品部、開發部等負責部門根據問題分析品質異常原因，提出解決方法，並立即通知相關部門，上報分管總經理。生產部根據制定的解決方法，對產品進行返工。

# 第四節　成品檢驗階段的管理

## 一、成品檢驗主管的崗位職責

成品檢驗主管在品管部經理的領導下，參與制定企業品質管理的相關制度、成品檢驗標準，組織實施成品檢驗並進行成品品質分析，提出成品品質改進方案，提高企業產成品品質，增強企業品牌效益。具體職責如下。

1. 協助品管部經理制定品質準則，並組織實施。

2. 制定成品檢驗標準，經批准後安排實施。

3. 組織、指導成品檢驗專員做好成品檢驗、抽樣檢驗工作，並進行崗位規範化管理。

4. 根據成品檢驗結果撰寫檢驗報告。

5. 定期進行成品品質分析，對生產品質異常提出意見，並提出品質改進建議。

6. 建立新產品分析制度，做好新產品的檢驗工作，及時提出新產品品質鑑定報告。

7. 做好留樣觀察和留樣管理等工作。

8. 協助處理不合格成品的相關工作。

9. 負責成品檢驗專員的培訓、指導、考核。

10. 其他相關工作及領導臨時交辦的工作事項。

成品檢驗是品質控制最重要的環節，包括包裝檢驗、成品發貨檢驗等環節。通過對成品檢驗的狀態標識數據記錄統計、包裝品質控制、發貨抽樣檢驗等程序，完成成品品質的核查，嚴格保證產品出廠前的品質水準。

成品品質檢驗管理的內容如表 4-4-1 所示。

表 4-4-1　成品品質檢驗管理的內容

| 內　容 | 說　明 |
| --- | --- |
| 成品的檢驗方式和檢驗內容 | 成品的檢驗方式可分為全數核對總和抽樣檢驗，檢驗內容包括外觀、尺寸等 |
| 成品檢驗的狀態標識和結果處理 | 狀態主要指顏色標識，結果處理包括補救、返工、返修和報廢等 |
| 成品檢驗中的數據記錄和統計 | 數據記錄統計的要求、數據的處理、檢驗數據的儲存 |
| 包裝階段品質核對總和控制 | 檢驗控制範圍、內容、作業要點、控制點的設置 |
| 發貨階段的抽樣檢驗程序 | 發貨檢驗要求、流程、注意要點 |

## 二、成品的檢驗方式和檢驗內容

### 1. 成品的檢驗方式

成品品質檢驗通常可分成全數檢驗和抽樣檢驗兩種方式。

(1)全數檢驗

全數檢驗是對一批成品中的每一件成品逐一進行檢驗，挑出不合格品後，其餘成品均作為合格品處理。全數檢驗適用於生產批量少的大型機電設備產品。

採用全數檢驗的情況

①檢驗時抽樣數大於或等於生產數時；

②產品特別需要全數檢查時；

③品管及生產單位主管認為有全數檢驗之必要時；

④新產品及同一產品其生產間隔超過規定時。

⑵抽樣檢驗

抽樣檢驗是指從一批交驗的成品中，隨機抽取適量樣品進行品質檢驗，然後將檢驗結果與判定標準進行比較，確定該批產品是否合格或是否需要再次抽檢。

按品質指標分類，可分成計數抽檢和計量抽檢兩類。

按抽樣檢查次數，可分為一次、二次、多次和序貫抽樣檢驗，如表 4-4-3 所示。採用抽樣檢驗時的情況：①破壞性試驗或檢驗成本昂貴時；②檢樣項目眾多時；③產品需要高可靠度時。

表 4-4-2　抽樣分類方法（一）

| 方　法 | 說　明 |
|---|---|
| 計數抽檢 | 從批量產品中抽取一定數量的樣品，檢驗每個樣品的品質，統計合格品數，與規定的「合格判定數」進行比較，決定該批產品是否合格 |
| 計量抽檢 | 從批量產品中抽取一定數量的樣品，檢驗每個樣品的品質，與規定的標準值或技術要求進行比較，決定該批產品是否合格 |

表 4-4-3　抽樣分類方法（二）

| 方法 | 說明 |
|---|---|
| 一次抽檢 | 該方法最簡單，只需要抽檢一個樣品就可以做出一批產品是否合格的判斷 |
| 二次抽檢 | 先抽第一個樣品進行檢驗，如果能據此判斷該批產品合格與否，則終止檢驗；如不能做出判斷，則抽取第 2 個樣品，再次檢驗後做出是否合格的判斷 |
| 多次抽檢 | 每次抽樣的樣品量大小相同，合格判定數和不合格判定數也多 |
| 序貫抽檢 | 相當於多次抽檢方法的極限，每次僅隨機抽取一個單位產品進行檢驗，檢驗後即按判定規則做出合格、不合格或再抽下個單位產品的判斷。一旦做出該批合格或不合格的判定，即終止檢驗 |

## 2. 成品的檢驗內容

成品檢驗通常由檢查人員在產品完成時，依照成品規格及成品檢查標準，實施全數檢查，其重點檢驗內容如表 4-4-4 所示。

表 4-4-4　成品的檢驗內容

| 檢驗內容 | 說明 |
|---|---|
| 外觀 | 檢查產品是否變形、受損，配件、元件、零件是否鬆動、脫落、遺失 |
| 尺寸 | 測試產品是否符合規格，零配件尺寸是否符合要求，包裝袋、盒子、外箱尺寸是否符合要求 |
| 特性 | 檢驗產品的物理、化學特性是否產生變化及對產品的影響程度 |
| 產品抗衡能力 | 測定產品抗拉力、抗扭力、抗壓力、抗震力等方面是否符合品質要求 |
| 壽命 | 在類比狀況下和破壞性試驗狀態下，檢驗產品壽命 |
| 產品包裝和標識 | 檢查產品的包裝方式、包裝數量、包裝材料的使用、單箱裝數是否符合要求，標識紙的粘貼位置、書寫內容、填寫是否規範 |

## 三、成品檢驗的狀態標識和結果處理

成品檢驗完成後，需根據成品檢驗結果進行標識，並針對成品的合格或不合格狀態，進行分區、分類管理。

### 1. 成品檢驗的狀態標識

企業成品種類和規格很多，應科學標識成品檢驗狀態。一般採用文字標籤章印或顏色進行標識。前者只要能看懂文字即可，比較容易理解；後者則涉及顏色的合理使用。

採用顏色標識產品狀態，具有醒目的特點，但應避免使用顏色過多，以免導致現場混亂，造成一定程度的視覺污染。

用顏色標識產品狀態可按照產品合格、不合格、讓步接收、緊急放行四種狀態，採用四種簡單顏色進行標識。其中，紅、黃、藍、綠四種顏色的使用程度比較高。例如，綠色代表 1、5、9 月份，黃色代表 2、6、10 月份，紅色代表 3、7、11 月份，藍色代表 4、8、12 月份。電阻上的色環標記包含阻值、精度等資訊，鑽頭上的色環標記包含鑽頭直徑、研磨次數等資訊。

### 2. 成品檢驗的結果處理

根據成品檢驗結果，確定送檢批產品的允收情況，用書面通知生產部進行補救、返工、返修或報廢。

⑴補救。品管員確認該批產品允收，生產部按照查驗出來的不合格品數量進行補救。

⑵返修。經品管員檢驗發現整批有較多的產品存在微缺陷點，且已超過允收數量，由品管部發出「返修通知」，要求生產部門糾正。在產品返修過程中，品管部應派員監督並重檢，直到產品合格，並

在外箱逐一加蓋「QA PASSED」(Quality Assurance，品質保證)印章。

⑶返工。經確認的不合格品率已超過品質允收標準時，品管部填發「產品返工通知」，要求生產部及時返工，返工過程的品質控制由現場品管員負責。返工後，生產部需通知品管員到場重檢，直到合格為止，並在外箱逐一加蓋「QA PASSED」印章。

⑷報廢。品管員對存在嚴重缺陷的不合格品應及時填制《報廢申請單》申請報廢。對批准後的報廢品，由貨倉部運到廢品區進行處理。

## 四、成品檢驗中的數據記錄和統計

成品品質檢驗數據記錄和統計，其目的在於據此制定產品標準，把好品質關，糾正和預防不良，調節產品品質，進行品質考核及獎懲。

### 1. 數據記錄統計的要求

數據記錄統計具有以下五方面要求，如表 4-4-5 所示。

表 4-4-5　數據記錄統計的要求

| 要　求 | 說　　明 |
|---|---|
| 全面性 | 收集品質檢驗數據必須全面，在各個檢測點均應設置原始記錄，全面、客觀、真實地反映成品品質情況 |
| 及時性 | 收集成品品質檢驗數據應及時，並快速傳遞，充分利用檢驗數據，發揮檢驗數據的作用。如果發現問題應及時通報相關人員或部門，查找原因，採取糾正措施，避免造成損失 |
| 準確性 | 要求收集到的品質檢驗數據真實可靠，絕不能偽造檢驗數據，或者沒有經過檢驗而估計檢驗數據 |
| 適用性 | 收集成品品質數據應符合實際，有針對性，講求適用性，刪除不適用的數據 |
| 統一性 | 收集成品品質檢驗數據必須注意統一性，包括計量單位、文字表述 |

## 2. 品質檢驗數據的處理

品質檢驗數據可通過分級分類、核對篩選、歸納處理、比較分析、傳遞與回饋等方式進行處理，如表 4-4-6 所示。

表 4-4-6　品質檢驗數據處理的方式

| 方　式 | 說　　明 |
|---|---|
| 分級分類 | 按檢驗性質，可分為企業自檢數據、供應商檢驗數據和其他檢驗數據。供應商檢驗數據包括原材料的檢檢報告、檢驗數據。其他檢驗數據包括委託檢驗、仲裁核對總和客戶檢驗的數據 |
| 核對篩選 | 對所得的檢驗數據，品質管理人員都應認真核對，以保證數據的真實性 |
| 歸納處理 | 對檢驗數據可用統計圖表(座標圖)反映成品品質的變化或對相關產品品質做比較 |
| 比較分析 | 對得到的品質檢驗數據都應進行比較分析 |
| 傳遞與回饋 | 應將品質檢驗數據及時傳遞、回饋給相關部門或人員，以便於充分利用 |

3.檢驗數據的儲存

為便於檢驗數據的應用、檢索，必須將檢驗數據分門別類歸檔儲存，一般方法如下：

⑴按檢驗數據出現的時間順序歸檔儲存；

⑵按檢驗類別歸檔儲存，包括自檢、客戶檢驗、原材料檢驗、中間產品檢驗、成品檢驗等類別；

⑶按標準規定的技術指標歸檔儲存。

## 五、包裝階段品質核對總和控制

1.檢驗控制的範圍

包裝階段品質檢驗控制是半製品經裝配工序到成品入庫前的控制，主要指包裝部的生產作業。

2.檢驗控制的內容

⑴覆核包裝箱內產品的品種、數量、品質、重量是否符合規定要求，確認品質合格的標識、證明、證件齊全、無誤。

⑵對有安全、衛生規定的產品，包裝應清晰標識產品品名、生產者名稱、生產依據的技術標準、批准文件、生產日期、有效日期及其他規定要求。

⑶檢查被包裝產品的防護措施是否符合有關的規定要求，包括防潮、防震、防銹、防黴、防碎等方面。

⑷檢查包裝的貯運標識是否清晰、齊全、完整。

⑸檢查包裝材料、容器、箱、袋是否嚴密、牢固、無破損，其規格是否符合技術標準和技術文件要求，能否保證產品安全運達目的地。

⑹檢查包裝是否符合客戶的特殊要求。

### 3.核對總和控制的要求

核對總和控制應遵循以下要求：

⑴包裝的容器、箱、袋規格必須符合有關技術標準和技術文件要求；

⑵對有衛生、安全要求的產品，包裝必須符合有關的法規和安全、衛生標準；

⑶包裝上應有的標識、編號等完整、齊全、正確、清晰，並符合規定；

⑷包裝前按文件要求進行油封、油漆、潤滑及外觀的檢查；

⑸按裝箱清單核對產品說明書、產品合格證書、附件和備件器具。

### 4.核對總和控制的作業要點

包裝階段品質核對總和控制的作業包括以下要點：

⑴生產資料的核對，包括《裝配生產通知單》、《包裝規範》、《物料、零件規格清單》等；

⑵包裝樣板的簽收，即首件確認；

⑶材料、配件、紙箱的驗證。

### 5.檢驗控制點的設置

在生產過程中遇到下列情形，應設置檢驗控制點：

⑴首件產品的確認；

⑵工單資料的檢查；

⑶包裝配件、紙箱的確認；

⑷生產、包裝過程中的不穩定因素；

⑸得到製程核對總和進料檢驗或其他途徑的不良資訊回饋。

(6)新員工操作。

## 六、發貨階段的抽樣檢驗程序

在成品出貨的過程中，必須進行抽樣檢驗，以保證送到客戶手中的產品全部合格。

### 1. 發貨檢驗要求

出貨檢驗是指在將倉庫中的產品送交客戶前進行的檢驗。產品在入庫前已經進行了嚴格的檢驗，因此，一般無需檢驗，但出現以下情況必須進行出貨檢驗：

(1)倉庫貯存環境(例如，溫度、濕度)，對產品有影響時；

(2)有保質期要求的行業，例如，食品業。

### 2. 發貨檢驗流程

企業應制定出貨檢驗流程，加強成品出貨檢驗控制。

### 3. 發貨檢驗的注意要點

發貨檢驗必須注意不合格品的判定、驗貨結果的判定與標識以及驗貨記錄的留存等方面的相關事項。

(1)不合格品的判定

品質稽核員應根據產品品質標準判定抽檢中出現的不合格品，對無法判定的產品，可填寫「品質抽查報告」連同不合格樣品交品質稽核主管判定。品質稽核員根據最終仲裁結果，確定不合格品的處理意見。

(2)驗貨結果的判定與標識

①對允收產品，在外箱逐一加蓋「QA PASSED」印章，並通知貨倉部入庫；

②對拒收產品，掛「待處理」牌，貨倉不得擅自移動。

⑶驗貨記錄的留存

①客戶品質檢驗員驗貨：客戶要求進行品管員驗貨時，由品質稽核部派人員陪同，驗貨程序同品質稽核驗貨一樣，但應使用「客戶驗貨記錄單」。

②品質稽核驗貨：在完成所有驗貨後，應及時填制「成品出貨檢驗報告」交品質稽核主管簽批，並將此期間產生的所有表單一起交品質稽核部存檔，品質稽核部只保留「品質稽核工作日誌」。

## 七、QC 手法

QC 手法包括層別法、查檢表、柏拉圖、魚骨圖、推移圖、散佈圖、直方圖和管制圖，是解決生產問題的非常好的方法，既簡單實用又淺顯易懂(見表 4-4-7)。

表 4-4-7　QC 手法

| QC 手法 | 目的 | 圖示 |
| --- | --- | --- |
| 層別法 | 將混合的數據區分開來，以利於比較 | 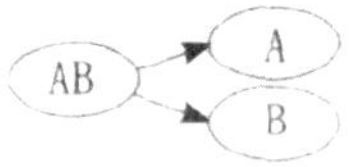 AB → A、B |
| 查檢表 | 收集數據 | 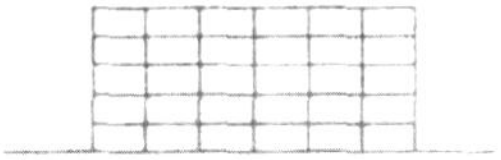 |
| 柏拉圖 | 找出重要項目 |  |
| 魚骨圖（特性要因圖） | 找出因果關係 |  |
| 推移圖 | 將數據推移看其趨勢 |  |
| 散佈圖 | 觀察兩種特性數據間的關係 |  |
| 直方圖 | 觀察品質的分配狀況 | 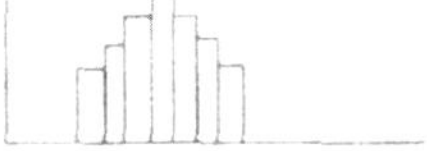 |
| 管制圖 | 判斷製造過程是否正常 | 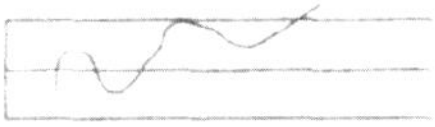 |

---

各種 QC 手法的詳細介紹與案例解析，請看我公司的另一本著作：<品質管制手法>

# 第五節　案例：電器公司的成品檢驗

1978 年，某電器公司開始出口彩色電視機、電冰箱等家用電器的生產設備和技術，推動這類產品的國產化進程。

2005 年，在取暖機發生品質問題後，對過去的產品事故重新調查時，發現上述家電產品存在事故隱患。

截止到 2007 年，公司生產的家電產品共發生 9 起微波爐起火事故、5 起冰箱燒毀事故和 9 起乾衣機燒毀事故。2007 年 5 月，該公司宣佈召回存在隱患的家電產品，進行免費檢修。

最終檢驗和試驗是對成品能否滿足品質要求的最終判定，忽視成品檢驗，使不合格的產品進入市場，將給企業帶來巨大的有形和無形損失。成品檢驗的作用如表所示。

產品的最終檢驗是一種出廠或入庫前的常規檢驗，其檢驗項目包括重要特性、安裝尺寸、外觀品質以及安全性能的檢驗。其中，安全性能檢驗的項目包括認證依據標準中的要求和相應的補充要求。

該公司曾在創業之初提出「不生產和銷售一台不合格的產品」的口號。而近年頻繁出現的產品品質問題，顯然是其成品檢驗工作不到位所致，這與其品質目標和早期的產品品質大相徑庭。2007 年的產品追回活動，將為該公司的成品品質檢驗工作敲響警鐘。

表 4-5-1　成品檢驗的作用

| 作用 | 說　明 |
| --- | --- |
| 把關作用 | 通過最終檢驗，保證不合格的成品不出廠，保證交付給客戶的產品達到規定的品質要求 |
| 預防作用 | 通過檢驗，可及時收集產品的不合格資訊、採購產品品質等資訊，從中發現問題，調查分析原因，制定預防措施，避免不合格品的產生 |
| 監督作用 | 由政府授權的產品品質監督檢驗機構，通過產品品質監督抽查，對企業的產品在生產和流通領域的紀律執行情況、實物品質狀況等進行有效的監督 |
| 報告與評價作用 | 在企業中，通常有品質日報、週報、月報及季和年度報告制度等，定期綜合分析和評價成品品質狀況並提出改進對策和建議，及時報告或通報有關領導和職能部門，以便採取改進措施 |

成品檢驗是產品品質形成過程中極其重要的一環，可採取以下五個步驟進行。

⑴制定正確的檢驗文件

在檢驗文件中應明確抽樣方案、檢驗項目、檢驗方法、檢驗設備、品質水準、數據處理方法和驗收準則。

⑵明確品質特性指標，選擇合適的檢驗設備

在檢驗文件中註明產品品質特性重要度分級，在檢驗過程中嚴加控制；選擇產品檢測所需準確度和精密度的測量儀器與試驗裝置。

(3)檢驗人員的授權

檢驗員所在崗位、從事的檢驗活動、所檢驗的產品以及所依據的檢驗文件、抽樣方案、檢測方法和量具千差萬別，應限定其在檢驗能力範圍內。

(4)保存品質記錄

根據檢驗的要求，編制品質記錄，妥善保管檢驗記錄和識別記錄，作為評價產品的重要資訊。

(5)完工檢驗

產品形成完整的檢驗批之後，按規定的抽樣方案隨機抽取樣品，對照檢驗結果與判定標準，確定是否予以放行。同時，從產品品質的重要度、檢驗水準、檢驗時間、檢驗成本等方面綜合考慮，權衡檢驗費用。

心得欄

# 第 5 章

# 品管部如何降低不良品

## 第一節　不合格品產生原因分析標準

不合格品產生的原因主要集中在產品設計、工序管理狀態、採購等環節。錯誤的操作方法、不良物料及錯誤的設計都可導致不合格品產生。一般來說，不合格品的產生都與以下方面有關：

### 1. 產品開發、設計

⑴產品設計的製作方法不明確。

⑵圖樣、圖紙繪製不清晰、標碼不準確。

⑶產品設計尺寸與生產用零配件、裝配公差不一致。

⑷廢棄圖樣的管理不力，造成生產中誤用廢舊圖紙。

### 2. 機器與設備管理

⑴機器安裝與設計不當。

⑵機器設備長時間無校驗。

⑶刀具、模具、工具品質不良。

⑷量具檢測設備精確度不夠。

⑸溫度、濕度及其他環境條件對設備的影響。

⑹設備加工能力不足。

⑺機器、設備的維修、保養不當。

3.材料與配件控制

⑴使用未經檢驗的材料或配件。

⑵錯誤地使用材料或配件。

⑶材料、配件的品質變異。

⑷使用讓步接受的材料或配件。

⑸使用替代材料，而事先無精確驗證。

4.生產作業控制

⑴片面追求產量，而忽視品質。

⑵操作員未經培訓上崗。

⑶未制定生產作業指導書。

⑷對生產工序的控制不力。

⑸員工缺乏自主品質管理意識。

5.品質檢驗與控制

⑴未制定產品品質計劃。

⑵試驗設備超過校準期限。

⑶品質規程、方法、應對措施不完善。

⑷沒有形成有效的品質控制體系。

⑸高層管理者的品質意識不夠。

⑹品質標準的不準確或不完善。

# 第二節　不合格品的評審標準

## 一、不合格品處置的提出

存在不合格品的部門，必須於當天就不合格品的處理提出申請，並在註明不合格品產生的原因後，交品管部覆查與評審。

## 二、不合格品初審

1. 品管部按不合格品隔離管理表，核查申請處理的品別、數量是否齊全；原因是否正確。如有誤，則退回申請部門修正；如無誤，則安排 QC 組長以上級別人員到場初評。

2. 初審結束後，初審員填制不合格品評審報告，交 QC 主管復審及判定。

## 三、最終評審

QC 主管按物品不合格程度、初審員初評判定意見和申請部門的處理建議，綜合分析後，決定最終評審方式及判定結果。

### 1. 符合性評審(QC 評審)

如相關部門對初審判定結果無異議，則由 QC 主管簽批不合格品處置方式，並按此方式進行不合格品的處理行動。

2.分級處理程序

⑴如相關部門對初審判定結論有異議，則由 QC 主管召集相關部門開會討論。就不合格品處理方式的討論可包括以下幾方面：

①可否實行偏差接受。

②可否進行挑選。

③可否進行返工、返修或其他重工處理。

④可否轉為暫存。

⑤退貨或報廢。

⑥整體分解後，合格部件作輔料用。

⑵相關部門負責人就討論意見，在不合格品評審報告相應欄內簽名證實。

⑶ QC 主管將各部門簽名後的不合格品評審報告交總經理審批。

## 四、不合格品處理

QC 部按最終批准意見，安排不合格品的處理行動，並對處理過程進行跟蹤監督與記錄。

1.條件特採

⑴返工

QC 部將批准返工的不合格品評審報告交相關部門進行返工。QC 跟蹤返工過程，記錄返工工時交 QC 部處理。

⑵挑選

QC 部按批准挑選的意見，與包裝部協商借調人力進行挑選，QC 跟進挑選過程，隨時提供挑選指導並記錄挑選工時交 QC 部處理。

⑶條件收貨

QC 部按批准意見，通知相關部門收貨。

2. 暫收

QC 部按批准「暫收」的意見，通知收貨。

所有特採完工後的產品均需 QC 部進行再驗證。對於允收品，由 QC 部填寫入倉單通知倉庫收貨;不合格品則由 QC 部填制報廢單或退貨單申請退貨或報廢。

## 五、QC 部對允收入倉的允收品進行分類標識

1. 返工後允收品及挑選後允收品，在每個外箱上蓋「特採」字樣，以識區別。

2. 條件收貨的允收品，也蓋「特採」字樣。

3. 暫收品在其外箱上蓋「暫收」字樣。

# 第三節　不合格品的標識方法

## 一、標識管理要求

1. 為了確保不合格品生產過程不被誤用，工廠所有的外購貨品、在製品、半成品、成品以及待處理的不合格品均應有品質識別標識。

2. 凡經過檢驗合格的產品，在貨品的外包裝上應有合格標識或合格證明文件。

3. 不合格品，應有不合格標識，並隔離管理。

4. 品質狀態不明的產品，應有待驗標識。

5. 未經檢驗、試驗或未經批准的不良品不得進入下道工序。當生產急需用料時，應按產品的可追溯性程序中的規定，由工廠規定的部門或人員批准後，才能進行例外轉序。同時，此類物料應加以明確標識，並在生產過程中進行重點核對總和控制，便於及時發現該類物料給成品品質帶來的影響。

## 二、標識的形式

標識的形式可分為：核准的印章、標籤、產品加工技術卡、檢驗記錄、試驗報告等。

## 三、標識物的分類

1. 標識牌

⑴標識牌是由木板或金屬片做成的小方牌，按貨品屬性或處理類型將相應的標識牌懸掛在貨物的外包裝上加以標示。

⑵根據企業標識需求，可分為「待驗」牌、「暫收」牌、「合格」牌、「不合格」牌、「待處理」牌、「凍結」牌、「退貨」牌、「重檢」牌、「返工」牌、「返修」牌、「報廢」牌等。標識牌主要適用於大型貨物或成批產品的標識。

2. 標籤或卡片

⑴該標識物一般為一張標籤紙或卡片，通常也稱之為「箱頭紙」。

①在使用時將貨物判別類型標注在上面，並註明貨物的品名、

規格、顏色、材質、來源、工單編號、日期、數量等內容。

②在標識品質狀態時，QC 員按物品的品質檢驗結果在標籤或卡片的「品質」欄蓋相應的 QC 標識印章。

⑵標籤或卡片主要適用於裝箱產品和堆碼管理的產品或材料、配件。一張標籤或卡片只能標注同類貨物。

3.色標

⑴色標的形狀一般為一張正方形的(2×2cm)有色粘貼紙。

⑵它可直接貼在貨物表面規定的位置，也可貼在產品的外包裝或標籤紙上。

⑶色標的顏色一般分為：綠色、黃色、紅色三種，其中：

①綠色：代表受檢產品合格，一般貼在貨物表面的右下角易於看見的地方。

②黃色：代表受檢產品品質暫時無法確定，一般貼在貨品表面的右上角易於看見的地方。

③紅色：代表受檢產品不合格，一般貼有貨物表面的左上角易於看見的地方。

⑷適用範圍。

①量具、刀具、工具、檢驗器材、生產設備的校驗結果的標注。

②大型產品品質的標識。

③全檢產品品質的標識。

④模具狀態的標識。

⑤大型型材等特殊性貨物品質的標識。

## 四、不合格品的隔離

對不合格品的隔離可透過規劃不合格區域並對之實行管制來實現。

⑴在各生產現場(製造、裝配或包裝)的每台機器或拉台的每個工位旁邊，均應配有專用的不合格品箱或袋，用來收集生產中產生的不合格品。

⑵在各生產現場(製造、裝配或包裝)的每台機器或拉台的每個工位旁邊，要專門劃出一個專用區域用來擺放不合格品箱或袋，該區域即為不合格品暫放區。請注意，此區域的不合格品擺放時間一般不超過 8 小時，即當班工時。

⑶各生產現場和樓層要規劃出一定面積的不合格品擺放區用來擺放從生產線上收集來的不合格品。

⑷所有的不合格品擺放區均要用有色油漆進行畫線和文字註明，區域面積的大小視該單位產生不合格品的數量而定。

## 五、標識物的應用

### 1. 進料不合格品的標識

⑴品管部 IQC 檢驗時，若發來貨中存在不合格，且數量已達到或超過工廠來料品質允收標準時，則 IQC 驗貨人員即時在該批(箱或件)貨物的外包裝上掛「待處理」標牌。

⑵報請部門主管或經理裁定處理，並按最終審批意見改掛相應的標識牌，如暫收、挑選、退貨……等。

### 2.製程中不合格品的標識

⑴在生產現場的每台機器旁，每條裝配拉台、包裝線或每個工位旁邊一般應設置專門的「不合格品箱」。

⑵員工自檢出的或 PQC 在巡檢中判定的不合格品，員工應主動地放入「不合格品箱」中，待該箱裝滿時或該工單產品生產完成時，由專門員工清點數量，並在容器的外包裝表面指定的位置貼上「箱頭紙」或「標籤」，經所在部門的 QC 員蓋「不合格」字樣或「REJECT」印章後搬運到現場劃定的「不合格」區域整齊擺放。

⑶每個箱內只能裝同款、同色、同材質的不合格品，不能混裝。

⑷所有不合格產品表面不能有包裝物和標籤紙等附屬物。若遇工廠內部對成批貨品質無法確定，需要外部或客戶確認時，QC 可在該批貨品外包裝上掛「待處理」或「凍結」標牌，以示區別。

⑸此類貨品應擺放在工廠或現場劃定的「週轉區」等待處理結果。

### 3.倉存不合格品的標識

⑴ QA 定期對倉存物品的品質進行評定；對於其中的不合格品由倉庫集中裝箱或打包。

⑵ QA 員在貨品的外包裝上掛「不合格」標識牌或在箱頭紙上逐一蓋「REJECT」印章。

⑶對暫時無法確定是否為不合格的物品，可在其外包裝上掛「待處理」標牌，等待處理結果。

# 第四節　不合格品的處置方式

對不合格品的處置，實際上就是對不合格品從評審到處理的全過程行動。對不合格品的處置方法一般分為：條件收貨、來貨揀用、返工返修、退貨、報廢等處理方式。

## 一、條件收貨(AOD)

1. 適用範圍：在不合格品經局部修整後，可接受或直接使用時，且不會影響產品的最終性能，在品質上可視為允收品範圍內。對此類產品的接受，也稱為「讓步接受」或「偏差接受」。

2. 當該批來貨被特許進廠後，IQC 應在該批來貨上作「特採」標記，並將驗貨信息傳遞給來貨使用部門和該部門的 PQC，以備相關部門做出應對行動。

3. 對於條件收貨中的「條件」的理解，通常是指對供應商的扣款或要求供應商按不合格品數量進行補貨。

## 二、揀用

1. 對於來貨基本合格，但其中存在一定數量的不合格品時，在入倉前或使用前，由工廠安排人力將不合格品剔除掉，然後再將來貨入倉或投入生產的過程，稱之為「來貨揀用」。

2. 如果該批來貨未經挑選，即投入生產中使用，由使用部門邊挑選邊做貨，則稱之為「挑選性收貨」。

## 三、返工與返修

1. 返工、返修是指對不合格品的重新加工和修理，使產品品質達到規定要求。

2. QC 部在對返工、返修作業進行管理時，主要應控制以下幾方面工作：

⑴掌握好品質允收標準，並向返工與返修人員闡明品質要求與要點。

⑵在制品質檢驗與試驗的方法。

⑶記錄返工品的品名規格、數量。

⑷對返工品進行重檢。

## 四、退貨

1. 因來貨品質不合格，經 QC 鑑定後，將來貨退回發貨部門的行為。

2. 不論被退的貨物是自製還是外購進廠，QC 在作出退貨決定前，都應做如下考慮：

⑴來貨可否按其他方式被接受，如挑選、返修。

⑵所退的貨物是否為組成產品的重要部份，若被使用，對產品的最終品質是否造成嚴重影響。

⑶若進行退貨是否造成生產線的停工待料。如若來貨被強行使用會造成重大品質隱患，則一定要退貨。

# 五、不合格品的報廢

1. QC 部在做出物料報廢決定前，應做如下考慮：

⑴若進行報廢，是否造成較大的損失。

⑵是整體報廢，還是部份報廢；產品的元件可否拆卸下來轉作其他產品用。

⑶批量進行報廢時，報廢批中是否能檢出部門允收品。

2. 物料報廢的申請程序。

由於物料的報廢，將直接造成工廠的損失，所以品管部在收到物料的報廢申請時必須認真核對，並指派 QC 主管或主管助理級的品質管理人員親臨現場核查，在確定所申請的物料確實無法進行再利用時，方可簽署報廢申請。

3. 物料報廢申請的審批權限。

一般情況下，工廠對物料報廢的審批權，做如下劃分：

⑴ QC 部主管

①金額在 200 元以內的，或佔工單總數 3%以下的物料的報廢申請，QC 主管可直接簽署報廢指令。

②超此限額時，必須要 QC 經理或工廠經理及至總經理核准後，方為有效。

⑵ QC 部經理

①金額在 1000 元以內的，或佔工單總數 7%以下的物料和產品的報廢申請，QC 經理可直接簽署報廢指令。

②超此限額時，必須要工廠經理或總經理再核准。

# 第五節　不合格品的記錄方式

## 一、不合格品記錄的作用

對不合格品的記錄，實際上也是對不合格品從產生一直到處理完成為止的整個過程記錄，它清楚地表明瞭不合格品的如下方面：

1. 產生狀況、產生原因。
2. 不合格品的類型。
3. 對不合格品的評審、處理過程。
4. 不合格現象在當時的改善措施及改善後的效果。

## 二、不合格品記錄的方式

進行不合格品記錄的表格類型有：

1. 品質檢驗記錄表格，如：

《IQC 來貨檢驗報告》、《PQC 巡檢表》、《產品檢驗單》等。

2. 品質評審與處置記錄，如：

《IQC 退貨報告》、《品質鑑定單》、《不合格品報告》、《特採申請/報告》、《物料/產品報廢申請表》等。

3. 品質改善報告，如：

《品質糾正與預防措施》。

4. 各類品質分析報表，如：

《生產____部____月份品質狀況分析報告》。

## 三、不合格品的記錄內容

對不合格品的記錄是為了方便以後追溯品質，並為工廠品質改善提供原始資料。所以，不合格品的記錄應包括以下具體內容：

1. 不合格品的名稱、規格、顏色、編號。
2. 不合格品產生的訂(工)單號、生產日期、部門。
3. 不合格品數量佔總產量比率。
4. 不合格品的缺陷描述。
5. 相關部門對不合格品的評審結論。
6. 不合格品的處置意見和實施結果的詳細情況。
7. 針對不合格現象的糾正與預防措施及實施效果。

## 四、不合格品統計與分析

### 1. 不合格品統計

對廢品、返修品、回用品均需由檢驗部門根據「廢品通知單」「返修品通知單」「回用申請單」等原始票證定期進行分類統計匯總，按月對生產工廠進行考核。工廠生產班組還應對不合格品進行日匯總統計，填入相應的圖表中，便於掌握與分析產生品質問題的波動趨勢，及時採取改進措施。

在不合格品統計工作中，做好廢品統計是重點，企業可事先設計廢品統計卡片、統計台賬等。

表 5-5-1　不合格品統計表

操作員：　　工廠：　　檢驗員：　　2017 年 12 月 16 日

| 日期 | 件名 | 工序 | 合格數 | 產值 | 不合格數 | 工廢價值 | 備註 |
|---|---|---|---|---|---|---|---|
| 12-16 | 23165 | 安裝 | 100 | 1萬 | 1 | 100 | 砂眼 |
| 12-16 | 23163 | 安裝 | 100 | 1.5萬 | 2 | 300 | 麻點 |
| 12-16 | 23167 | 安裝 | 100 | 1.2萬 | 1 | 120 | 漏水 |
| 12-16 | 23169 | 安裝 | 100 | 1萬 | 1 | 100 | 碰傷 |
| 12-16 | 23336 | 安裝 | 100 | 1.1萬 | 1 | 110 | 碰傷 |

## 2.不合格品分析

在不合格品分析中，做好廢品分析是重點環節。廢品分析是一項很複雜、很細緻的工作。為了做好廢品分析工作，在充分發揮檢驗部門作用的同時，還要積極組織發動有關部門和生產人員參加。廢品分析形式有以下幾種：

現場廢品分析會是組織有關部門，發動員工參加廢品分析的一種非常好的形式。特別是遇有廢品原因不清、責任不明確的情況，採用這種現場廢品分析會，按「三不放過」原則(廢品原因不清不放過、責任者沒有受到教育不放過、沒有防止措施不放過)追查的分析效果好。

## 3.不合格品分析報告

檢驗部門、工廠和班組要每月把有關廢品統計匯總數據，運用排列圖、因果分析圖等統計工具進行分析，提出當月廢品統計分析報告。報告要著重指明當月廢品中的關鍵項目是那些；著重分析廢品升降的原因，以利於有關部門抓準關鍵問題，採用有效措施降低廢品的發生率。

表 5-5-2　某企業不合格品預防處理表

| 工廠 | 裝配 | 時間 | 12-16 | 產品 | 23168(水龍頭) |
|---|---|---|---|---|---|
| 信息來源 | 在12月16日，裝配工廠的安裝技術員報告 | | | | |
| 問題描述 | 該工廠在安裝23168時，經檢驗發現全部漏水 | | | | |
| 原因分析 | 水嘴處的膠圈太薄 | | | | |
| 糾正措施 | 更換厚膠圈 | | | | |
| 預防措施 | 更換23168產品安裝說明書，並在安裝說明書中寫清楚，在以後的安裝中要注意更換厚膠圈 | | | | |
| 預防效果 | 在以後23168(水龍頭)檢驗中，沒有發現漏水現象 | | | | |
| 責任人 | ×× | 責任部門 | ×× | 驗證人 | ×× |

# 第六節　不合格品的預防與糾正措施

## 一、不要只會寫死亡診斷書

這裏所說的檢查，指的是「判別合格產品和不合格產品，然後把檢驗的結果統計起來返回給前面的工序」。但是，只做了這些還不算十分稱職，檢查員要分析為什麼會產生這樣的不合格產品，查明原因後，也應該考慮如何能消除這種現象，而不是只以合格或不合格的評定來結束工作。檢查員必須是能說明為什麼錯，以及可以教給對方怎樣不再犯同樣錯誤的家庭教師。

例如，產品表面上呈現的好像是零件的組裝錯誤，可真正的原因會有很多種，比如沒按照組裝的順序排列零件、流水線停止的按鈕和開始按鈕相隔太遠、作業指示難以看清楚等。查明這些原因，才能採取適當的對策，最終減少不合格產品。

所以，檢查員的工作目的不是找出不合格產品，而是如何把不合格產品的數量變為零。他的價值也要由此來評價。

## 二、不合格品的預防措施

1. 制定不合格品控制辦法。規定不合格品的標識、隔離、評審、處理和記錄辦法，並進行培訓。

2. 明確各部門、崗位的作業規範。

3. 明確部門之間，崗位之間，上下工序之間的接口。

4. 制定企業品質標準。

5. 制定檢驗部門職責及作業規範。

6. 制定不合格品的隔離管理辦法。

7. 明確劃分不合格品評審的責任與權限。

8. 加強對不合格現象的統計分析，以防止不合格現象的重覆產生。

## 三、不合格品的糾正措施

1. 採取糾正措施，不能僅局限於發生了不合格品才去查找原因的「事後」處理辦法，更應重視「生產中可能出現不合格品的」的「事前預防」措施，將不合格品控制在生產過程中。對產生不合格品的現象，企業應本著發現問題、分析原因、改進缺陷的順序，完成對不合格品的管理循環。形成管理的「計劃、實施、檢查、糾正(PDCA)循環」。按照「原因要查出；責任要分清；糾正措施要落實」

的原則進行。

2. 對於預防、糾正措施，必須在「實施前加以評價，實施中加以跟蹤，實施後加以驗證」。

3. 為保證預防、糾正措施的正確性、有效性，工廠應制定一套完整的「不合格品預防、糾正措施管理辦法」來指導對不合格現象的糾正與預防，並納入文件管理。

## 第七節 案例：諾基亞的品質戰略

諾基亞曾經在手機生產過程中出現螺絲柱開裂問題。為解決該問題，諾基亞員工自發成立項目小組，採用六西格瑪方法，進行統計分析。發現原因後，小組要求供應商根據原因採取措施，加以改進。在這項改善行動實施以後，螺絲柱開裂的不良品率下降到了公司規定的標準。

由品管部、製造工程部、生產部和物料部組成的團隊憑藉「螺絲柱開裂問題」項目榮獲「諾基亞全球品質獎」，奪取六西格瑪類別項目的桂冠。

品質管理不僅僅代表了一種品質製造模式，而且包含了大量的品質管理理念。

表 5-7-1　品質管理三大黃金法則

| 三大法則 | 理論說明 |
| --- | --- |
| 關注客戶和市場 | 瞭解市場，按照客戶對品質的要求，提供高度細分化、個性化、高品質的產品和服務，使客戶滿意 |
| 重視培訓 | 從一線工人到高層領導的共同維護和實施，可通過文化和技術的專業培訓和跟蹤，將企業員工重組為自我指導、自我管理的團隊，保證工廠作業人員適當的技能水準 |
| 零缺陷目標 | 通過控制過程，降低缺陷率，提高一次成功率，減少浪費，增加效益 |

心得欄 ________________________________

# 第 6 章

# 品管部如何進行品質改進

## 第一節　品管部永遠的追求——持續改進

企業為了提高效益、獲取利潤，必須要實施持續不斷的改進措施，以在生產的各個環節實現最大限度的少投入、多產出、低消耗、高滿足。這是社會發展的必然趨勢造就的真理。在這個競爭的世界裏，不進步或進步緩慢其實等於倒退。因此，企業要設法改進，加速自我完善。

如果避開策略性的改進措施不談，那麼，企業在生產中實現持續改進的途徑主要包括以下方面：

· 盡可能多地採取防錯措施，以減低或消除制程風險。

· 盡力滿足顧客，妥善、圓滿處理顧客抱怨。

· 建立實現持續改進的機制，例如大力推廣 QCC 活動，實現全員參與品質改進。

沒有改進就沒有效益，沒有效益就沒有利潤，沒有利潤企業就失去了生存的根本意義，所以，企業為了自身生存的需要，必須持續不斷地改進自己。

還記得傻瓜照相機嗎，這個機子傻瓜都會用，因為它用錯了沒有任何後果，並且能自動糾錯，那你用的話還能有什麼差錯嗎？！這種自動防錯的道理同樣適合於生產制程。因為由人操作的過程總會有一些差錯，而當制程可以自動防止這些錯誤時就將錯誤的風險轉化為零。所以，要採取措施，預防隱患。

### 1. 自動防錯

PCB 機板本應該由 A 方向插入，但如果由於某種失誤從其他方向試圖插入時，制程的設置會確保它插不進去，這屬於自動防錯的一種。還有更高級的方式就是不但插不進去，而且還會自動糾正成正確的方向，然後插進去。

### 2. 設置防錯

指的是透過採取一些必要的措施防止產生錯誤。這些措施包括清楚地識別可能發生錯誤的因素以及進一步防止其形成不良所採用措施的方法。如在 PCBA 生產流水線的調試工位上加一個止動條，以保證所有的 PCBA 都能夠得到調試後透過手工傳遞才可以流到下一工序，從而防止發生漏調。

### 3. 防誤

指的是透過採取有效措施防止操作或動作失誤。這些措施應避免因錯誤操作或其他過失而產生不良。如在 PCBA 用的元件切腳機上加裝紅外線檢測裝置，當刀片的高度位置出現不符合切腳標準的要求時該機會自動關機，從而防止切腳失誤導致的不良。再如製作便利的 JIG、工具等，以防止作業失誤。

防錯與防誤的措施應在過程、設備、工裝、設施等的策劃中予以適當規定並要求，在實際工作中積極採用，以消除誤操作的風險。

### 4.不良事項糾正措施過程

從工程技術的角度出發，針對糾正措施的要求，應該從如下七個方面去實施和要求：

· 問題——描述問題/不合格。

闡述問題的真相，從「5W2H」的角度去考慮。

· 糾正——臨時措施和生效日期。

應急處理措施，目的是防止問題點的事態擴大。

· 分析——識別根本原因。

針對問題徹底分析，查明根本原因。

· 措施——永久性措施和生效日期。

依據根本原因建立永久對策措施。

· 驗證——驗證有效性。

在一段時間(應該不是太長)後驗證對策的效果。

· 實施——控制。

採取一定的控制方法，鞏固效果。

· 預防——預防將來再出現的措施。

採取一定的方法，識別類似的潛在隱患，防止再出現。

要制定優先化的措施計劃，以持續改進那些已表明穩定的過程，實現品質管理體系的持續改進。如果過程還不穩定，在這種情況下所採取的措施也屬於糾正措施，並不是持續改進。

# 第二節　品質改進制度

品管部其中的一個單位是品質改進主管，主要職責是通過對品質數據的分析，確定公司品質改進的方向，並負責組織、協調、推進公司內部品質改進活動，確保持續改進活動能得到有效地開展。具體職責如下。

1. 產品(服務)品質統計分析，並根據分析結果制定出相應的改進措施。

2. 品質改進工作組織和改進效果的跟蹤驗證。

3. 負責內部運作流程、售後回饋及相關信息的收集與回饋。

4. 營造品質改進的文化氣氛，提高員工積極參與持續改進活動的熱情。

5. 本部門人員日常事務的管理。

6. 品管部經理交付的其他工作。

## 一、品質改進提案制度

### 第 1 章　總則

第 1 條　目的。

⑴鼓勵員工提出合理化的建議，提高公司的經營績效。

⑵培養員工發現問題和解決問題的能力。

⑶創建積極進取、健康向上的品質改進文化。

第 2 條　適用範圍。

本企業員工對企業經營管理、技術、品質檢驗及生產現場的品質改進等各方面的改進建議，均適用本制度。

第 3 條　權責說明。

⑴品管部負責本規章的制定、修改、廢止。

⑵企業最高管理者負責本規章制定、修改、廢止的核准。

第 4 條　改進提案的種類。

提案依其性質分為技術類提案與管理類提案。

⑴技術類提案。

①產品開發、設計新創意。

②產品的技術更新。

③生產技術流程改進。

④機器設備技術改進。

⑤其他涉及專業技術問題的改進。

⑵管理類提案。

①管理方法、制度新創意。

②原有制度的完善。

③品質管理的建議。

④成本降低的改進方案。

⑤其他涉及管理方法、制度的改進。

## 第 2 章　品質改進提案認定

第 5 條　提案範疇。

本企業員工提出的建議，凡有下列內容之一者，均屬於改進提案。

⑴管理方法、制度的改進。

⑵製造技術、操作方法、作業流程的改進。

⑶產品品質和設計改善。

⑷原材料的節省、廢料的利用及其他降低成本的改進。

⑸產品開發、設計新創意。

⑹產品的技術更新。

⑺成本降低的改進方案。

⑻有關機器設備、維護保養的改善。

⑼設備設計更新，功能改進，操作改進。

⑽其他有利於企業的建議。

第 6 條　非提案範疇。

提案內容如有下列內容之一者，概不予以受理。

⑴完全模仿他人或已經被提出過的。

⑵僅指出缺點和問題，而欠缺具體改善措施及方法的。

⑶公認的事實及正在實施改進的。

⑷業務上被指令改進者或已由上級指示他人進行而提出者。

⑸個人訴苦或要求改善待遇的提案。

⑹非建議性的批評。

## 第 3 章　改進提案推行組織

第 7 條　改進提案推行委員會是負責公司品質改進提案工作的常設機構，下設審查小組與改進小組。

第 8 條　改進提案推行委員會。

設主任委員 1 名，任期 1 年，由公司直接任命，其職責如下。

⑴制定和修訂提案工作制度、方針及工作計劃。

⑵提案推行制度的核准。

⑶改進提案實施經費的核准。

⑷改進提案評審、獎勵的核准。

第 9 條　審查小組。

由各部門經理(全部或部份)擔任，其職責如下。

⑴改進提案的復審、評分及等級審議。

⑵改進提案制度的修訂、研討。

⑶提案旅行成果的檢查、確認。

第 10 條　改進小組。

由品管部門、技術部門和生產部門人員擔任，人數在 3～5 人，其具體職責如下。

⑴企業改進提案活動的宣傳。

⑵改進提案相關教育訓練。

⑶改進提案的受理、登記、初評、送審。

⑷改進提案評比的資料收集、初評。

⑸改進提案實施的追蹤、查核、指導、報告。

⑹其他日常事務工作。

## 第 4 章　改進提案提報手續

第 11 條　提案人針對企業存在的不足進行現狀分析，加以研究，擬訂提案內容。

第 12 條　提案人使用《改進提案書》，提出相關提案。

第 13 條　提案書上應填寫下列內容。

⑴提案類別。　⑵提案時間。

⑶提案名稱。　⑷提案者所屬單位。

⑸提案者(可以是個人、數人或團隊)。

⑹現行方法(描述現狀)。

⑺改進方案。　⑻預期效果。

第 14 條　現行方法應詳細描述現狀，必要時配以圖表、樣品或文字說明。

第 15 條　改進方案應具體、可行，必要時配以圖表、樣品或文字說明。

第 16 條　預期效果應儘量明確。

第 17 條　現行方法、改進方案、預期效果如不夠填寫，可另附紙說明。

第 18 條　提案人將提案書面交改進小組或投入企業「改進提案信箱」。

## 第 5 章　改進提案受理與審核

第 19 條　改進小組對所提交的提案進行編號、登記。

第 20 條　評審週期，對任何一個提案給予公正的評定，評定時間不得超過××天。

第 21 條　改進小組初審提案，必要時應與提案人聯絡，瞭解提案內容。改進小組初審裁定提案為可行、保留或不可行。其相關說明見下表。

表 6-2-1　提案初步裁定結果說明表

| 提案初步裁定結果 | 相關說明 | 處理措施 |
| --- | --- | --- |
| 採　用 | 可以馬上實施（××天以內），並確認實施取得明顯的效果。 | 轉審核小組復審；復審合格者，交由相關部門負責實施。 |
| 保　留 | 因各種原因，不能立即實施。 | 退回改進小組，由改進小組回復提案人。 |
| 不採用 | 提案內容可行性不強或因某種原因不予實施。 | |

第 22 條　審查小組負責復審工作，必要時應與提案人聯絡，瞭

解提案內容。責任部門評審裁定提案為採用、保留或不採用。

第 23 條　不採用或保留提案，退回改進小組，由改進小組回復提案人。

第 24 條　採用的提案由提案內容所涉及的部門負責實施。提案工程大或涉及面廣時，應呈審查委員會裁決。

## 第 6 章　改進提案的實施與跟蹤

第 25 條　提案內容所涉及的責任部門負責改進提案實施工作。

第 26 條　改進小組應全力支持、配合提案的實施。

第 27 條　提案人應盡力協助提案實施過程的指導、修正和其他工作。

第 28 條　推行委員對提案的實施與追蹤負直接責任。

第 29 條　改進小組負有監督檢查的責任。

## 第 7 章　品質改進提案的獎勵

第 30 條　對提案人(單位)的獎勵標準見下表。

表 6-2-2　品質改進提案獎勵標準表

| 提案審核結果 | 獎勵標準 |
|---|---|
| 不採用者 | 累積 3 件，發給獎金_____元。 |
| 保 留 者 | 凡提案被審為保留者，累積 2 件，發給獎金_____元。 |
| 採 用 者 | 1. 立即發給獎金_____元。<br>2. 被採用的提案經年度評審，獲優秀提案獎者，獎勵如下：<br>第一名，獎勵_____元<br>第二名，獎勵_____元<br>第三名，獎勵_____元<br>3. 經年度評審，每年可為企業增加的效益逾××萬元者，可提取 1%的金額作為獎勵金 |

第 31 條　優秀個人提案獎。

年度提案總數前三名者，為優秀提案個人，獎勵如下。

⑴第一名，獎勵_____元。

⑵第二名，獎勵_____元。

⑶第三名，獎勵_____元。

第 32 條　優秀提案單位獎。

年度提案評比前三名單位，為優秀提案單位，獎勵如下。

⑴第一名，獎勵_____元。

⑵第二名，獎勵_____元。

⑶第三名，獎勵_____元。

## 二、品質數據分析制度

### 第 1 章　總則

第 1 條　目的。

通過數據分析控制，以確定品質管理體系的適宜性和有效性，並用於品質改進，確保品質體系的不斷完善，不斷提高運作的有效性和顧客的滿意程度。

第 2 條　適用範圍。

適用於對來自監視和測量活動及其他相關來源的數據分析。

第 3 條　各部門職責。

⑴品管部門的職責。

①負責統籌企業對內、外相關數據的傳遞與分析、處理。

②負責統籌統計技術的選用、批准、組織培訓及檢查統計技術的實施效果。

⑵其他相關部門的職責。

①各職能部門負責進行與工作相關的數據的收集、分析與整理，並將分析情況和利用結果向有關主管和部門報告。

②相關供方應配合各職能部門進行相關數據的收集、分析。

## 第2章　數據分析實施程序

第4條　數據的定義。

數據是指能夠客觀地反映事實的資料和數字等信息。它包括與產品、過程及品質管理體系有關的數據，以及監視和測量的結果等。

第5條　數據的來源。

⑴外部來源。

①政策、法規、標準等。

②地方政府機構檢查的結果及回饋。

③市場、新產品、新技術的發展方向。

④相關方(如顧客、供應商等)的回饋及投訴等。

⑵內部來源。

①日常工作，如品質目標完成情況、檢驗試驗記錄、內部品質審核與管理評審報告及體系正常運行的其他記錄。

②存在、潛在的不合格，如品質問題統計分析結果、糾正預防措施處理結果等。

③緊急信息，如出現突發事故等。

④其他信息，如員工建議等。

⑶數據可採用已有的記錄、書面資料、討論交流、電子媒體、聲像設備、通信等方式。

第6條　數據收集、分析與處理。

⑴數據分析活動中需提供的重要信息。

①顧客滿意度的信息。

②產品與客戶要求的符合性。

③過程、產品的特性及發展趨勢，是否反映出潛在的問題，是否需要採取相應的預防措施(由相關的業務部門分別提供)。

④品質體系年度審核結果。

⑤環境和職業健康安全目標的完成情況。

⑥供應商的信息。

⑦其他。

⑵外部數據的收集、分析與處理。

①品管部負責品質檢驗機構、認證機構的監督檢查結果及回饋數據、技術標準類數據的收集、分析，並負責傳遞到相關部門。對出現的不合格項，執行《持續改進控製程序》。

②政策法規類信息由辦公室及相關部門收集、分析、整理、傳遞。

③顧客滿意度的信息主要是分析顧客和住戶滿意信息趨勢，最關鍵的是顧客和住戶目前最不滿意的問題是什麼，由公司市場行銷部或相關部門負責。

④各部門直接從外部獲取的其他類數據，應在一週內報告品管部，由其分析整理，根據需要傳遞、協調處理。

內部數據的收集、分析與處理。

①品管部依照相應規定傳遞品質方針、品質目標、管理方案、內審結果、更新的法律法規、標準、品質目標完成情況等信息。

②各部門對業務範圍內的數據進行收集、記錄和分析，對存在

和潛在的不合格項，執行《持續改進控製程序》。

③緊急信息由發現部門迅速報告給企業主要負責人或行政部組織，由其進行處理。

第 7 條　品質數據統計分析的方法。

(1)各職能部門將收集到的數據進行匯總，數據統計方法包括但不限於以下內容。

①品質調查法。即利用各種統計圖表，系統地收集反映品質問題的數據，並進行簡單的數據處理和粗略原因分析的一種方法。對於市場、客戶滿意度、品質的審核分析一般可以採用此方法。

②分層法。即按照一定的標誌對收集到的數據適當分層和整理，使雜亂無章的數據和錯綜複雜的因素系統化、條理化。

③排列圖法。是用於尋找主要問題或影響品質的主要原因所使用的工具。

④因果分析法。即表示品質特性與有關因素之間的關係的一種圖形，尋找產生問題的具體原因。可用於對於較為複雜的不合格品項進行分析。

⑤直方圖法。即通過對數據分佈狀況的描繪與分析，來判斷生產過程中產品品質是否處於受控狀態。

⑥控制圖法。即用於分析和判斷生產過程是否處於控制狀態所使用的帶有控制界限的圖形，主要用於對過程的監視和測量。

(2)統計分析方法的選用原則。

①優先採用國家公佈的品質控制和檢驗抽樣標準。

②採用企業自己制定的統計方法，應證明它等效或優於國家標準的規定，並制定相應的鑑定程序。

⑶統計分析方法的實施要求。

①品管部負責對有關人員進行統計方法培訓。

②正確使用統計方法，確保統計分析數據的科學、準確、真實。

第 8 條　對統計分析方法適用性和有效性的判定。

⑴是否降低了不合格品率，降低了加工損失。

⑵是否能為有關過程能力提供有效判定，以利於改進品質。

⑶是否提高了產量、利潤和工作效率。

⑷是否降低了成本，提高了品質水準和效益。

第 9 條　數據統計分析方法應用的記錄。

品管部每三個月對各部門統計方法應用的記錄進行監督檢查，對主要的品質問題要求責任部門採取相應的糾正、預防措施，執行《持續改進控製程序》的有關規定。

### 第 3 章　統計記錄的管理

第 10 條　對於統計記錄的管理要分清職責和權限，進行分級管理；各部門按照《品質文件控製程序》和《品質記錄控製程序》，對統計記錄進行有效的管理與控制。

### 第 4 章　附則

第 11 條　本制度由品管部負責制定、修訂和補充。

## 三、品質改進管理制度

### 第 1 章　品質改進原則

第 1 條　全員參與。

品質改進是全方位進行的，在一個組織中，只有人人都積極參與到品質改進的活動中來，品質改進活動才具有生機。

第 2 條　過程的改進。

組織的產品和服務或其他輸出的品質是由使用它的顧客的滿意度來確定的，但它卻取決於形成及支持它的過程和效率。將活動和相關的資源作為過程進行管理，可以得到期望的結果。

第 3 條　持續改進。

品質改進是一種以追求更高的過程效果和效率為目標的持續活動。組織通過持續的品質改進為客戶帶來更多利益的同時，也提高了自身的競爭能力。

第 4 條　基於事實的決策方法。

即在數據和信息的基礎上，進行科學的分析後再進行決策。

第 5 條　預防性的改進。

品質改進的目的之一在於預防問題的再次發生，而不僅僅是事後的檢查與補救，即進行預防性的改進。

## 第 2 章　品質改進的目標

第 6 條　品質改進必須有目標作指引，以引導品質改進組織及其成員做出合乎目的的改進行動。在確定品質改進目標時，應注意以下 5 個方面。

⑴具體的目標要與企業總的經營目標緊密結合，並突出提高顧客滿意程度和過程的效果和效率。

⑵這些目標應明確、易懂、積極、可行、恰如其分，並且能夠用於測量品質改進的進展情況。

⑶達到這些目標所需的策略、措施，應該被為實現這些目標而必須一起工作的全體人員所理解和贊同。

⑷品質改進目標應定期評審並反映出不斷變化的顧客期望。

⑸目標應具有一定的挑戰性，但要適度。

## 第 3 章 品質改進的實施

第 7 條 品質改進規劃。

品質改進規劃是在組織中樹立了品質改進的意識，並建立了品質改進的目標的基礎上，結合組織管理者對品質改進工作所提出的戰略要求而制定的。

第 8 條 品質改進組織的建立。

品質改進的組織分為兩個層次，一是從整體的角度為改進項目調動資源，這是管理層，即品質管理委員會；二是為了具體地開展工作項目，這是實施層，即品質改進團隊或品質改進小組。

第 9 條 現狀分析。

要進行品質改進，首先要明確品質問題的現狀及產生的原因。如要解決品質問題，可以從人、機、料、法、環、測量等各個不同的角度進行調查，去現場收集數據中沒有包含的信息。

第 10 條 制定品質改進的方案並實施。

在瞭解組織中現已存在的或潛在的品質問題，並查清產生問題的原因後，制定出相應的品質改進方案。由品管部門負責組織相關部門實施。

第 11 條 確認品質改進的效果。

對品質改進的效果要正確確認，錯誤的確認會讓人誤認為問題已得到解決，從而導致問題的再次發生；反之，也可能導致對品質改進的成果視而不見，從而挫傷了持續改進的積極性。同時，還應對改進效果不顯著的項目進行分析總結，找出問題所在，為下一輪的品質改進工作提供依據。

第 12 條 品質改進的評估。

品質改進評估的方法一般有客戶評價法、企業評價法、專家評價法、產品性能評價法等。

### 第 4 章　相關說明

第 13 條　本制度由品質改進小組擬訂，報品管部經理負責審核後，提交總經理審批。

第 14 條　本制度自頒佈之日起執行。

## 四、品質改進環境管理制度

### 第 1 章　總則

第 1 條　為持續有效的進行品質改進工作，營造良好的品質改進文化和工作環境，特制定本制度。

### 第 2 章　品質改進環境的建立

第 2 條　管理人員的作用。

⑴各級管理人員應以身作則，不懈地努力和均衡、合理地配置資源來層層實現其主管作用和盡到義務，從而創造必要的品質改進的環境。

⑵作為品質改進的主管者、各級管理人員，在品質改進方面所負的主要責任如下。

①要負責傳達並保證全體員工真正理解品質改進的目的和目標。

②要不斷改進自身的工作過程。

③要培育一個公開交流、互相合作、相互尊重的環境。

④還要使得企業中的每一個員工都有可能改進他們的工作過程，並授予他們必要的權力。

第 3 條　確立品質改進相應的價值觀念、態度和行為。

品質改進環境往往需要有以滿足顧客要求和設置更強的競爭目標為中心，新穎的、共同的價值觀念、態度和行為，包括以下 9 項內容。

⑴將注意力集中於滿足內部和外部顧客的需要。

⑵產品品質生產、形成、實現的全過程，即整個品質環節中需要進行持續的品質改進，而不僅僅是在生產現場需要品質改進。

⑶展示管理者應盡的義務、主管作用和參與情況。

⑷不論是在協同工作中還是個人活動中，始終強調品質改進是每個員工工作的一部份。

⑸通過改進過程找到問題的所在。

⑹持續不斷地改進所有的過程。

⑺利用數據和信息進行充分的交流與溝通。

⑻促進協同工作和尊重個人。

⑼依據對數據的分析進行決策。

**第 4 條**　制定企業品質改進的具體目標。

⑴具體目標要與企業總的經營目標緊密結合，並突出提高顧客滿意程度和過程的效果和效率。

⑵這些目標應明確、易懂、積極、可行、恰如其分，並且能夠用於測量品質改進的進展情況。

⑶達到這些目標所需的策略、措施，應該被為實現這些目標而必須一起工作的全體人員所理解和贊同。

⑷品質改進目標還應定期評審並反映出不斷變化的顧客期望。

**第 5 條**　營造相互信任的工作氣氛。

⑴在相互信任的基礎上進行公開交流、溝通與合作。

⑵消除組織和人員間影響過程效果、效率和持續改進的障礙，

包括與供應商及顧客的公開交流、溝通與合作。

第 6 條　建立品質改進的獎勵認可制度。

⑴應按品質改進所必須的價值觀念、工作態度和行為以及品質改進的目標，建立品質改進的獎勵認可制度。

⑵對個人以及集體的品質改進績效進行獎勵和認可，發揮有效的激勵作用，進一步激發全體人員品質改進的積極性、主動性和創造性，以保證持續的品質改進。

第 7 條　對企業全體人員進行繼續教育和培訓。

⑴上至企業最高管理者，下至現場員工，都應在品質管理原理和實踐，包括品質改進所用方法、工具、技術等的應用方面得到教育與培訓，樹立起品質意識與不斷改進的想法。

⑵教育與培訓要講求實效，要與應用相結合，因此要對教育與培訓的效果進行定期評估。

⑶與上級、同事和下屬進行關於改進目的、改進過程中所採用的方法和遇到的障礙、成功的經驗和失敗的教訓等方面的討論，既可以對其他人的改進有所幫助，也可以使自己得到啟發並有利於獲得他人的理解和支持。

第 8 條　推進個人改進。

各級管理人員通過開展個人改進活動，為下屬做出表率和示範，激勵下屬開展個人改進，使整個部門的工作品質得到提高。

## 第 3 章　附則

第 9 條　本制度由品管部負責制定、修訂和補充。

# 第三節　品質改進管理流程

## 一、品質改進管理流程

圖 6-3-1　品質改進管理流程圖

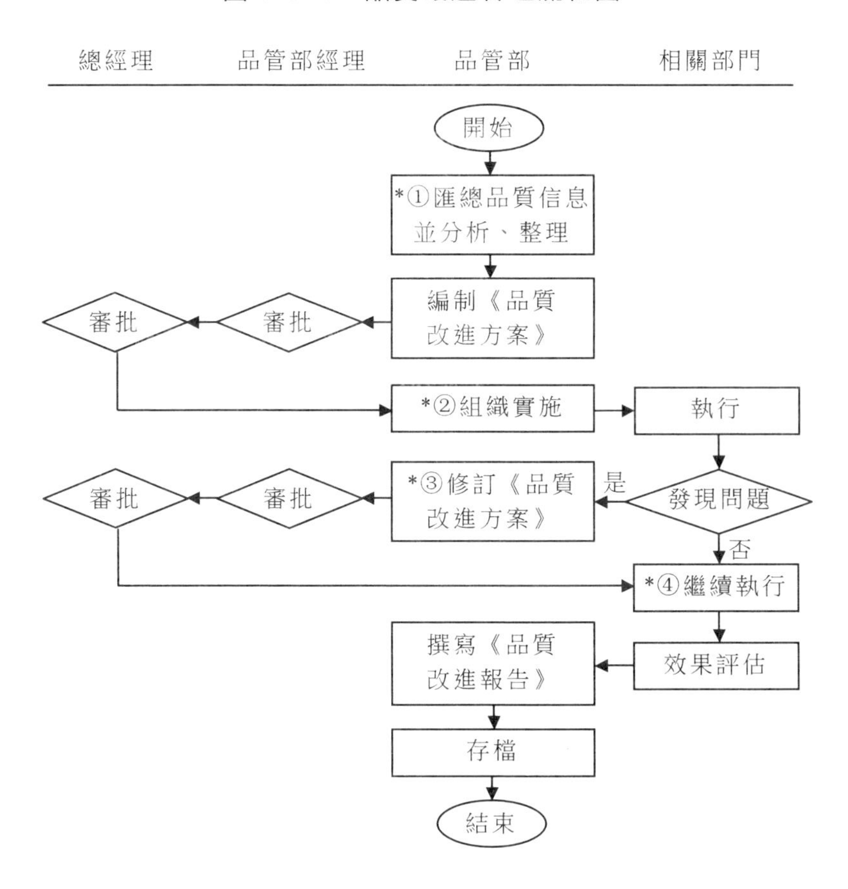

*①：信息來源包括企業戰略發展、相關部門的需要、市場調研的結果。

*②：《品質改進方案》經審批後，由品管部組織相關部門實施。

*③：相關部門在實施過程中若發現問題，應向品管部彙報；品管部修訂《品質改進方案》，修訂後的方案由品管部經理審核，重大改動還需報總經理審核。

*④：品管部組織相關部門實施新的品質改進措施。

## 二、品質數據統計管理流程

*①：a. 生產部將匯總的各生產單位《品質日報表》報到品管部。
b. 品管部對各生產單位的《品質日報表》進行分析，並提出相關的意見和建議。

*②：a. 品管部對《品質月報表》進行分析並編制《月品質報告》。
b. 品管部向生產部和各生產單位下發《品質月報告》。

*③：a. 品管部對《品質季報表》進行分析並編制《品質季報告》。
b. 品管部向生產部和各生產單位下發《品質季報告》。

*④：a. 品管部對《品質年度報表》進行分析並編制《品質年度報告》。
b. 品管部向生產部和各生產單位下發《品質年度報告》

## 圖 6-3-2　品質數據統計管理流程圖

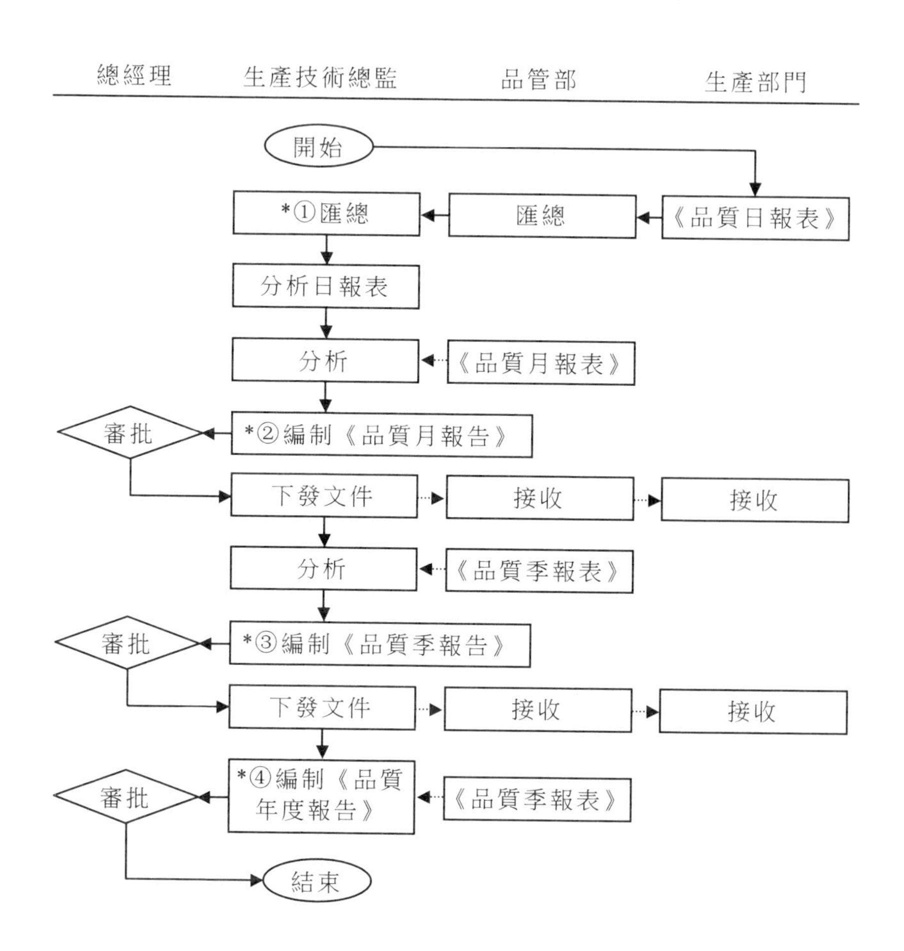

## 三、品質持續改進管理流程

圖 6-3-3 品質持續改進管理流程圖

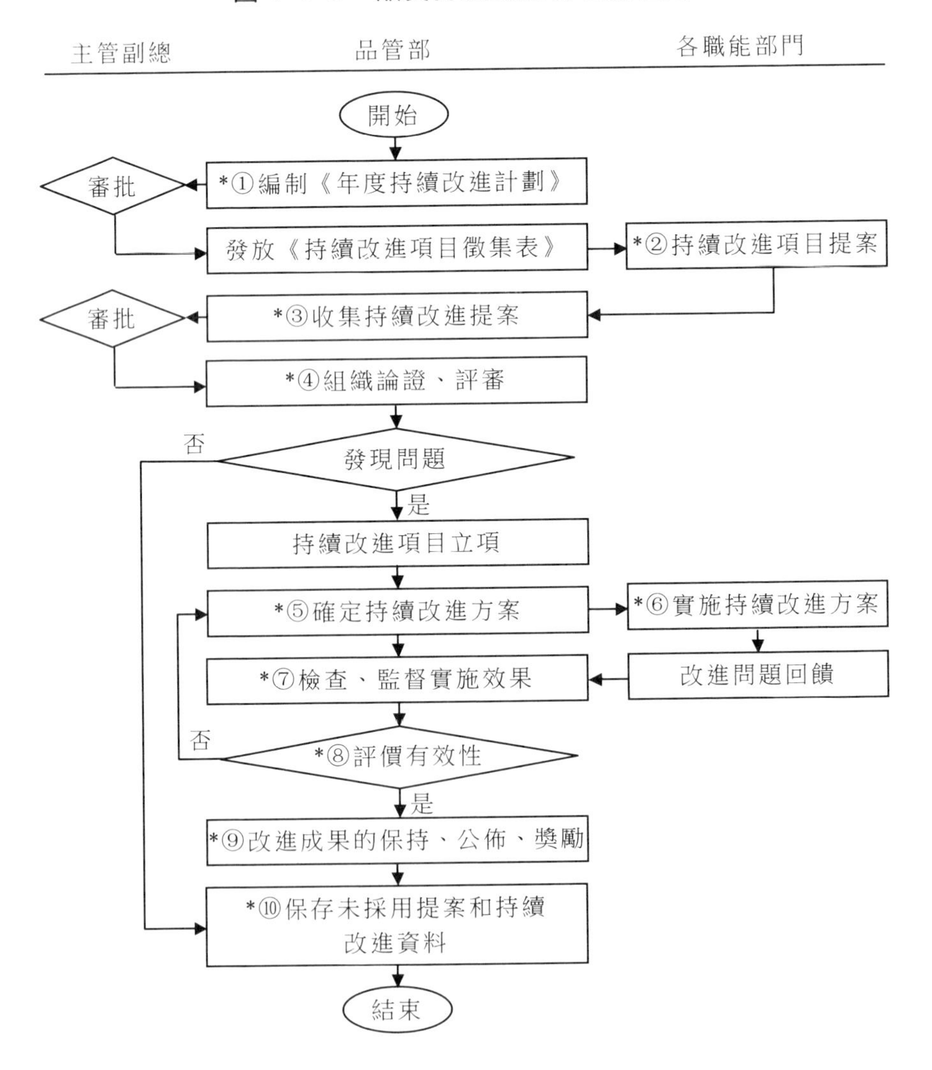

*①：編制《年度持續改進計劃》，持續改進那些已表明穩定，具有可接受的能力和性能的過程，具體體現在品質、環境、安全和生產率等方面。

*②：a. 根據《年度持續改進計劃》，依據全員參與的原則，將《持續改進項目徵集表》發放至各個部門。

b. 各部門負責人組織本部門人員積極參與，提出改進項目，並依據《品質成本報告》、《內外部品質審核報告》、工序能力變化等信息進行研究和分析。

c. 各部門負責人收集《持續改進項目徵集表》，並匯總提交至品管部。

*③：對所收集到的《持續改進項目徵集表》進行分類整理，應優先考慮有特殊性的產品特性；將整理後的《持續改進項目徵集表》報請主管副總經理審批。

*④：a. 組織有關專業人員分析、論證、審核、評價持續改進項目的可行性，可從容易性、可操作性、改進成本等方面進行評估。

b. 對於未被選用的持續改進項目提案，予以存檔。

c. 論證評審的過程應形成書面記錄。

*⑤：經過充分評審，確定最終所要採用的持續改進項目工程計劃書及預期目標，形成改進方案。

*⑥：有關部門實施已經確定的改進方案。

*⑦：a. 品管部定期對改進的實施情況進行檢查、監督，並將檢查結果報告給管理者代表，以確保改進活動達到預期的目標效果。

b. 各部門在實施改進方案的過程中，若發現不符合要求的情況時，應提出相應的糾正、改進要求，並對改進後的效果進行跟蹤驗證。

*⑧：適時組織實施改進的有關部門就改進項目的進展情況做出評價，確保改進項目方案有效、適宜地開展和保持。

*⑨：a. 經確認的改進成果所引起的永久性更改應納入到有關的技術規範、操作指導書和其他的品質管理體系文件中，以保持改進的成果。

b. 在管理評審會議中彙報持續改進活動的開展情況，並向全公司公佈改進成果。

c. 對相關人員進行獎勵（物質、精神），以進一步激發全體員工參與改進活動的積極性，激發員工在持續改進工作方面的積極性。

*⑩：將持續改進項目形成的相關記錄收集、整理並歸檔保存。

## 四、品質預防管理流程

*①：a. 品管部下達預防措施。

b. 各部門根據品管部的要求組織實施預防措施。

*②：品質管理組織對預防措施的實施效果進行驗證和評估。

*③：對預防措施取得明顯效果的，要進行標準化，納入品質體系文件，以防止同樣的問題再次發生。

圖 6-3-4　品質預防管理流程圖

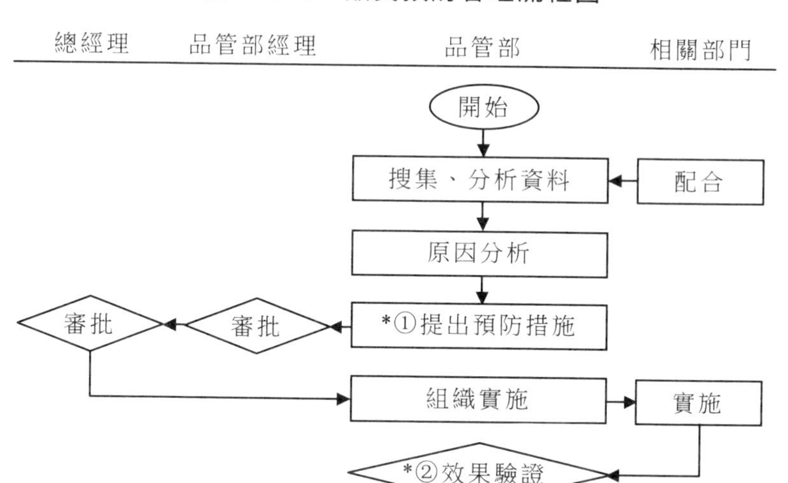


# 第四節　品質改進方案

## 第 1 章　總體規劃

### 1. 持續改進的目標

對存在或潛在的不合格事項進行分析，並採取措施，予以消除，以逐步改進和完善品質管理體系及產品(服務)品質。

### 2. 適用範圍

本方案對所有與產品(服務)過程和品質管理體系過程有關的不合格事項進行分析控制，及採取有效措施都做出了明文規定。

### 3. 相關部門的職責分工

⑴品管部的職責。

①負責組織對體系、產品持續改進及糾正和預防措施進行控制。

②當出現存在和潛在的品質問題時，發出相應的《品質改進通知單》，並跟蹤驗證實施效果。

③負責信息整理、評估、品質改進策劃以及項目實施過程中的協調。

⑵各部門負責分管各自範圍內相應的改進、糾正和預防措施的控制和實施，並跟蹤驗證實施效果。

⑶品管部負責監督、協調、改進、糾正和實施預防措施。

⑷市場行銷部負責有效地處理客戶的意見。

## 第 2 章　創造良好的品質改進環境

一種良好的品質改進環境，是全體員工積極投入到品質改進活動中去的重要條件之一。在此項工作中，需做好以下幾項工作。

### 1. 管理者的作用

各級管理人員應以身作則，通過不懈的努力和均衡、合理配置資源來層層實現其主管作用並履行義務，從而創造必要的品質改進環境。

管理者應是品質改進的積極宣導者，管理者對品質改進的投入程度，決定著公司品質改進的程度。管理人員負責傳達公司品質改進的目標並保證全體員工能夠真正理解，並培育一個公開交流、互相合作、相互尊重的環境，還要使公司中的每一個員工都有可能為改進自己的工作過程而授予他人必要的權限。

### 2. 價值觀、態度和行為

品質改進要求組織群體擁有一套新的共同的價值觀、態度和行為準則，即強調要滿足客戶的需要和不斷追求更高的目標。

### 3. 教育與培訓工作

品質改進要通過品質教育和培訓來不斷提高全體員工的知識水準和業務素質，並根據品質改進的具體情況，有針對性地進行。

## 第 3 章　品質持續改進的實施

### 1. 品質改進的組織

⑴品質改進委員會。

本公司品質改進委員會由企業高層管理者或指定管理者代表組成，在品質改進工作中進行集中管理，制定和組織實施品質改進戰略決策。

⑵品質改進小組的成員。

品質改進小組是就現場生產或工作中存在的問題，以保證和改善品質、降低消耗、提高效率等為目的，運用品質管理方法和專業技術開展活動而自願組成。上至公司高層主管，下至基層員工，都可以參加。

### 2. 持續品質改進的策劃與管理

⑴確定持續改進的內容。

①提高產品的性能。

②降低原材料的消耗。

③降低生產成本。

④簡化工作流程，優化作業方法。

⑤降低採購成本。

⑥提高供應商供應產品的品質和交貨的及時率。

⑦提高客戶滿意率。

⑧優化人力資源配置，提高員工素質。

⑨減少設備非計劃停機時間。

⑵制定持續改進的計劃。

編制《年度持續改進計劃》，持續改進那些已表明穩定、具有可接受的能力和性能的過程。在品質、環境、安全和生產效率等方面，可能導致持續改進的項目，包括但不限於下列內容。

①設備安裝、模具更換及機器調整時間。

②過長的生產週期。

③報廢、返工和返修。

④非增值使用場地空間。

⑤過大的變差。

⑥沒有集中於目標值的過程均值（雙側公差）。

⑦人力和材料的浪費。

⑧產生不良產品（服務）的成本。

⑨過多的搬運和儲存。

⑩顧客的不滿意，如抱怨、退貨、錯送、售後品質保證等。

⑪污染物排放超標。

⑫員工的抱怨。

⑬安全提案等。

⑶各部門提出改進項目。

各職能部門負責組織本部門人員積極參與，以提出改進項目，可對如下信息進行研究和分析。

①品質成本報告。

②品質管理體系的運行記錄。

③內、外部品質審核報告。

④不合格評審表。

⑤售後服務報告。

⑥顧客意見和建議。

⑦員工意見和建議。

⑧與國內外同行中有影響的企業的對比分析報告。

⑨工序能力變化等。

⑷制定持續改進方案。

①品質改進小組對所收集到的信息進行匯總、分類、整理，應優先考慮有特殊特性的產品特性，形成《改進項目匯總表》，並將此表提交給品質改進負責人。

②品質改進負責人組織有關部門對持續改進項目的可行性進行分析論證、審核評價，分析的要素包括但不限於以下內容。

· 項目改進的容易性、可操作性。

· 成本要素或價格應是持續改進體系內的主要考慮因素。

③經過充分評審，確定最終所要採用的持續改進項目工程計劃書及預期目標，形成《持續改進項目方案》。對於未能選用的項目提案，予以存檔。同時，評審過程應形成記錄。

⑸管理持續改進的過程。

①按照已經確定的改進方案，有關部門予以實施。在實施的過程中，應掌握下文所列的措施及方法，並適當地加以應用。

· 控制圖(計量、計數)。

· 試驗設計。

· 設備總效率。

· 每百萬產品缺陷分析(PPM 分析)。

· 價值分析。

· 動作、人機工程分析。

②定期對改進的實施情況進行檢查、監督，並將檢查結果報告給管理者代表，以確保改進活動達到預期的目標效果。

③適時組織實施改進的有關部門就進展情況做出彙報，以確保改進項目方案有效、適宜地開展和保持。

### 3. 改進過程中的糾正措施

⑴在對改進活動查核的過程中，若發現不符合要求的情況時，應提出相應的糾正、改進要求，並對改進後的效果進行跟蹤驗證。具體參照《糾正措施控製程序》。

⑵對於存在的不合格現象應採取糾正措施，以消除不合格原因，防止不合格現象的再次發生。糾正措施應與所遇到的問題的影響程度相適應。

## 第 4 章　品質持續改進成果的評估與保持

1. 持續改進成果的評估。持續改進工作完成後，應由改進委員會的組長填寫《品質改進活動成果評估表》對品質改進工作進行評估。評估可以從品質改進的效果、品質改進的效率、員工品質意識的提升程度等方面進行，其衡量標準包括產品性能(服務品質)改善、客戶滿意度提高等。

2. 持續改進成果的獎勵。對相關人員進行獎勵(物質、精神)，以進一步激發全體員工參與改進活動的積極性。持續改進是一項不斷循環的活動，應充分激發員工參與的主動性。

3. 持續改進成果的保持。經確認的改進成果所引起的永久性更改，應納入到有關的技術規範、操作指導書和其他的品質管理體系文件中，以確保改進的成果予以保持。

# 第五節　不合格現象改正方案

## 第 1 章　目的

通過對實際存在的或生產過程中可能發生的不合格現象進行調查、分析、處理，並採取相應的措施，予以消除或減少損失，不斷地進行品質改進，提高品質管理水準。

## 第 2 章　職責

品管部負責對不合格現象進行調查、分析、處理，對不合格現象提出糾正或預防措施要求，並對實施結果進行驗證。

在具體實施過程中，還可能涉及多個部門的參與和配合，如設計、採購、技術、加工和品質控制等。

## 第 3 章　確定不合格現象的糾正措施

### 1. 不合格現象的種類

⑴供應商的產品或服務嚴重不合格。

⑵生產過程、產品品質出現重大問題，或超過企業規定值時。

⑶通過檢查、檢驗，發現安全生產因素中的一項或幾項動態管理失控，可能會直接導致事故發生的各種隱患。

⑷內審或外審中提出的不合格報告。

⑸管理評審過程中發現的其他不符合品質方針、目標或品質管理體系文件要求的不合格情形。

⑹顧客對產品品質本身、品質保證服務進行投訴時。

⑺出現重大環境污染或環境事故時。

## 2. 不合格現象的糾正措施

針對不同的不合格現象，應制定出不同的糾正措施。

表 6-5-1 不合格現象及應對措施表

| 不合格現象 | 不合格現象的處理措施 |
| --- | --- |
| 供應商產品或服務出現嚴重不合格時 | (1)品管部填寫《糾正和預防措施處理單》中「不合格事實」欄。<br>(2)由採購部通知供應商，要求供應商進行原因分析，並將糾正措施回饋給採購部，由品管部對其下一批來料進行跟蹤驗證，執行《採購控製程序》中對供應商控制的規定。<br>(3)如果是服務供應商的品質問題，則由服務接受部門填寫《糾正和預防措施處理單》，通知對方採取糾正措施，並跟蹤驗證其實施效果。 |
| 生產過程、產品品質出現重大問題或超過企業規定值時 | (1)品管部填寫《糾正和預防措施處理單》中「不合格事實」欄，確定責任部門。<br>(2)由責任部門填寫「原因分析」欄，制定糾正措施並實施，由品管部跟蹤驗證實施效果。 |
| 內審或外審過程中發現不合格時 | 由審核小組發出「不合格報告」，相關責任部門嚴格執行《內部審核程序》或《外部審核程序》。 |
| 管理評審過程中，發現其他不符合品質方針、目標或品質管理體系文件要求的不合格情況時 | (1)管理評審小組填寫《糾正和預防措施處理單》中「不合格事實」欄，確定責任部門。<br>(2)由責任部門填寫「原因分析」欄，制定糾正措施並實施，由品管部跟蹤驗證實施效果。 |

續表

| | |
|---|---|
| 出現重大環境污染或環境事故時 | 由品管部填寫《糾正和預防措施處理單》中「不合格事實」及「原因分析」欄，確定責任部門；由責任部門填寫糾正措施並實施，生產部負責跟蹤驗證實施效果。 |
| 顧客對產品品質進行投訴時 | ⑴由市場行銷部填寫《糾正和預防措施處理單》中「不合格事實」欄，轉品管部確認並確定責任部門。<br>⑵由責任部門分析原因，制定糾正措施並實施，品管部跟蹤驗證實施效果並將結果回饋給市場行銷部，由市場行銷部及時轉告顧客並取得顧客的信任。 |

### 3. 確定糾正措施的注意事項

⑴對於上述情形，需要採取糾正措施的，由品管部簽發《糾正和預防措施處理單》，責任部門(單位)負責人簽字認可。

⑵糾正措施的對象是針對產生不合格、缺陷或其他不希望情況的原因，最終達到消除這個原因的目的。

⑶糾正措施的制定，要視該不合格對組織綜合的影響程度而定，包括考慮企業宗旨、市場形象、信譽、成本、效益等，要處理好風險、利益和成本之間的關係。

⑷採取糾正措施，不能僅局限於發生了不合格品才去查找原因的「事後」處理辦法，更應重視「生產中可能出現不合格品的」的「事前」預防措施，將不合格品控制在生產過程中。

⑸對產生不合格品的現象，企業應本著發現問題、分析原因、改進缺陷的順序，完成對不合格品的管理循環，形成管理的「計劃——實施——檢查——糾正(PDCA)循環」。同時，按照「原因要查出、責任要分清、糾正措施要落實」的原則進行。

⑹對於預防、糾正措施，必須在「實施前加以評價，實施中加以跟蹤，實施後加以驗證」。

⑺為保證預防、糾正措施的正確性、有效性，企業應制定一套完整的「不合格品預防、糾正措施管理辦法」，以便對不合格現象進行糾正與預防，並將其納入文件管理。

⑻糾正措施的實施隨著發現品質問題而開始，並涉及採取措施，消除、減少問題的重複發生。糾正措施也包括對不能令人滿意的產品的返修、返工、追回或報廢。

## 第4章 糾正不合格現象的程序

### 1. 嚴重性評價

應根據品質問題對加工成本、品質成本、性能、可信性、安全性和顧客滿意等方面潛在影響的程度來評價其對產品品質影響的嚴重性，包括體系和產品品質方面的不合格；特別應注意由於不合格所引發的顧客抱怨。

### 2. 可能原因的調查

⑴應確定影響過程能力滿足規定要求的重要因素。

⑵應通過調查，分析查明品質問題發生的原因（包括各種潛在的原因）和所造成影響之間的關係，並記錄調查結果。

### 3. 問題的分析

⑴在制定預防措施前、分析品質問題時，應確定產生問題的根本原因。

⑵由於根本原因通常不很明顯，因此需要仔細分析產品的規範以及所有有關的過程、操作、品質記錄、服務報告和顧客意見，在分析問題時也可使用統計方法。

⑶應考慮建立一個文件，列出不合格項目與異常現象對比表，

以幫助識別有共性的問題。

### 4. 消除原因

⑴應採取適當步驟，以消除產生實際或潛在不合格的原因。

⑵實際原因或潛在原因的確定可能會導致對製造、包裝、服務、運輸或儲存等相關程序，以及產品規範和品質體系文件的修訂。

### 5. 過程控制

⑴為避免問題的再次發生，應對有關過程和程序進行必要的控制。在實施糾正措施時，應監視其效果以保證達到預期目的。

⑵糾正措施是否需要制定及怎樣制定，應通過綜合考慮其對組織的影響程度後再做出決定。

## 第5章　潛在不合格現象的預防

### 1. 作用

組織應識別潛在的不合格現象，並採取預防措施，以消除潛在不合格現象，防止不合格現象的實際發生，減少不合格現象帶來的損失，降低品質成本。所採取的預防措施應與潛在問題的影響程度相適應。

### 2. 識別潛在不合格現象

⑴品管部要及時重點分析如下記錄。

①供應商供貨品質統計、產品品質統計(如調查表、排列圖等)、市場分析、顧客滿意程度調查、環境品質統計等。

②以往的內審報告、管理評審報告。

③糾正、預防、改進措施執行記錄等。

⑵識別潛在不合格現象，以便及時瞭解品質體系運行的有效性，過程、產品、環境品質趨勢及顧客的要求和期望；並在日常對體系運作的檢查和監督過程中，及時收集、分析各方面的回饋信息。

### 3.潛在不合格現象的預防措施

⑴發現有潛在的不合格事實時，應根據潛在問題的影響程度確定輕重緩急，由品管部召集相關部門討論原因，評價防止不合格現象發生的措施，並制定出預防措施和責任部門。

⑵品管部填寫《糾正和預防措施處理單》的潛在不合格事實欄，經責任部門分析原因後，制定預防措施並加以實施，由品管部跟蹤驗證實施效果。

### 4.評審所採取的預防措施

⑴品管部經理對預防措施的有效性進行評審，並在《糾正和預防措施處理單》上簽名確認。

⑵當確認潛在不合格原因是由於品質管理體系有關文件的不完善所致時，應對相關文件修改的必要性進行評審，並予以實施，執行《品質文件控製程序》中關於文件更改的有關規定。

## 第 6 章　效果驗證與糾正改進

### 1.效果驗證

責任部門(單位)實施糾正措施，品管部進行效果驗證。驗證的內容包括以下 4 個方面。

⑴計劃中的各項措施是否都已完成。

⑵發現的事故及事故隱患是否得到處理。

⑶反映出的潛在的不合格因素是否已消除(適用預防措施)。

⑷糾正、預防措施的實施是否有記錄可查。

### 2.糾正改進

⑴對有效性不顯著的糾正和預防措施，提出課題，組織攻關活動。

⑵對有效性顯著的糾正和預防措施，應使其標準化，以形成規

範的工作標準。

## 第 7 章　糾正的跟蹤評審

在完成糾正措施並經驗證以後，還可能對一些後續問題實施進一步跟蹤，記錄糾正措施的結果，以及評審所採取的糾正措施的有效性。

### 1. 跟蹤的目的

不合格現象糾正的跟蹤有 3 個方面的目的。

⑴促使受審核方採取有效的糾正和預防措施，並驗證糾正和預防措施的有效性。

⑵督促受審核方實施糾正、預防，促使受審核方不斷地進行改進。

⑶要向管理層報告改進的情況。

### 2. 跟蹤工作的作用

⑴促進不合格現象的改進。

①可促使受審核方針對實際或潛在的不合格現象採取糾正和預防措施。

②可督促受審核方實施糾正預防措施。

③使受審核方建立並防止不合格現象再次發生的有效機制。

④促使受審核方不斷地進行品質改進工作。

⑵證實作用

跟蹤工作可以進一步證實糾正預防措施的適宜性和有效性。

### 3. 跟蹤工作中審核員的職責

⑴證實受審核方已經找到不合格現象產生的原因。

⑵對已採取的糾正和預防措施實施後的效果進行驗證。

⑶在跟蹤過程中，審核員要瞭解和掌握所涉及的人員對糾正和

預防措施的認識；必要時，還要對其進行適當的培訓。

⑷審核員要記錄所採取的糾正和預防措施，並對有關文件進行改進；同時，要向有關主管報告跟蹤的結果。

4. 跟蹤的範圍

跟蹤的範圍常因需要而擴大，對有效性的驗證也因內部管理的需要而更為嚴格。

## 第六節　案例：日立的品質改善體系

日立公司是世界上最大的電器設備製造商之一。日立之所以能夠取得如此巨大的成功，主要在於它的兩大法寶，一是十分注重技術革新和應用，二是持續不斷的品質改善。

在技術革新與應用方面，日立公司建立了完善的研究與開發體制，在美國建立了兩個研究開發中心，在歐洲合作建立了兩個研究所。1997 年，公司共有研究人員 1.7 萬名，分佈於 35 個研究所。研究與開發經費近 50 億美元，約佔公司年銷售額的 7%。

在品質管理方面，日立公司繼承了日本企業重視品質的傳統，是世界上產品品質最過硬的公司之一。品質管理直接關係到企業的生存和發展。品質的嚴格把關和技術革新，可以說是日立公司企業管理的重點和精髓。

表 6-6-1　日立的品質改善體系內容

| 體系內容 | 說　明 |
| --- | --- |
| 樹立「無次品」的品質管理觀念 | 在日立公司的品質圖表上，廢品率以百萬分數表示，長遠目標是零。宣傳「每個不良品都是寶」的觀念，對不良品進行仔細研究，找出品質管理中存在的問題 |
| 品質管理面向消費者 | 日立認為「品質管理就是發展、設計、生產和服務於一種優質產品，這種產品應是最有用，並使消費者滿意」；提出「最現實的品質好壞標準就是客戶是否滿意」和「百分之一的次品對客戶來說就是百分之百的次品」的品質觀念 |
| 產品的適用性和人文思想 | 不以合格率為主要標準，擴大產品優等率；重視品質管理中人的因素，強調全員參與品質管理 |

心得欄 ------------------------------------

# 第 7 章

# 品管部如何進行品質控制

## 第一節　品質管理主管的崗位職責

品質管理主管在品管部經理的主管下，具體負責企業全面品質控制工作。主要職責如下。

1. 根據企業整體品質狀況制定《品質控制方案》，監控產品全過程品質狀況，定期評估《品質控制方案》。

2. 根據企業總體品質方針的規定，草擬品質控制的相關制度，制定新產品開發品質標準，經批准後執行。

3. 針對產品特點，制定生產品質保證計劃和品質檢驗規範。

4. 跟蹤確認技術狀態對產品品質的影響，論證其合理性。

5. 制定產品品質檢驗、產品信息流程回饋、統計工作標準。

6. 負責主管 QCC 及 QC 小組的日常工作。

7. 跟蹤產品的使用情況並提供改善意見。

8. 總結產品品質問題並督促相關部門及時解決。

# 第二節　品質控制管理流程

## 一、工序品質控制流程

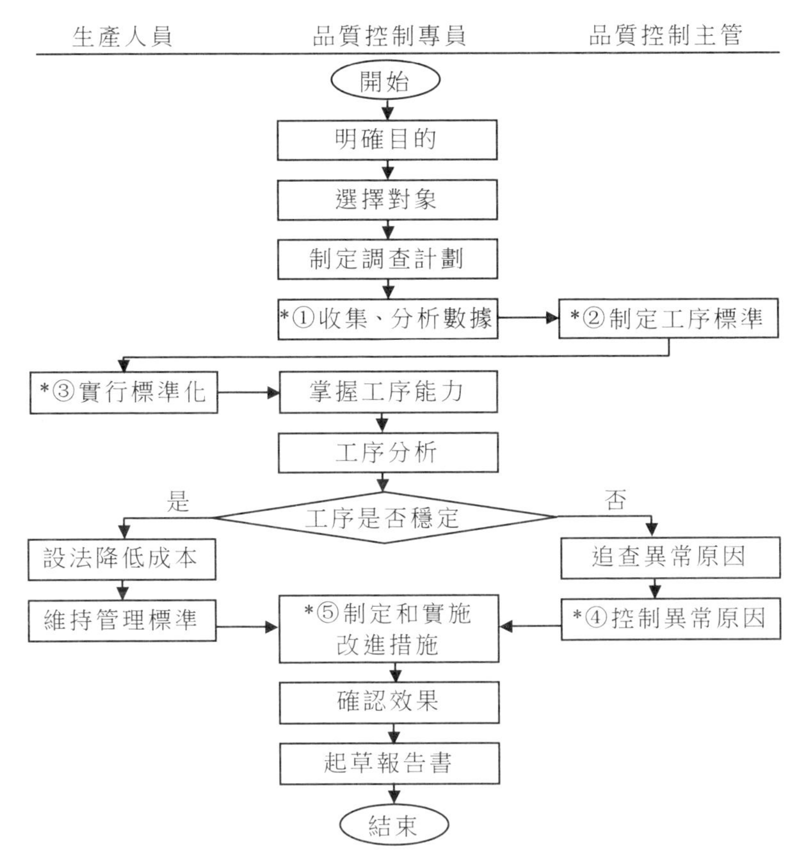


*①：品質控制專員根據調查、收集的數據進行分析，為品質控制主管制定工序標準提供依據。

*②：品質控制主管根據分析數據及公司的品質方針，制定具體的工序品質標準。

*③：生產人員按照既有的工序品質標準，進行生產活動。

*④：品質控制主管根據工序不穩定產生的原因，對異樣原因進行控制。

*⑤：品質控制專員根據生產執行情況及品質控制主管對異樣原因的分析，提出改進措施。

## 二、生產品質管理流程

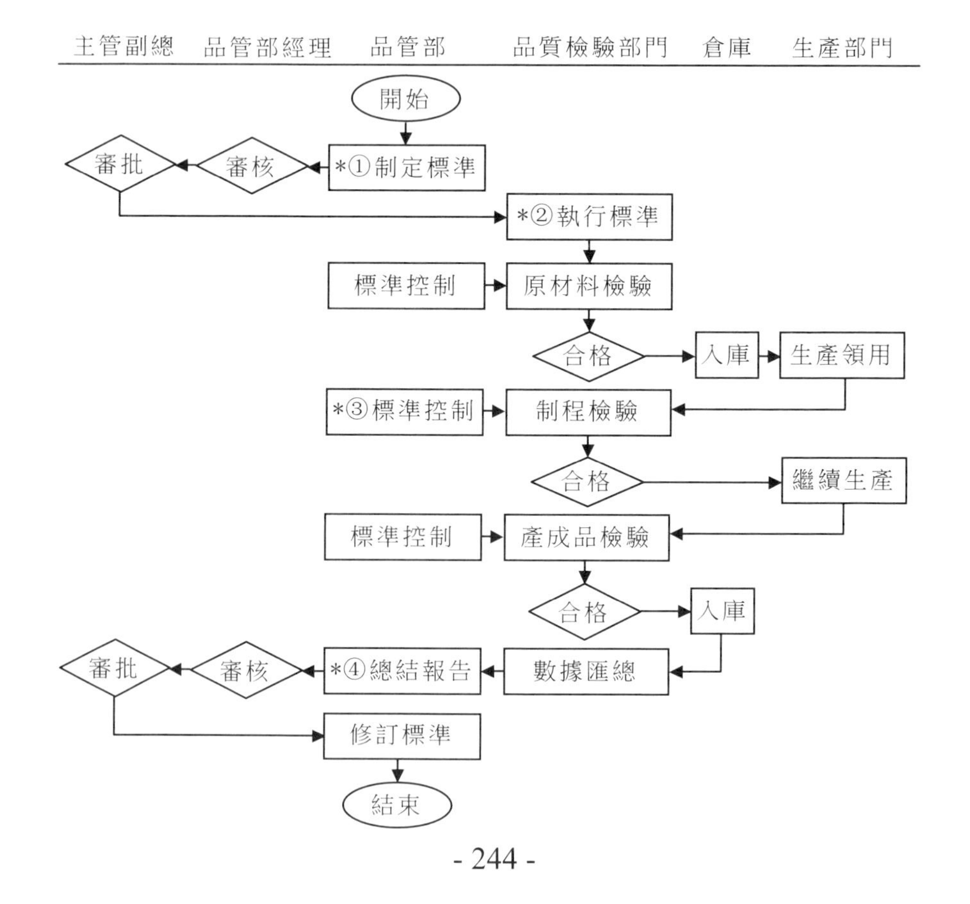

*①：品質控制部門按照公司品質方針的要求，制定生產品質質檢標準。

*②：各品質檢驗部門負責執行具體的質檢標準。

*③：品質控制部門對原材料、生產過程及產成品分別進行質檢標準控制。

*④：通過對質檢標準執行情況的總結，進一步修訂質檢標準。

## 三、品質記錄控制流程

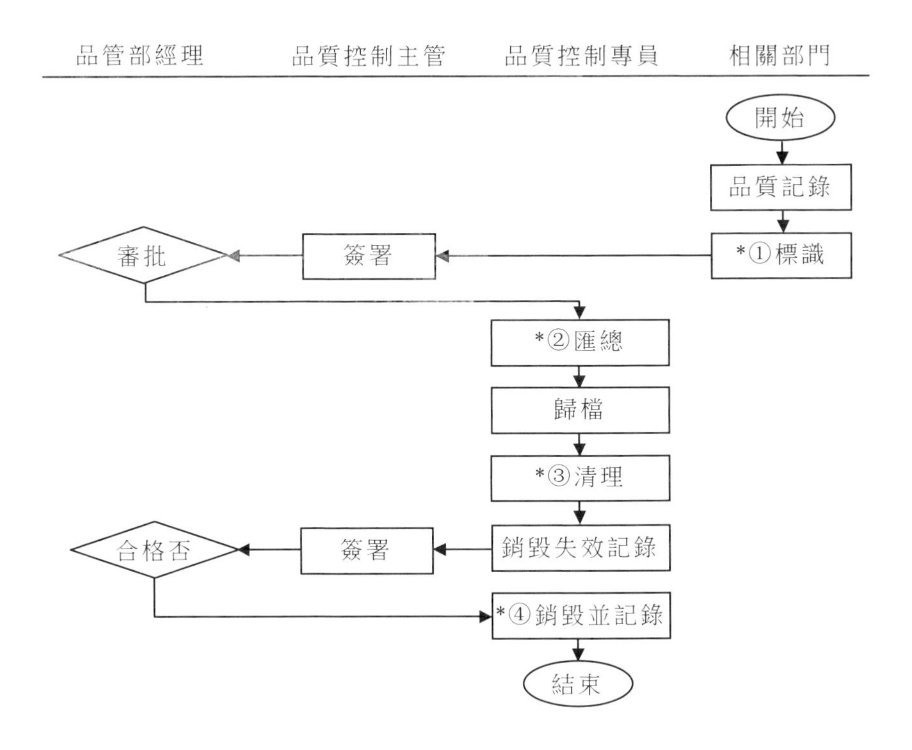

*①：相關部門對產生的品質記錄進行標識管理，並報品管部門審批。

*②：品質控制專員對已批准的品質記錄進行匯總、歸檔。

*③：品質控制專員對品質記錄定期進行清理。將失效的記錄列入銷毀清單，報主管審批。

*④：品質記錄必須由品質控制專員進行銷毀並做記錄。

## 四、日常品質管理流程

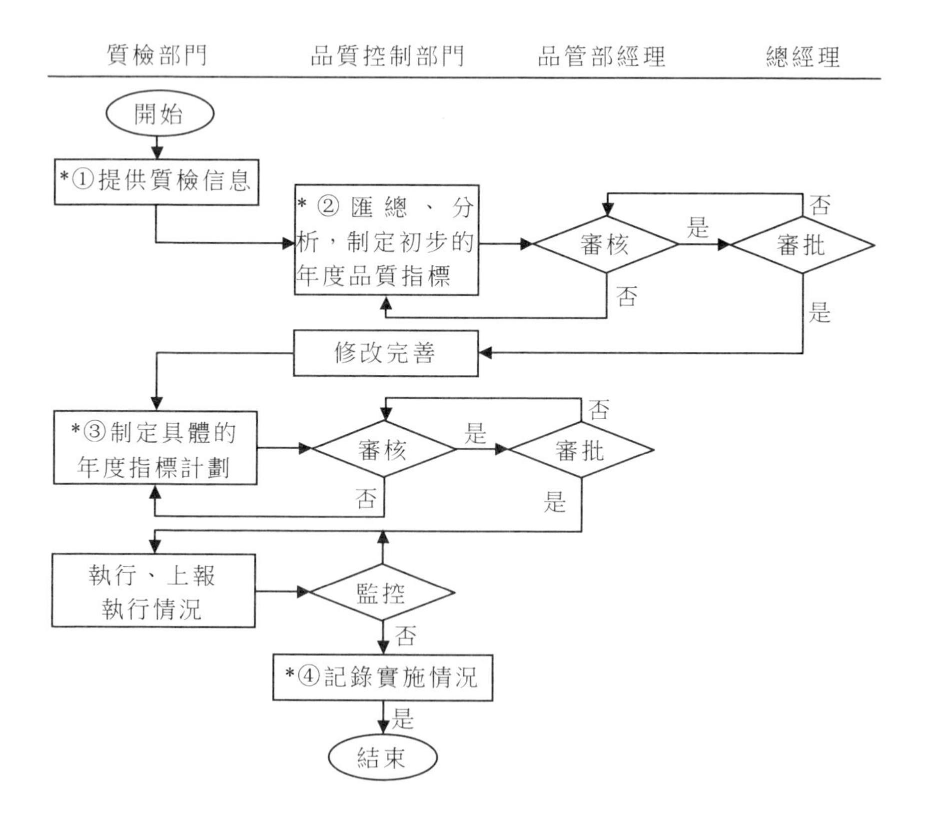

*①：品質檢驗部門定期向品質控制部門提供最新的質檢信息。

*②：品質控制部門通過對品質檢驗部門提供的資料進行匯總、分析，確定年度品質目標。

*③：質檢部門根據年度品質目標確定年度指標計劃。

*④：品質控制部門通過對質檢執行情況的監控，記錄實施情況。

# 第三節　品質控制管理制度

## 一、品質日常檢查制度

### 第1章　總則

第1條　目的。

為了避免因人員疏忽而導致不良的影響，使全體員工重視品質管理，確實為提高產品品質、降低成本而努力。

第2條　範圍。

⑴工作檢查。

⑵生產操作檢查。

⑶自主檢查。

⑷外作廠商品質管理檢查。

⑸品質保管檢查。

⑹設備維護檢查。

⑺廠房安全衛生檢查。

⑻其他可能影響產品品質者。

第3條　檢查的頻率。

依檢查範圍的類別，以及對產品品質影響的程度而定。

第 4 條　檢查的項目。

依檢查範圍的類別而定，詳如實施要點。

第 5 條　檢查資料的回饋。

要轉交有關部門進行研討、改進，並作為下次檢查的依據。

第 6 條　實施部門。

品質控制部門及各相關部門。

## 第 2 章　實施要點

第 7 條　工作檢查。

⑴內容。必須由各部門主管配合執行。

⑵頻率。

①正常時每週一次，每次 2～3 人，但至少每月一次。

②新進人員開始時每週一次；至其熟練後，與其他人員一樣，依正常時的頻率。

③特殊重大的工作則視情況而定。

⑶《工作檢查表》如下表所示。

表 7-3-1　工作檢查表　　日期：　　年　月　日

| 檢查項目 | 實際情形 | 評價 |
|---|---|---|
| 工作進度情況 | | |
| 是否能夠按規定程序工作 | | |
| 是否能與他人密切配合 | | |
| 工作效率與品質 | | |
| 工作熟練度 | | |
| 是否對工作充滿熱情 | | |
| 是否按品質標準要求完成工作 | | |
| 是否有改進工作方法的意見建議 | | |
| 其他 | | |

填表人：　　　　　　　　　　主管(簽字)：

第 8 條　品質保管檢查。

⑴內容。原料、加工品、半成品、成品等。

⑵頻率。每週一次。

《品質保管檢查表》如下表所示。

表 7-3-2　品質保管檢查表

| 檢查項目 | 實際情形 | 備註 |
| --- | --- | --- |
| 是否按指定位置存放 | | |
| 是否備有消防設備 | | |
| 溫度、濕度、通風、照明是否適宜 | | |
| 是否按物品類別分別存放 | | |
| 實際數量與賬面數量是否相符 | | |
| 物品品質有無變化 | | |
| 度量器具是否精確 | | |
| 是否指定專人進行管理 | | |
| 其他 | | |

填表人：　　　　　　　　　　　　主管(簽字)：

第 9 條　設備維護檢查。

⑴頻率。每週 2 次，每次 2～3 台設備。

⑵《設備維護檢查表》如下表所示。

表 7-3-3 設備維護檢查表

設備名稱：　　　　　　　　　　日期：　　年　月　日

| 檢查項目 | 實際情形 | 備註 |
| --- | --- | --- |
| 附近的環境是否整潔 | | |
| 是否依操作標準操作 | | |
| 是否按規定保養 | | |
| 使用人是否知曉異常情況處理程序 | | |
| 保養、維修是否有記錄 | | |
| 其他 | | |

第 10 條　廠房安全衛生檢查。

⑴頻率。每週一次。

⑵《廠房安全衛生檢查表》如下表所示。

表 7-3-4 廠房安全衛生檢查表

日期：　　年　月　日

| 檢查項目 | 實際情形 | 備註 |
| --- | --- | --- |
| 消防設施、設備放置是否適當，且未失效 | | |
| 易燃、易爆物品是否定點存放 | | |
| 企業安全衛生條例是否得到落實 | | |
| 是否有大聲喧嘩的事情 | | |
| 停車場的車輛排列是否有序 | | |
| 環境是否整潔、垃圾處理是否良好 | | |
| 食堂場所是否清潔、設備是否良好 | | |
| 其他 | | |

### 第 3 章　附則

第 11 條　本規定經品質管理委員會核定後實施，修正時亦同。

## 二、品質管理責任制度

### 第 1 章　總則

第 1 條　目的。

為了更好地落實各項品質管理工作，提高企業管理運行效率，促進企業品質管理水準的提升，特制定本制度。

第 2 條　適用範圍。

本公司所有與品質管理有關的部門。

### 第 2 章　管理責任

第 3 條　企業最高管理者的品質管理責任。

⑴認真貫徹執行關於產品品質方面的法律、法規和政策。

⑵負責主管和組織企業品質管理的全面工作，確定企業品質目標，組織制定產品品質發展規劃。

⑶督促檢查企業品質管理工作的開展情況，確保實現品質目標。

⑷隨時掌握企業產品的品質情況，對影響產品品質的重大技術性問題，組織有關人員進行檢查。

⑸負責處理重大品質事故。

⑹經常分析企業產品品質情況，負責產品品質的獎懲工作。對一貫重視產品品質的先進典型和先進個人進行表彰和獎勵；對於嚴重品質事故，要查明原因，分清責任，嚴肅對待，情節惡劣的還要給予處罰或降職處分。

⑺負責組織抓好品質管理教育，主管全公司員工開展產品品質

活動。對產品品質的薄弱環節和重大品質問題，組織品質攻關。

⑻徵求用戶意見，搞好信息回饋工作，將用戶意見向全公司公佈，並根據用戶意見及時研究提高品質的措施。認真解決用戶所反映的問題。

⑼帶領全公司各層主管和員工，高標準，嚴要求，統籌抓好品質管理工作。

**第 4 條** 分管生產、品質管理副總經理的品質管理責任。

⑴在企業最高管理者的主管下，對全公司的品質管理工作負主要責任。

⑵認真貫徹執行關於產品品質方面的法律和政策。

⑶組織制定企業標準的規劃目標。

⑷針對影響產品品質的技術性難題，制定有關方案、計劃，並負責主管實施。

⑸針對產品品質的薄弱環節，發動員工進行品質攻關，大搞技術革新，切實解決影響品質的因素，努力提高產品品質。

⑹組織全公司的品質攻關活動，認真總結、交流提高產品品質的經驗，制定趕超國內外先進水準的規劃，落實提高產品品質的措施。

⑺協助企業最高管理者處理重大責任事故，並組織有關部門分析原因，提出改進措施。

⑻經常聽取品質檢查的彙報，積極支援品管部的工作，努力提高產品品質。

⑼負責組織各部門經理定期召開品質分析會議，徵求意見，採納合理化建議，抓好品質管理工作。

⑽協調生產部、品管部之間的關係，確保產品品質不斷提高。

第 5 條　品管部的品質管理責任。

⑴負責制定技術規程及產品品質標準。隨著產品品質不斷提高，技術規程也要不斷進行修改和補充。修改補充必須經過分管副總經理的審批，對與技術規程有關的品質負責。

⑵應向採購部提供符合技術要求的原料品質標準，並由專人檢驗入廠的各種原材料。不合格的原材料經過加工，仍達不到使用要求時，為確保品質，應提出措施報分管副總經理批准後，方可投產。

⑶負責會同有關部門制定和提出原材料、半成品及生產過程的檢驗項目和檢查方法，並經常檢查執行情況和組織統一操作。企業使用的標準試劑由技術部統一分配，對試劑和所使用的儀器的準確性負責，並應定期校正。

⑷協助副總經理組織全公司品質活動，總結、交流提高品質的經驗，制定提高產品品質的措施，制定趕超國內外先進水準和提高產品品質的計劃；定期組織品質分析會，並把有關情況向企業最高管理者和分管經理彙報；經常組織化驗人員參加學習，提高技術管理水準。

⑸為了提高產品品質，趕超國內外先進水準，負責收集、整理和交流國內外技術情報，並建立技術檔案。

⑹實行專職質檢人員與生產責任人自檢相結合。專職檢查人員要認真、負責、及時地將檢查結果通知給有關部門，共同把好品質關，對出廠成品評定的等級負直接檢查的責任，不得弄虛作假，以次充好。

⑺對所用的檢測儀器的準確性負責，應定期進行校正；嚴格遵守操作規程和維護保養規定，為保證產品品質創造條件。

第 6 條　採購部的品質管理責任。

企業生產所需的各種材料的優劣將直接關係到產品品質的優劣。為了提高產品品質，滿足用戶要求，採購人員要積極地採購符合企業品質標準的材料，確保生產正常。

⑴備品、備件。專用器材、化工原料等的採購，必須符合生產技術要求；經品質檢驗仍不符合技術品質標準要求的，必須辦理退貨手續。

⑵經化驗檢查不符合標準的材料，不准入庫，更不准投入生產。

第 7 條　倉儲部的品質管理責任。

⑴在辦理生產所用原材料入庫時，一定要查驗貨物是否附有品質檢驗部門所出據的化驗分析或檢測報告單。沒有報告單，或雖有報告單但不經品質檢驗的貨物，一律不予辦理入庫手續。

⑵入庫貨物要分類存放，要根據貨物的特性，採取必要的防護措施，做到防銹、防腐、防黴爛、防變形、防損失等，以確保在儲存過程中不損壞、不變質、不變形。

第 8 條　設備部的品質管理責任。

⑴在自製備品、備件的加工過程中，一定要嚴格按照圖紙及加工要求進行加工，並保證備品、備件的加工品質，經品質檢測合格後方可辦理入庫。

⑵在提出備品、備件的技術要求時，應做到數量、規格、型號、性能及產地準確、清晰，不得出錯，以保證所購備品、備件的技術要求。

⑶及時對所購備品、備件進行品質檢查、驗收，並出據檢查報告。

第 9 條　調度室的品質管理責任。

調度人員必須牢固樹立「品質第一」的態度，要緊緊圍繞產品品質、產量搞好組織協調、監督、平衡工作。

第 10 條　財務部的品質管理責任。

認真開展品質成本的核算與分析工作，協助品管部搞好產品品質的技術經濟分析工作。

第 11 條　市場行銷部的品質管理責任。

⑴嚴格按照銷售合約規定，組織發貨，產品品質要符合用戶要求，不得出錯；如造成因錯發而產生的損失，將追究責任。

⑵定期走訪用戶，負責收集用戶對公司所提出的意見，進行匯總分析後，向有關彙報。

第 12 條　人力資源部的品質管理責任。

⑴針對公司產品生產情況，組織有關人員進行品質管理培訓學習，提高技術水準和操作技能，增強生產一線員工的品質意識。

⑵積極採用現代化管理手段，提高企業的產品品質。

第 13 條　生產部、原料部的品質管理責任。

⑴在領料時要嚴格按照技術規程對原材料品質和技術性能的要求，不得擅自改變有關技術標準。

⑵在投料時，要按技術規程規定的原料配比進行。

⑶積極配合技術部對技術規程進行修改，不斷提高技術規程的合理性、科學性。

⑷認真做好品管部在生產流程中設置的技術品質控制點上進行半成品品質檢測分析工作。

⑸隨時接受品管部的品質監督和技術指導。

⑹積極協助有關部門對提高產品品質而進行的技術改造工作。

⑺積極協助有關部門彙報生產中所出現的品質問題，不得隱瞞事實真相。在合理的技術規程指導下，必須對整個生產控制過程和

產品品質負責；同時，也必須對產品在用戶使用時與生產相關的品質負責。

第 14 條　生產部管理人員的品質管理責任。

⑴深入進行「品質第一」的教育，認真執行以「預防為主」的方針，組織好自檢、互檢工作，支援專職檢驗人員的工作，把好品質關。

⑵嚴格貫徹執行技術操作規程，有組織、有秩序地生產，保持環境衛生，提高產品品質。

⑶掌握本單位的品質情況，表揚重視產品品質的好人、好事；對不重視產品品質的員工進行批評教育。

⑷組織工廠員工參加技術學習，針對主要的品質問題提出課題，發動員工開展技術革新與合理化建議活動；對產品品質存在的問題和品質事故要分析其原因，積極向有關部門提出，共同研究解決。

⑸對不合格產品進入其他部門，要負主要責任。

第 15 條　生產班組長的品質管理責任。

⑴堅持「品質第一」的方針，對本班組人員進行品質管理教育，認真貫徹執行品質制度和各項技術規定。

⑵尊重專檢人員的工作，並組織好自檢、互檢活動，嚴禁弄虛作假行為；開好班組品質分析會，充分發揮品質管理的作用。

⑶嚴格執行技術操作規程，建立員工的品質責任制，重點抓好影響產品品質關鍵崗位的工作。

⑷組織有序的文明生產，保證品質指標的完成。

⑸組織本班組參加技術學習，針對影響品質的關鍵因素，開展革新和合理化建議活動；積極推廣新技術的交流和技術協作，幫助

員工練好基本功，提高技術水準和品質管理水準。

⑹組織班組員工對品質事故進行分析，找出原因，提出改進辦法。

第 16 條　員工的品質管理責任。

⑴要牢固樹立「品質第一」，精益求精，做到好中求多、好中求快、好中求省。

⑵要積極參加技術學習，做到四懂，即懂產品品質要求、懂技術、懂設備性能、懂檢驗方法。

⑶嚴格遵守操作規程，對本單位的設備、儀器、儀表，要做到合理使用、精心使用、精心維護，保持其良好狀態。

⑷認真做好自檢與互檢，勤檢查；若及時發現問題，就要及時通知下一個崗位，做到人人把好品質關。

⑸對產品品質要認真負責，確保表裏一致，嚴禁弄虛作假。

### 第 3 章　附則

第 17 條　本制度由品管部制定，經總經理批准執行。

第 18 條　本制度自××××年××月××日起執行。

## 三、品質記錄管理制度

### 第 1 章　總則

第 1 條　目的。

為提供符合要求的品質管理體系有效運行的證據，保證品質管理工作的真實性、規範性、可追溯性，有效控制品質記錄和憑證，特制定本制度。

第 2 條　使用範圍。

本制度適用於公司品質管理體系記錄及憑證的管理。

第 3 條　管理職責。

⑴品質控制部門為品質記錄的管理部門，其他部門對各自的品質記錄進行管理。

⑵品質控制部門負責擬訂品質記錄的目錄，並報企業負責人確認。

⑶品質控制部門負責品質記錄的審核、編號、修訂、式樣存檔等工作。

⑷品質控制部門負責對其他部門品質記錄的起草和存檔進行指導、監督、檢查。

⑸各部門對本部門品質記錄進行管理，確保達到及時、準確、完整、真實。

## 第 2 章　品質記錄內容

第 4 條　產品品質記錄。

這些記錄包括下列類型的文件。

⑴產品規範。

⑵主要設備的圖紙、原材料構成說明書。

⑶原材料實驗報告。

⑷產品製造各階段的核對總和實驗報告。

⑸產品允許偏差和獲得認可的詳細記錄。

⑹不合格材料及其處理的記錄。

⑺委託安裝和保修期內服務的記錄。

⑻產品品質投訴和採取糾正措施的記錄。

第 5 條　品質體系運行記錄。

這些記錄將證實品質體系的正常運作，包括標準操作程序的有效運行。

⑴品質審核報告和管理評審記錄。

⑵對供方及其定額的認可記錄。

⑶過程控制和糾正措施記錄。

⑷試驗設備和儀器的標識記錄。

⑸人員資格和培訓方面的記錄。

## 第3章　品質記錄管理要求

第6條　記錄的起草和審核。

⑴各部門負責本部門所需品質記錄的設計，編制本部門品質記錄目錄。

⑵品質控制部門對各部門所設計的品質記錄和編制的品質目錄進行審核。

第7條　品質記錄的保存形式。

品質記錄可以紙張和信息化等形式進行記錄和保存。

第8條　品質記錄的內容要求。

各種品質記錄的內容應不少於有關法律、法規及行政規章規定的項目內容，但可根據本企業實際經營管理工作的需要增加其他項目內容。

第9條　品質記錄的標識和存檔。

⑴各種品質記錄的原始資料應由該品質記錄的使用部門負責按規定年限保存。

⑵裝訂的封面應標明品質記錄的名稱、編號、時間範圍和保存期限。

第10條　品質記錄的填寫。

⑴品質記錄的填寫要及時、真實、內容完整(不空格、不漏項)、

字跡清晰，不能隨意塗改，沒有發生的項目記「無」或作「/」標記，有關記錄人員應簽全名，確保品質記錄能夠容易被識別。

⑵填寫不當需要更改時，應用「——」劃去原內容，寫上更改後的內容，並在更改處由更改人簽名(章)，原內容應清晰可辨；日期用××××年××月××日表示。

第 11 條　品質記錄的儲存、保護。

⑴品質記錄應指定專人統一妥善保管，防止損壞、變質、蛀蝕、發黴、遺失。

⑵品質記錄應分類儲存，編制目錄或索引，註明編號、內容，以便於檢索。

⑶每年定期由品質控制專員進行品質記錄歸檔。

⑷外部門借閱品質記錄時，需經品質控制主管批准。

第 12 條　品質記錄的處置。

⑴對已經超過保存期限的品質記錄，要統一進行處置。

⑵統一處置的記錄要經過企業品質負責人(主要負責人)審批。

⑶品質記錄的處置要有專人負責，可採用粉碎、燒毀等方式。

## 第 4 章　附則

第 13 條　本制度由品管部負責解釋、修改。

第 14 條　本制度自發佈之日起執行。

# 四、內部品質監審制度

## 第1章　總則

第1條　目的。

為保證本公司品質管理制度的推行，並能提前發現異常，迅速處理、改善，藉以確保及提高產品品質符合管理及市場需要，特制定本制度。

第2條　適用範圍。

適用於本公司內部品質監審的相關業務。

第3條　內部監審的組成人員。

內部品質監審人員由監審負責人與監審員組成。

⑴監審負責人。監審負責人由品質控制主管擔任。

⑵監審員。監審員由品質控制專員組成。

## 第2章　監審管理

第4條　內部品質監審的權限。

內部品質監審員的權限包括下列各項。

⑴內部品質監審員可對接受監審部門的相關人員提出監審上必要的各項資料，並請求協助與監審有關的附帶事項。

⑵內部品質監審員可依需要，請求被監審部門相關人員以外的人會同檢察，確認及徵求其意見。

⑶品質監審員可依需要，進入製造部門設施內的任何場所。

第5條　內部品質監審員的注意事項。

⑴一切內部品質監審的實施必須依據事實進行，在表明其判斷與意見時，需秉持公正不偏的態度。

⑵在業務處理、方法等方面，不得對被監審部門直接下達命令或指揮。

⑶在沒有正當理由的情況下，不得將職務上獲知的事項洩露給其他人員。

⑷在實施內部品質監審時，必須設法使監審工作不過度妨礙被監審部門的日常業務。

## 第 3 章　被監審管理

第 6 條　被監審部門。

所有與品質體系有關的部門。

第 7 條　被監審部門的負責人。被監審的部門由其部門最高主管擔任負責人。

第 8 條　被監審部門的義務。

被監審部門必須接受內部品質監審的實施。在沒有正當理由的情況下，不得拒絕接受監審或做不實報告。

## 第 4 章　內部監審規範

第 9 條　內部監審規範的制定。

⑴各項品質標準。品質管理部會同製造部、營業部、研發部及有關人員，依據「操作規範」，並參考以下方面內容制定各項品質標準。

①國家標準。

②同業水準。

③國外水準。

④客戶需求。

⑤本身製造能力。

⑥原材料供應商水準。

⑵品質監審規範。品質管理部召集製造部、營業部、研發部及有關人員，按原物料、在製品、成品將下列內容填註於《品質標準及監審規範設(修)訂表》內，交有關部門主管核簽且經總經理核准後，分發有關部門憑此執行。

①檢查項目。

②料號(規格)。

③品質標準。

④檢驗頻率(取樣規定)。

⑤檢驗方法及使用的儀器設備。

⑥允收規定等。

第 10 條　內部監審規範的修改。

⑴各項品質標準、監審規範若因以下因素變化，可以予以修訂。

①機械設備更新。

②技術改進。

③製程改善。

④市場需要。

⑤加工條件變更。

⑵品管部每年年底前至少重新校正一次，並參照以往品質實績，會同有關單位檢查各料號(規格)的各項標準及規範的合理性，酌情予以修訂。

⑶在品質標準及檢驗規範修訂時，品管部應填立《品質標準及檢驗規範設(修)訂表》，說明修訂原因，並交有關部門會簽意見，呈現總經理批示後，方可憑此執行。

## 第 5 章　內部監審控制

第 11 條　內部品質監審計劃。

監審負責人須負責制作各年度的《內部品質監審計劃書》，明確內部品質監審活動的基本方向，並取得品管部經理的認可。

**第 12 條** 內部品質監審的區分及實施時間。

內部品質監審可分為定期內部品質監審與臨時內部品質監審，依照下列方式進行。

⑴定期內部品質監審是指以事前制定的《內部品質監審計劃書》為依據，以持續方式進行的監審。

⑵臨時內部品質監審是指依情況需要而進行的監審。

**第 13 條** 內部品質監審的通知。

監審負責人在實施內部品質監審之前，必須通知接受監審部門的負責人；但在緊急情況或特別必要的狀況下，可不需事前通知。

**第 14 條** 聽取被監審部門的意見。

內部品質監審員在部份或全部的內部品質監審進行完畢時，必須向接受監審的部門有關人員說明監審結果並聽取其意見。

**第 15 條** 報告的義務。

監審負責人需在內部品質監審完畢後，迅速將《內部品質監審報告書》整理出來，並根據需要加入不合適事項及必須改正的事項，向品管部經理提出報告。

**第 16 條** 分發《內部品質監審報告書》複本。

⑴監審負責人須提供《內部品質監審報告書》的複本給被監審部門的負責人。

⑵監審負責人如認為必要，還要將《內部品質監審報告書》的複本提供給各相關部門。

**第 17 條** 矯正措施。

接受監審的部門的負責人需針對《內部品質監審報告書》中指

出的必須改正的事項，迅速著手改善，並利用文書透過監審負責人，向負責品質的最高主管提出實施報告。

### 第 6 章　附則

第 18 條　本制度由品管部負責修改及解釋。

第 19 條　本制度自發佈之日起執行。

## 五、QCC 組織管理制度

### 第 1 章　總則

第 1 條　目的。

⑴提高全體員工的能力並促進群體合作。

⑵創造和諧愉快的工作場所。

⑶促進品質提升。

⑷增加客戶滿意程度，做出社會貢獻。

第 2 條　適用範圍。

公司所有人員。

### 第 2 章　QCC 組建及管理

第 3 條　組建原則。

以員工自發組織、自願加入為原則。

第 4 條　QCC 管理。

⑴管理架構。

高級管理層－籌劃委員會－協調官－輔導員－圈長－圈員。

⑵圈的組成。

①同部門範圍內原則上可以組建至多 2 個圈。

②一個圈的成員不允許超過 6 人。

③同一圈的成員在工作上相同、相近或互補。

④圈內成員具備基本的品質知識。

⑶圈長由圈員共同決定。

⑷每位圈員可同時參加兩個圈的活動(但需主管准許)。

⑸圈成立後，需向品管部門辦理登記。

⑹各圈圈員因工作關係，需參加或退出該圈時，需由圈長向品管部門辦理更正手續。

## 第3章　發佈會

**第5條**　內部發佈會。

圈成員可以不定期地舉行內部發佈會，交流意見，以尋求問題的解決辦法。

**第6條**　外部發佈會。

各個圈每月可以舉辦1～2次外部發佈會，對外宣傳自己的課題成果。高管以及品管部門人員可以不定期地參加，並聽取意見。

**第7條**　發佈會成果。

發佈會結束後10天內，圈長應提出「成果報告書」，送品管部門，開展評價、表彰工作。

## 第4章　獎勵

**第8條**　將圈工作與公司建議管理辦法對接，符合規定的按照規定予以獎勵。

**第9條**　公司提供品質知識的培訓，用來提高圈成員的素質。

**第10條**　公司每半年評選出優秀QCC，向其頒發證書以及一定的物質獎勵。

## 第5章　監督檢查以及培訓

**第11條**　高管人員不定期地對圈的工作進行監督檢查，提出問題，監督方向，給予技術指導。

第 12 條　品管部需要排定一個固定的圈培訓計劃，對圈內人員進行品質管理的統計方法、對 QCC 的正確認識、開展活動的程序步驟、參加活動的注意事項等方面的培訓。

## 六、生產現場的品質管理制度

### 第 1 章　總則

第 1 條　目的。

為了確保生產現場生產出穩定和高品質的產品，使企業增加產量，降低消耗，提高效益，特制定本制度。

第 2 條　管理範圍。

從原材料投入到產品形成的整個生產現場所進行的品質管理，具體包括影響產品品質的 4M1E(人、機器、材料、方法、環境)等諸要素。

第 3 條　基本原理。

現場品質管理以生產現場為對象，以對生產現場影響產品品質的有關因素和品質行為的控制和管理為核心，通過建立有效的管理點，制定嚴格的現場監督、核對總和評價制度以及現場信息回饋制度，進而形成強化的現場品質保證體，使整個生產過程中的工序品質處在嚴格的控制狀態，從而確保生產現場能夠穩定地生產出合格品和優質品。

### 第 2 章　主要內容

第 4 條　建立品質指標控制體系。

從產品技術指標到崗位責任制，從統計方法、考核的內容到獎懲制度，都必須體現「品質第一」，充實現場品質責任制的內容。

第 5 條　加強生產原料及工序在製品品質的管理。

對上道工序的來料進行檢驗、交接、處理過程的嚴格把關和對工序在製品的控制，使之既保證來料品質，消除混料和不合格品投料在生產現場的發生，又可避免因工序在製品過多而積壓大量的資金，影響企業資金週轉。

第 6 條　設置管理點。

依靠操作人員對生產工序的關鍵部位或關鍵品質特徵值影響因素進行重點控制，以保證生產工序處於穩定的控制狀態。

第 7 條　做好生產現場的品質檢測工作。

設置生產工序自檢員，制定自檢和互檢制度，使自檢與專職檢驗密切結合起來，把好「第一道工序」的品質關。

第 8 條　加強現場信息管理。

隨時掌握生產原料、工序在製品和產品品質以及工作品質的現狀，進行品質狀況的綜合統計分析，找出影響品質的原因，分清責任，提出改進措施，防患於未然。

## 第 3 章　現場品質管理點的管理

第 9 條　現場品質管理點的設立要求。

現場品質管理點是產品製造過程中必須重點控制的品質特性和環節。凡符合下列要求的，則需考慮設立現場品質管理點。

⑴產品性能、安全、壽命有直接影響的。

⑵出現不良品較多的工序。

⑶用戶反映、定期檢查等多次出現不穩定的項目。

⑷工序本身有特殊要求，或對下道工序有影響的品質特性，以及影響這些特性的支配性工序要素。

第10條　現場品質管理點的確定應由品質控制部門會同生產部和有關工廠，根據技術文件或內容標準的品質特性，共同認定後並經生產經理批准。

第11條　工序品質由工廠負責，按人、設備、材料、方法和環境五要素的內容展開，進行嚴格管理。在品質控制部門的組織下，工序品質的檢驗必須做到三自三檢，即自檢、自記、自分、首檢、中檢、終檢。

第12條　工序現場品質管理點的操作人員必須按文件的內容，保證進行正確操作、自檢和自控，並按要求做好原始記錄工作，及時分析，及時解決，及時上報回饋。

第13條　對於工序現場品質管理點上的設備、工裝、檢具，應建立、健全日常品質檢驗制度，並按規定進行定期檢查。

第14條　工序現場品質管理點應配備相應的設備操作規程。

第15條　工廠質檢員對現場品質管理點的活動資料應及時分析，每月匯總一次，向主管彙報。

第16條　公司根據企業有關制度，對工序品質管理好、產品品質穩定或有所提高的有關人員給予獎勵；對管理不好，造成品質下降的將給予處罰。

第17條　建立現場品質管理點的步驟。

⑴確定工序管理點，編制工序管理點明細表。應根據產品品質特性分級、技術規範和存在的品質問題。按建立管理點規則的要求，確定產品生產現場應建立的工序管理點，並編制《工序管理點明細表》。

⑵編制工序管理的有關文件。

①由技術部門設計並繪製管理點技術流程圖。在製品或零件

技術流程中的工序管理點，一般是在裝配系統圖、技術流程圖上標出其所在工序位置。

②編制《工序品質表》。具體內容如下表所示。

表 7-3-5　工序品質表

<table>
<tr><td colspan="3">產品名稱</td><td colspan="8"></td><td colspan="3" rowspan="2">工　序<br>品質表</td><td colspan="2">零件名稱</td><td colspan="5"></td></tr>
<tr><td colspan="3">零 件 號</td><td colspan="8"></td><td colspan="2">零件材質</td><td colspan="5"></td></tr>
<tr><td rowspan="2">工序號</td><td rowspan="2">工序名稱</td><td rowspan="2">設備編號</td><td rowspan="2">是否關鍵</td><td colspan="3">工　序<br>管理點</td><td colspan="4">要素展開</td><td colspan="3">檢驗項目</td><td colspan="2">納入標準</td><td colspan="4">責任者</td><td rowspan="2">備註</td></tr>
<tr><td>自檢</td><td>巡檢</td><td>專檢</td><td>一次</td><td>二次</td><td>三次</td><td>四次</td><td>項目</td><td>界限</td><td>頻次</td><td>標準</td><td>編號</td><td>操作者</td><td>班組長</td><td>工段長</td><td>其他</td></tr>
<tr><td></td><td></td><td></td><td></td><td></td><td></td><td></td><td></td><td></td><td></td><td></td><td></td><td></td><td></td><td></td><td></td><td></td><td></td><td></td><td></td><td></td></tr>
<tr><td></td><td></td><td></td><td></td><td></td><td></td><td></td><td></td><td></td><td></td><td></td><td></td><td></td><td></td><td></td><td></td><td></td><td></td><td></td><td></td><td></td></tr>
<tr><td colspan="3">不合格處</td><td colspan="3">修改日期</td><td colspan="3">更改理由</td><td colspan="3">更改人</td><td colspan="3">更改編號</td><td colspan="2">技術科長</td><td colspan="2">工廠主任</td><td>審核</td><td>編制</td></tr>
<tr><td colspan="3"></td><td colspan="3"></td><td colspan="3"></td><td colspan="3"></td><td colspan="3"></td><td colspan="2"></td><td colspan="2"></td><td></td><td></td></tr>
</table>

③編制《作業指導書》(或工序操作卡)和《工序品質管理點表(自檢表)》。

《作業指導書》如下表所示。

表 7-3-6　作業指導書

<table>
<tr><td>設備型號</td><td></td><td colspan="2" rowspan="2">作業指導書</td><td>編　　號</td><td></td></tr>
<tr><td>設備名稱</td><td></td><td>工 序 號</td><td></td></tr>
<tr><td>夾具編號</td><td></td><td>零件編號</td><td></td><td>工序名稱</td><td></td></tr>
<tr><td>夾具名稱</td><td></td><td>零件名稱</td><td></td><td>加工單位</td><td></td></tr>
</table>

《工序品質管理點表(自檢表)》如下表所示。

表 7-3-7　工序品質管理點表(自檢表)

<table>
<tr><td colspan="3" rowspan="3">工序品質管理點表<br>(自檢表)</td><td colspan="2">零件號及名稱</td><td colspan="4"></td></tr>
<tr><td colspan="2">工序號及名稱</td><td colspan="4"></td></tr>
<tr><td colspan="2">設備型號及名稱</td><td colspan="4"></td></tr>
<tr><td rowspan="2">代號</td><td rowspan="2">檢驗項目</td><td colspan="2">加工精度</td><td colspan="2">測定方法</td><td rowspan="2">重要度</td><td rowspan="2">管理手段</td></tr>
<tr><td>調整尺寸</td><td>技術要求</td><td>測定工具</td><td>頻次</td></tr>
<tr><td></td><td></td><td></td><td></td><td></td><td></td><td></td><td></td></tr>
<tr><td></td><td></td><td></td><td></td><td></td><td></td><td></td><td></td></tr>
<tr><td></td><td></td><td></td><td></td><td></td><td></td><td></td><td></td></tr>
</table>

⑶創造實施條件。組織有關部門研究解決實施工序管理點所需條件，如補充量具儀器、增添工位器具、印刷所需圖表等。

⑷組織實施。組織工人實施中，各部門要密切配合，品管部門應進行診斷並提出改進建議。

⑸正式驗收，發給標誌。品管部門和技術部門共同組織有關人員，按工序管理點的驗收條件進行正式驗收；驗收合格的，發給合格標誌。

## 第 4 章　對現場品質管理操作者和檢驗員的要求

第 18 條　對操作者的要求。

⑴學習並掌握現場品質管理的基本知識，瞭解現場與工序所用數據記錄表和控制圖或其他控制手段的用法及作用，懂得數據計算和打點。

⑵清楚地掌握所操作工序管理點的品質要求。

⑶熟記操作規程和檢驗規程，嚴格按操作規程(《作業指導書》)和檢驗規程(《工序品質管理點表》)的規定進行操作和檢驗，做到以現場操作品質來保證產品品質。

⑷掌握本人操作工序管理點的支配性工序要素，對納入操作規程的支配性工序要素認真貫徹執行；對由其他部門或人員負責管理的支配性工序要素進行監督。

⑸積極開展自檢活動，認真貫徹執行自檢責任制和工序管理點的管理制度。

⑹牢固樹立「下道工序是用戶」、「用戶第一」，定期訪問用戶，採納用戶的正確意見，以不斷提高本工序品質。

⑺填好數據記錄表、控制圖和操作記錄，按規定時間抽樣檢驗、記錄數據並計算打點，保持圖、表和記錄的整潔、清楚、準確，不得弄虛作假。

⑻在現場中若發現工序品質有異常波動(點越出控制限或有排列缺陷)，應立即分析原因並採取措施。

第 19 條　對檢驗員的要求。

⑴應把建立管理點的工序作為檢驗的重點。除檢驗產品品質外，還應檢驗、監督操作工人執行技術及工序管理點的規定，對違章作業的工人要立即勸阻，並做好記錄。

⑵檢驗員在現場巡廻檢驗時，應檢查管理點的品質特性及該特性的支配性工序要素；如發現問題，應幫助操作工人及時找出原因，並幫助其採取措施予以解決。

⑶熟悉所負責檢驗範圍現場的品質要求及檢測試驗方法，並按檢驗指導書進行檢驗。

⑷熟悉現場品質管理所用的圖、表或其他控制手段的用法和作

用，並通過抽檢來核對操作工人的記錄以及控制圖點是否正確。

⑸做好檢查操作工人的自檢記錄，計算他們的自檢準確率，並按月公佈和上報。

⑹按制度規定參加管理點工序的品質審核。

### 第 5 章　附則

第 20 條　本制度由品管部負責修改、解釋。

第 21 條　本制度自發佈之日起執行。

## 七、全面品質控制制度

### 第 1 章　總則

第 1 條　目的。

為保證品質管理工作的順利開展，及時發現問題，並且迅速處理問題，以確保提高產品品質，使之符合市場的需要，特制定本制度。

第 2 條　品質控制目標。

⑴實現全年無重大品質事故。

⑵實現一等品率達 99%以上。

⑶創建優質品牌形象，提供一流的品質服務。

### 第 2 章　品質控制標準及檢驗標準

第 3 條　品質控制標準及檢驗標準的範圍。

⑴原料品質標準及檢驗標準。

⑵半成品品質標準及檢驗標準。

⑶產品品質標準及檢驗標準。

第 4 條　品質控制標準及檢驗標準的制定。

⑴品質控制標準。品管部會同生產部、行銷部、研發部及有關人員依據「操作規範」，並參考國家標準、行業標準、國際標準、客戶需求、本身製造能力以及原料供應商水準，分原料、半成品、產品填制《品質控制標準及檢驗標準制(修)定表》一式二份，報總經理批准後，由品管部留存一份，研發部留存一份，並交有關單位憑此執行。

⑵品質檢驗標準。品管部會同生產部、行銷部、研發部及有關人員，分原料、半成品、產品將檢查項目規格、品質標準、檢驗頻率、檢驗方法及使用儀器設備等填註於《品質標準及檢驗標準制(修)定表》內，交有關部門主管核簽並經總經理核准後，分發給有關部門。

第 5 條　品質標準及檢驗標準的修訂。

⑴各項品質標準、檢驗規範的修訂。因設備、技術、製造過程、市場需求以及加工條件變更等因素變化時，可予以修訂。

⑵品管部每年年底前至少重新校正一次，並參照以往品質實績，會同有關部門檢查各規格的標準及規範的合理性，並予以修訂。

⑶品質標準及檢驗標準的修訂流程。品管部應填寫《品質標準及檢驗標準制(修)定表》，說明修訂原因，並交有關部門主管核簽。報總經理批示後，方可憑此執行。

## 第 3 章　原料品質管理

第 6 條　原材料在採購進廠入庫前，必須通知技術科配合品管部進行常規檢查。本著「隨時進廠隨時檢驗」的原則，不得延遲。

第 7 條　技術、檢驗人員應依據品質檢驗標準進行檢驗。檢驗過程要嚴格按照有關品質標準和規定，採取合理的方法嚴格進行。

第 8 條　檢驗人員必須有高度的責任感和認真負責的工作態

度，不得馬虎、粗心，防止漏檢和錯檢，更不能弄虛作假。

**第 9 條**　檢驗人員對每次的檢驗結果，應嚴格按檢驗單上表格所示內容進行如實填寫，並簽署本人姓名，作為責任依據。

**第 10 條**　只有經過檢驗達到品質標準，並由檢驗員簽署「合格」的原材料，材料保管人員方能辦理正式入庫手續；否則，材料保管員將承擔違規責任。

**第 11 條**　檢驗時如遇到無法判定合格與否的情況，檢驗員應速向部門主管彙報或請求有關技術人員會同驗收，判定合格與否。會同驗收者也必須在檢驗記錄單上簽字。

**第 12 條**　對於特殊重要物(如特別昂貴、特別稀有)，應實行全檢制度。

**第 13 條**　對於隨機抽樣物，在發現有疑點時應反復多抽樣，以防誤差嚴重。

**第 14 條**　對於需使用儀器等檢測工具時，應經過校正，確認工具合格後方能使用。

**第 15 條**　在進料檢驗時，若判定原料不合格，則填制《品質異常處理表》，報主管審批核准後，做出處理，必要時還需通知採購部門聯絡客戶進行處理。

**第 16 條**　檢驗人員依據情況，在必要時對所檢材料向相關部門提出改善意見和建議。

**第 17 條**　回饋進料檢驗情況，及時將原料供應商交貨品質情況及檢驗處理情況登記於《供應商資料卡》內，供採購部門掌握情況。

## 第 4 章　製造前品質條件覆查

**第 18 條**　《製造通知單》的審核。

品管部經理收到《製造通知單》後，應於 1 日內完成審核。

⑴《製造通知單》的審核。

①訂製品的特殊要求是否符合企業製造標準。

②種類。

③各項品質要求是否明確，是否符合本公司的品質規範；如有特殊品質要求是否可接受，是否需要先確認品質然後再確定產量。

④包裝方式是否符合本企業的包裝規定，客戶要求的特殊包裝方式可否接受。

⑤是否使用特殊的原材料。

⑵《製造通知單》審核後的處理。

①新開發產品《試製通知單》及特殊物理、化學性質或尺寸外觀要求的通知單，應轉交研發部提示有關製造條件等並簽認。若確認其品質要求超出生產能力時應述明原因，將《製造通知單》送回製造部辦理退單，由營業部向客戶進行說明。

②新開發產品若品質標準尚未制定，應將《製造通知單》交研發部擬訂加工條件及暫定品質標準，由研發部記錄於「製造規範」上作為生產部門生產及品質管理的依據。

第 19 條　生產前製造及品質標準復核。

⑴生產部門接到研發部送來的「製造規範」後，須由科長或組長先查核確認的事項。

①該產品是否訂有「成品品質標準及檢驗規範」作為品質標準判定的依據。

②是否訂有「標準操作規範」及「加工方法」。

⑵生產部門確認無誤後在「製造規範」上簽認，作為生產的依

據。

## 第5章　製程品質管理

第20條　生產部門在產品生產過程中要嚴格監控品質，做到四不：不合格的材料不投產，不合格的製品不轉序，不合格的零件不組裝，不合格的成品不入庫。要及時發現異常，迅速處理，防止擴大損失。

第21條　為保障過程品質，生產工廠和技術部門應加強技術管理，要不斷地提高技術品質，強化技術紀律；要做好技術文件的控制、技術更改的控制、特殊工序的控制、不合格品的控制以及技術狀態的驗證工作。使生產過程處於穩定的控制狀態，從根本上預防和減少不合格品。

第22條　生產過程中的品質把關實行三檢制：自檢、互檢、總檢。

⑴自檢。由各工段班組內部按照品質標準對自己的生產加工對象在生產過程中進行控制把關。

⑵互檢。工廠內部各工段班組之間，在下道序接到上道工序的製品時，應檢查上一工段的品質是否合格後方能繼續作業。

⑶總檢。由技術科進行總體把關。

第23條　生產過程中申報檢驗的規定。

⑴操作人員對本工段生產完成後，必須經過品質檢驗人員實施首檢確認合格後，方能轉入下一工段繼續生產。

⑵在自檢與互檢中，在發現異常又無法確認是否合格時應及時報檢。

⑶每個工段生產完成轉入下一工段時應報檢。

⑷已形成產成品需入倉庫時應報檢。

第 24 條　異常情況發生的處理規定。

⑴生產部門在生產過程中若發現異常現象，應及時將信息回饋給當班生產主管進行處理；如因技術備品品質或設備因素不能調整時，應向主管彙報，並立即停止生產作業，待找出異常原因並加以處理確認正常後，方可繼續生產作業。

⑵技術、質檢人員在抽檢中發現異常時，應及時將存在的問題回饋至當班主管；如因技術備品或設備問題異常問題得不到處理時，其有權責令停止生產作業，並向生產主管或相關主管彙報情況，待問題解決後方可繼續進行生產。

⑶發現的異常原因與相關部門有關時（如原料問題屬採購部門，設備故障原因屬設備工段，技術問題屬技術科），生產部門應及時通知或邀請各相關部門予以解決，不得延遲。

⑷若有重大品質事故發生，應及時上報給上級主管直至生產部經理予以處理。

第 25 條　生產過程中關於不合格品的賠償規定。

⑴生產過程中非人為因素造成的不合格品，不得追究操作者責任。

⑵屬人為責任但操作者在自檢中發現的不合格品，超出規定指標範圍的操作者應承擔所造成損失 30%～50%的賠償。

⑶在互檢中發現的上一工段產生的不合格品，應對上一工段操作人員給予加倍的賠償處罰。

⑷自檢與互檢均發生漏檢和誤檢，被總檢查出的，應對自檢、互檢人員同時給予賠償處罰（見《品質事故管理規定》）。

⑸產品出廠因品質不合格被用戶退貨時，應對上述三方人員（自檢、互檢、總檢）同時給予賠償處罰。

## 第 6 章　產成品繳庫管理

第 26 條　品質控制主管對預定繳庫的批號，應逐項依《製造流程卡》及有關資料審核確認後，進行繳庫工作。

第 27 條　品質控制專員應對於繳庫前的產成品進行抽檢。若有品質不合格的批號且超過管理範圍時，應填立《異常處理單》，詳述異常情況並附擬訂處理方式，報經理批示後，交有關部門處理及改善。

第 28 條　品質控制專員對複檢不合格的批號，如經理無法裁決，應將《異常處理單》報總經理批示。

## 第 7 章　產品品質服務管理

第 29 條　品質服務管理應遵循的原則。

⑴上道工序責任部門和工段班組為下道工序服務。

⑵各相關部門要全力為品管部提供服務；同時，品管部要及時將品質信息回饋到各部門，做好相互間的配合與協調。

⑶在不斷提高工作效率的同時，須以保證品質為前提。

⑷銷售為客戶服務，生產為銷售服務。

第 30 條　銷售部門應建立客戶服務制度，制定《客戶服務計劃》，定期進行客戶巡訪服務活動。

第 31 條　對客戶的巡訪服務，主要包括以下 5 個方面的內容。

⑴向客戶徵詢對產品的批評、建議、希望、申述，並進行調查分析。

⑵幫助客戶解決使用產品過程中出現的技術、品質問題。

⑶及時向客戶介紹並提供新產品和品質的改進信息。

⑷通過對客戶的瞭解，深入調查研究產品在各個市場區域的銷售狀況，掌握市場對產品品質標準的要求與變化。

⑸及時做好產品品質信息的收集與回饋工作，合理地提出產品品質改進的建議與意見。

第32條　對客戶投訴事件的處理。

⑴銷售部門在接到客戶投訴反映的產品品質問題時，應立即查明相關資料(訂單編號、產品規格型號、數量和金額、發貨日期、客戶要求、產品技術方案和品質標準)並填制《客戶投訴處理表》，報送主管簽批次處理意見。

⑵銷售部門將簽批的《客戶投訴處理表》傳遞並會同相關部門(技術科、品管部、生產工廠)進行品質事故調查分析與責任認定，提出解決處理的方案，編制《品質事故分析報告》，報主管經理審核決策。

⑶銷售部門將擬訂的品質事故處理的方式與結果，向客戶說明緣由並進行交涉；待到雙方都對結果滿意時，向主管報明情況，執行處理結果。

⑷對品質責任者的處罰，分部門或個人按品質事故管理規定執行。

⑸認為客戶投訴不成立時，由銷售部門負責做好與客戶的交涉工作。

第33條　產品品質意見的徵詢與處理。

⑴每批產品在發貨出廠前，應由銷售部門會同品管部門編制《產品品質意見徵詢表》，並隨同產品合格證一併發至客戶手中。

⑵銷售部門在巡訪時，將客戶對產品使用意見情況、品質要求和改進建議填至《產品品質意見徵詢表》相關欄目中，並請客戶簽字確認。

⑶銷售部門調查分析市場上同類產品、替代品、新產品的品質

情況，並做出對比分析，查找產品品質的優點和不足，提出品質改進的意見。

⑷銷售部門定期收集、整理、分析《產品品質意見徵詢表》，及時回饋給主管主管和相關部門；必要時還應組織召開品質分析專題會議，針對客戶所提意見進行討論分析，制定改進措施，完善品質標準，提高產品品質。

## 第 8 章　品質事故處理

**第 34 條**　因客觀原因(如雨季、沙塵暴)造成的品質問題，應由品管部與技術部主管親臨現場協商處理，並將結果上報主管審核。

**第 35 條**　對於生產過程中因操作不當或責任心不強、檢驗人員工作疏忽等主觀原因造成的品質問題，應由銷售部派人走訪客戶，對用戶提出的問題進行現場驗證，依據給其造成的損失及影響大小提出解決處理辦法。

**第 36 條**　對於因主觀原因造成的品質事故，事業部要認真進行調查分析，進行產品品質追溯，認定品質責任，進行嚴肅處理。

**第 37 條**　責任品質事故的分類。

⑴一般事故(損失在 1 萬元以下)。

⑵重大品質事故(損失在 1～10 萬元)。

⑶特大品質事故(損失在 10 萬元以上)。

**第 38 條**　對各類品質事故的處理。

⑴一般品質事故。未造成損失的，銷售部派出調查人員的費用由責任部門或個人承擔；造成損失的，由責任部門或個人承擔 70%～100%的損失。

⑵重大品質事故。根據造成的損失和情節嚴重程度，由責任部門或個人承擔 50%～80%的損失。

⑶特大品質事故。造成的損失由責任部門或個人承擔 30%～100%的損失，並對主要責任主管給予行政處分。

⑷發生重大、特大品質事故的，工廠主管是主要責任人，對責任主管分別處以 2000～5000 元的罰款，並加以行政降職或撤職處分。

第 39 條　屬於檢驗人員工作不當造成的品質事故，應根據事故性質和損失大小，給予責任人罰款、停職、辭退等處理，並相應地追究主管的責任。

第 40 條　因各部門管理不嚴造成的品質事故，應根據事故性質和損失大小，對主管進行罰款、降級、撤職等處理。

第 41 條　各工段班組在自檢過程中，對於發現品質問題隱瞞不報，致使事故擴大並造成一定損失的，應根據損失大小對直接責任人加倍進行處罰。

## 第 9 章　附則

第 42 條　本制度報總經理核准後實施，修改時亦同。

# 第四節　案例：某集團的 5S 品質管理

某集團經過多年的現場管理提升，管理基礎扎實，在產品品質方面處於國內領先地位，但在一次現場診斷中卻發現仍存在下列問題：

忽略細節，物料、工具、車輛的擱置過於隨意，缺乏秩序感；缺乏團隊精神和跨部門協作意識，部門之間的工作存在互相推諉現象，工作缺乏主動性。

對此，專家組提出 5S 現場管理整改方案。經過一年多的全員努力，現場的亂差現象得到徹底的改觀，員工的向心力和歸屬感增強，逐步養成事事講究、事事做到最好的良好習慣，造就一批能獨立思考，能從全局著眼、具體著手的改善型人才。

公司推行 5S 活動時經常出現「意識死角」，因此，應注意擺正全體員工的生產品質意識。

### (1)只有優質不優質，沒有差多差不多

客戶對細節要求越來越高，競爭對手水準也越來越高，建立真抓實幹、注重細節的產品文化乃至企業文化，勢在必行。而這樣做的基礎，是從管理層開始，自上而下推行優質標準，嚴格作業現場管理，抵制「差不多」思想，否則「差不多」就會變成「差很多」。

### (2) 5S 不僅是態度管理，還是素質管理

5S 對企業所有人都是一種檢驗：對經營主管，是權威信念的檢驗；對管理人員，是管理素質的檢驗；對基層員工，是執行素

質的檢驗。

5S 中看似簡單的方框、線條和標識牌，不僅規範了物品位置，而且規範了員工日常的行為習慣，形成認真負責的態度。

5S 現場管理活動提出了這樣的方案：

(1)改進推行全員的 5S 培訓，結合現場指導和督察考核，從根本上杜絕隨手、隨心、隨意的不良習慣；

(2)成立跨部門的專案小組，對現存的跨部門問題登錄和專項解決；

(3)在解決的過程中，梳理矛盾關係，確定新的流程，防止問題重覆發生。

心得欄

# 第 8 章

# 品管部如何控制品質成本

## 第一節　努力降低品質管理所產生的成本

為了滿足客戶的需要和期望並維護企業的利益，企業必須有計劃地、有效地利用可獲得的技術、人力和物質資源，在考慮利益、成本和風險的基礎上，使品質效益最佳化並對品質成本加以控制。對品質成本的認識及控制，是許多企業的薄弱環節，需引起品管經理的重視。

### 一、瞭解品質的成本特性

品質好的產品才有市場，品質過硬的產品在市場上得到認同才有可能成為名牌產品。品質效益來自於消費者對產品的認可及其支付行動。反之，品質問題嚴重的產品會引起一系列的損失，這些損失會直接或間接的轉嫁到消費者頭上，這會使消費者對產品失去信任，使產品失去市場，失去市場的產品同時也失去了價值，也就無經濟性可談。

1. 品質效益與品質損失

提高效益的巨大潛力蘊藏在產品品質之中。「向品質要效益」也反映了品質與效益之間的內在聯繫。品質效益來之於消費者對產品的認同及其支付。

在次品上發生的成本等於一座金礦，可以對它進行有利的開採。品質損失，是指產品在整個生命週期過程中，由於品質不滿足規定的要求，對生產者、使用者和社會所造成的全部損失之和。它存在於產品的設計、製造、銷售、使用直至報廢的全過程中，涉及生產者、消費者和整個社會的利益。

(1)生產者損失

因品質問題而造成的生產者損失既有出廠前的，也有出廠後的；既有有形損失，也有無形損失。

不合理地追求過高的品質，使產品品質超過了用戶的實際需求，通常稱為「剩餘品質」，剩餘品質使生產者花費過多的費用，成為不必要的損失。

(2)消費者損失

產品在使用中因品質缺陷而使消費者蒙受的各種損失屬於消費者損失。消費者損失的表現形式很多，例如維修次數多、維修費用大、產品使用中能耗和物耗的增加，因產品品質而導致頻繁停工、停產、交貨誤期等。按有關法律規定，對消費者的損失，生產商要給予部份、甚至全部的賠償。在消費者損失中也存在無形損失的現象，主要表現為構成產品的零件的功能不匹配，使用壽命不一致。

(3)資源損失

資源損失，是由於產品的缺陷對社會造成的污染或公害而引起的損失，對社會環境的破壞和資源的浪費而造成的損失等。由於這類損失的受害者並不十分確定，難以追究賠償，生產商往往不重視。超標排放廢氣的助動車是個典型的例子，受大氣污染之害的對象不容易確定，生產商的責任也就難以界定。

## 2. 品質波動與損失

品質波動性源於生產過程的系統性因素和以5M1E為代表的偶然性因素，這兩方面的因素是始終存在的，因此品質波動是不可避免的。品質波動很不利於品質控制，嚴重時會使不良品率上升，品質損失隨之增加。日本品質專家田口玄一提出了損失函數的運算式是：

$L(y)=k(Y-m)^2$ 其中：

$L(Y)$為品質特性值為 $Y$ 時的波動損失；

$Y$ 為實際測定的品質特性值；$k$ 為比例常數；

$m$ 為品質特性的標準值，$\triangle=(y-m)$為偏差。這是一個二次曲線的運算式，曲線形狀如圖 8-1-1 所示。

圖 8-1-1　品質波動曲線形狀圖

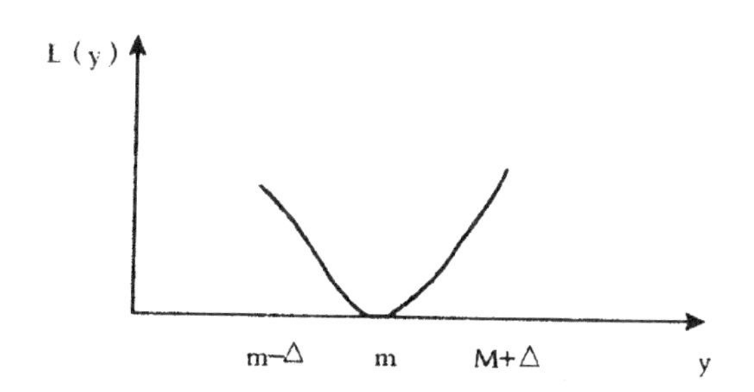


由圖可知，當品質特性值正好等於品質標準值 m 時，品質損失為零，隨著偏差的增加，損失逐步變大。損失函數對品質的技術經濟分析提供了方便而易於操作的工具，具有良好的實用價值。如果工序或生產系統處於統計控制狀態，即消除了異常因素的影響，而只受隨機因素的作用，則品質特徵值(主要指計量值)大多數服從正態分佈。當品質服從正態分佈時，能使產品品質具有最好的經濟性。

### 3.提高品質經濟性的途徑

品質經濟性，是指產品壽命週期全過程的經濟性，產品的壽命週期包括：開發設計過程、製造過程和使用過程三個時期。

#### (1)提高產品開發設計過程的品質經濟性

在產品的開發設計中，不僅要注意技術問題，而且也要注意它的經濟性，做到技術和經濟的統一。其主要內容有：

①做好市場需求的預測。由於產品的品質水準與市場需求有緊密的關係，因此要對產品在市場上的需求量及變化規律進行科學的預測。每一個產品從進入市場到最後退出市場，都有一個發展過程，可以分為試銷、旺銷、飽和及衰退四個階段。一般要進行市場調查，瞭解產品的目標市場，用戶關心的是產品的適用性及使用成本的費用，因此在產品的設計開發階段就必須考慮到產品的使用費用。

②綜合地考慮品質的社會效益、效益。設計中要有完善的技術經濟指標，要對總體方案進行可行性分析，做到技術上先進、經濟上合理、生產上可行。此外，還要運用可靠性工程、價值工程、正交試驗設計等先進技術，實現產品各元件品質特徵參數指標的優化設計。

③注意質價匹配。品質和價格有時是矛盾的，要提高品質往往就會增加品質成本，成本增加又會引起價格的提高。如果品質成本不恰當的增加，導致價格過高，超過社會的一般購買力，產品就會滯銷。反之，產品品質低劣，即使價格再低，也會沒有人購買。

④力求功能匹配。產品的某一個零件失效又無法替換，而其他部件儘管運行正常，最後也不得不整機丟棄或銷毀，給消費者或用戶帶來了經濟上的損失。

⑵提高製造過程品質經濟性

生產製造過程的品質又稱為符合性品質，是指產品符合設計要求的品質。符合性品質水準對批量生產具有重要意義，它不僅是產品品質的重要標誌，而且也是經濟性的重要標誌，通常用批量生產的合格品率來表示。

從品質損失函數的形式可以看出，製造過程嚴格採取措施控制品質特徵值 m 的穩定性以及減小品質特徵的分散程度，就可以減小品質損失。

⑶提高產品使用過程的品質經濟性

產品壽命週期費用不僅與設計和製造成本有關，還與使用成本有關。產品使用過程的經濟性，是指產品的使用壽命期間的總費用。使用過程的費用主要包括兩部份內容：

①產品使用中，由於品質故障帶來的損失費用。對可修復性產品一般是停工帶來的損失，而對不可修復的產品，如宇宙飛行、衛星通、海底電纜、火箭導彈等，則會帶來重大的損失。

②產品在使用期間的運行費用。運行費用包括使用中的人員管理費、維修服務費、運轉動力費、零配件及原料使用費等。

## 二、品質成本的構成與分類

為了滿足顧客的需要和期望並保護企業的利益，企業必須有計劃地、有效地利用可獲得的技術、人力和物質資源，在考慮利益、成本和風險的基礎上，使品質最佳化並對品質加以控制。品質成本是品質經濟性的主要內容。對品質成本的重視和研究，是企業發現薄弱環節，挖掘潛力，持續降低成本和改進品質的經常任務和重要途徑。

### 1. 什麼是品質成本

品質成本，是企業生產總成本的一部份，它包括確保滿意品質所發生的費用，以及未達到滿意品質時所遭受的有形與無形損失，即品質成本是將產品品質保持在規定的品質水準上所需的有關費用。

品質成本是與預防、鑑定、維修和修復次品的相關成本，以及因浪費生產時間和銷售次品而導致的機會成本。傳統的品質成本曾被局限於對最終產品的核對總和測試的成本，品質不良造成的其他成本都被包括在間接成本中，而未被界定為品質成本。

品質成本有別於各種傳統的成本概念，是會計核算中的一個新科目。它既發生在企業內部，又發生在企業外部；既和滿意的品質有關，又和不良品質有關。

品質成本可分為運行品質成本和外部品質保證成本兩部份：

(1)運行品質成本

運行品質成本是企業內部運行而發生的品質費用，可分成兩類：

①企業為確保和保證滿意的品質而發生的各種投入性費用，如預防成本和鑑定成本；

②因沒有獲得滿意的品質而導致的各種損失性費用，如內部故障成本和外部故障成本。

(2)外部品質保證成本

外部品質保證成本是指根據用戶要求，企業為提供客觀證據而發生的各種費用。

### 2.品質成本構成分析

由於企業產品、技術及成本核算制度等差別，對品質成本的具體構成有不同的認識和處理。品質成本的構成分析直接影響企業會計科目的設置及管理會計工作的運作，國際及國內對此都十分重視。

(1)預防成本

預防產生故障和不合格品的費用。一般包括以下內容：

①品質工作費。是指企業品質體系為預防、保證和控制產品品質，開展品質管理所發生的辦公、宣傳、收集情報、制訂品質標準、編制手冊和品質計劃、進行品質審核、工序能力研究、開展品質管理活動等所支付的費用。

②品質培訓費。為達到品質要求，提高人員素質，對有關人員進行品質意識、品質管理、檢測技術、操作水準等的培訓費用。

③品質獎勵費。為確保和改進產品品質而支付的各種獎勵費用，如 QC 小組成果獎、產品品質創優獎、品質管理先進獎及有關品質合理化建議獎等符合規定的獎勵支出。

④品質改進措施費。建立品質體系、提高產品品質及工作品質、改變產品設計、調整技術、開展工序控制、進行技術改進的措施費用(屬成本開支範圍)。

⑤品質評審費。新產品開發或老產品品質改進的評審費用。

⑥工資及附加費，品質管理專業人員的工資及附加費用：

⑦品質情報及資訊費等。

(2)鑑定成本

為評定是否符合品質要求而進行的試驗、核對總和檢查的費用。一般包括以下內容：

①進貨檢驗、工序檢驗、成品檢驗費用；

②試驗材料等費用；

③檢驗試驗設備校準維護費、折舊費及相關辦公費用；

④工資及附加費，專職檢驗、計量人員的工資及附加費用。

⑶內部故障成本

內部故障成本是在製造過程中，由於產品本身所存在的缺陷所帶來的損失，以及處理不合格品所花費的一切費用的總和。一般包括以下內容：

①廢品損失。指無法修復或經濟上不值得修復的在製品、半成品、產成品報廢而造成的淨損失。

②返工、返修損失。對不合格品的產成品、在製品及半成品乾地返修所消耗的材料、人工費用。

③複檢費用。

④因品質問題而造成的停工損失。

⑤品質事故處置費用。對品質問題進行分析處理所發生的直接損失。

⑥品質降等、降級損失等。指產品因外表或局部的品質問題達不到品質標準，又不影響主要性能而降級處理所造成的損失。

⑷外部故障成本

外部故障成本是產品出廠後，在用戶使用過程中由於產品的缺陷或故障所引起的一切費用總和。一般包括以下內容：

①索賠損失。產品出廠後由於品質缺陷而賠償用戶的費用。

②退貨或退換損失。產品出廠後由於品質問題而造成的退貨、換貨所發生的損失。

③保修費用。根據合約規定在保修期內為用戶提供修理服務所發生的費用。

④訴訟費用損失。指用戶認為產品品質低劣，提出申訴要求索賠，企業為處理申訴所支付的費用。

⑤降價處理損失等。

⑸外部品質保證成本

外部品質保證成本不同於外部故障成本。外部品質保證成本一般發生在合約環境下，根據用戶提出的要求，為提供客觀證據所支付的費用。一般包括以下內容：

①按合約要求，向用戶提供的、特殊附加的品質保證措施、程序、數據等所支付的專項措施費用及提供證據費用；

②按合約要求，對產品進行的附加的驗證試驗和評定的費用；

③為滿足用戶要求，進行品質體系認證所發生的費用等。

## 3.成本的邊界條件

由於產品品質形成於整個生產過程之中，品質管理是一項全員全過程的管理，企業中的每一項活動都有可能與品質有關，而每一項活動又都有費用支出，所以很容易混淆品質成本的界限。在收集品質成本數據時，必須明確品質成本的邊界條件。

⑴品質成本只針對製造過程的符合性品質而言

只有在設計已經完成、品質標準已經確定的條件下，才開始品質成本計算。對於重新設計或改進設計以及用於提高品質等級或水準而發生的費用用，不能計入品質成本。品質成本是指在製造過程中同不合格品密切聯繫的費用。

預防成本就是預防出現不合格品的費用；鑑定成本是為了評定是否出現不合格品的費用，而內、外故障成本是因產品不合格而在廠內或者廠外所產生的損失費用。如果有一種根本不出現不合格品的理想式生產系統，則其品質成本為零。事實上，這種理想式生產系統是不存在的，在實際中或多或少總會出現一定的不合格品，因而品質成本是客觀存在的。

⑵品質成本不包括與品質有關的全部費用

品質成本，是指在製造過程中與不合格品密切相關的費用，它並不包括與品質有關的全部費用。如生產工人的工資、材料消耗費、工廠和企業管理費，也與品質有點關係，但這些費用是正常生產所必須具備的前提條件，不應計入品質成本。

⑶品質成本的計算是為了分析

品質成本的計算不是單純為了得到它的結果，而是為了分析在差異中尋找品質改進的途徑，以達到降低成本的目的。

4.品質成本的分類

開展品質成本研究，以及研究品質管理的經濟性，研究品質與效益之間的相互關係，必須瞭解品質成本的分類，才能提高產品品質與提高企業效益的統一的一面，以達到品質與效益的統一。

⑴按作用分類

①控制成本。它是指預防成本加鑑定成本，是對產品品質進行控制、管管理和監督所花的費用，這些費用具有投資的性質，以達到保證品質的目的，同時其投資的大小，也是預先可以計劃和控制的，故稱控制成本，亦可稱為投資性成本。

②故障成本。亦稱控制失效成本，是指內部故障與外部故障之和，這兩部份費用都是由於不合格品(或故障)的出現而發生的損失。

③控制成本與故障成本的關係。兩種成本是密切相關的，在一

定範圍內，增加控制成本，可以減少故障成本，從而提高企業的效益，但是，如果過多增加控制成本，反而可能使品質總成本增加。因此，品質成本管理的一個重要任務，就是要合理掌握控制成本所佔的比例，使品質總成本達到最小值。

⑵按存在形式分類

①顯見成本。它是實際發生的品質費用，是現行成本核算中需要計算的部份，品質成本中大部份費用屬於此類。顯見成本一般採用會計核算辦法。

②隱含成本。它是一種不是實際發生和支出的費用，但又的確是使企業效益減少的費用。這一部份被減少的收入不直接反映在成本核算中。隱含成本不能直接計入成本，但從品質角度，隱含成本同企業的銷售收入和效益有著密切的關係，必須予以考慮。因此，它需要根據實際情況進行補充估算。隱含成本一般採用統計核算辦法進行。

⑶按與產品的聯繫

①直接成本。它是指生產、銷售某種產品而直接發生的費用，這類費用可直接計入該種產品成本中，如故障成本等等。內部故障和外部故障成本多屬於直接成本。

②間接接成本。它是指生產、銷售幾種產品而共同發生的費用，這種費用需要採用適當的方法，分攤到各種產品中去。預防成本和部份鑑定成本多屬於間接成本。

⑷按形成過程分類

按其形成過程可分為設計、採購、製造和銷售等不同階段的成本類型。按形成過程進行品質成本分類，有利於實行品質成本控制。在不同的形成階段制訂品質成本計劃、落實品質成本目標，加強品質成本監督，以便達到整個過程的品質成本優化目標。

5.品質成本的數據

品質成本各項數據的記錄、收集、計算、考核、控制、改進，獎懲只有與責任單位緊密聯繫起來，才能落到實處，取得成效。品質成本的數據包括品質成本數據的記錄和原始憑證。

⑴品質成本數據的記錄

品質成本數據，是品質成本的構成項目中的各細目在報告期內所發生的費用數額。正確記錄品質成本數據是研究品質成本的第一步工作，在記錄時既要防止重覆，又要避免遺漏。如，企業在接受了用戶的品質改進意見後，對用戶給以獎勵，如把該費用記人公關費用，則發生了記錄遺漏，因為該費用應記入預防費用。

⑵原始憑證

為了正確記錄品質成本數據，可把品質成本的發生分成兩類，即計劃內和計劃外。根據品質成本構成項目的特點，預防成本和鑑定成本劃歸計劃內，而故障成本歸入計劃外，外部品質保證成本可根據合約要求納入計劃內。凡是計劃內的品質成本只需按計劃從企業原有的會計賬目中提取數據，不必另外設計原始憑證。而故障成本可根據實際損失情況設計原始憑證，做好原始記錄。記錄故障成本數據的原始憑證主要有：

①計劃外生產任務單；

②計劃外物資領用單；

③廢品通知單；

④停工損失報告單；

⑤產品降級、降價處理報告單；

⑥計劃外檢驗或試驗通知單；

⑦退貨、換貨通知單；

⑧用戶服務保修記錄單；

⑨索賠、訴訟費用記錄單。

## 三、準確核算品質成本

品質成本是企業總成本的一個組成部份。品質成本的大小，直接影響著企業總成本的大小，進而影響企業的利潤。通過對品質成本的核算，對發生在產品品質上的費用有一個全面的掌握。

### 1. 品質成本預測

品質成本預測是編制品質成本計劃的基礎，是企業品質決策依據之一。品質成本預測的主要根據是企業的歷史資料、企業的方針目標、國內外同行業的品質成本水準、產品技術條件和產品品質要求、用戶的特殊要求等。結合企業的發展，採用科學的方法，通過對各種品質要素與品質成本的依存關係，對一定時期的品質目標值進行分析研究，做出短期、中期、長期的預測，使之符合實際情況和客觀的規律。品質成本預測可採用經驗判斷法、計算分析法和比例測算法。

品質預測的目的主要是：

⑴為企業提高產品品質，挖掘降低成本的潛力指明方向，同時為企業在計劃期內編制品質成本改進措施計劃提供可靠的依據。

⑵利用歷史的統計資料和大量觀察數據，對一定時期的品質成本水準和目標進行分析、測算，以編出具體的品質成本計劃。

⑶為企業各單位有效進行生產和經營管理活動明確要求和進行控制。

### 2.品質成本計劃

品質成本計劃是在預測的基礎上，針對品質與成本的依存關係，用貨幣的形式確定生產符合性產品品質要求時，在品質上所需的費用計劃。品質成本計劃的編制通常由財會部門直接進行，或者由工廠(科室)分別編制，交由財會部門匯審和歸總後，提交計劃部門下達。兩者計算方法基本相同。品質成本計劃的具體內容有：

⑴主要產品單位品質成本計劃。

⑵全部產品品質成本計劃，即計劃期內可比產品及不可比產品的單位品質成本、總品質成本及可比產品品質成本降低額計劃。

⑶品質費用計劃。

⑷品質成本構成比例計劃，即計劃期內品質成本各部份的結構比例及與各種基數(如銷售收入、利潤及產品總成本等)相比的比例情況。

⑸品質改進措施計劃，是實現品質成本計劃的保證。

### 3.品質成本核算

作品質成本的核算時應設置「品質成本」一級科目，下面按品質成本的構成分設「預防成本」、「鑑定成本」、「內部故障成本」、「外部故障成本」和「外部品質保證成本」五個二級科目，同時還要設置匯總表和有關的明細表：

⑴品質成本匯總表。

⑵品質成本預防費用明細表。

⑶品質成本鑑定費用明細表。

⑷品質成本內部損失明細表。

⑸品質成本外部損失明細表。

⑹品質成本外部保證費用明細表。

### 4.設置品質成本項目的原則

根據一些單位開展品質成本管理的實際經驗，在剛開始進行品質成本管理工作時，可遵循以下幾個基本原則來設置品質成本項目：

⑴品質成本項目的設置應由窄到寬

在剛開始進行品質成本管理時，不宜將品質成本項目的涉及擴展得太寬，不宜面面俱到，否則往往容易使一些本來不屬於品質成本的開支項目也劃入品質成本，產生過於誇大品質成本，失信於人的後果。

另外，在剛開始實施品質成本時，到底那些項目屬於品質成本、那些項目僅部份屬於品質成本、那些項目不屬於品質成本還不能完全把握，因此，我們應首先抓住品質成本的主要部份，抓住那些十分明確而又便於統計的開支項目進行試點。

⑵品質成本項目的設置應由粗到細

在剛開始設置品質成本項目時，應儘量粗一些，少一些，如果一開始就把品質成本項目設置過細，可能會出現以下弊病：

①由於對企業的實際情況和品質成本的發生情況掌握不夠，可能使設置的某些項目實際上並不發生或數額很小，結果就等於虛設項目；

②如果開支項目劃分過細，必然使統計工作變得複雜和繁瑣，大大增加工作量，這不利於品質成本管理工作的推行；

③由於對各項品質成本的相互關係研究不夠，此時把開支項目劃分過細，必然會將一些彼此關係密切、難以截然劃分的項目強行分開，結果導致具體統計和實施時的混亂，使品質成本管理工作陷入僵局，難以正常開展。

⑶品質成本項目的設置應由局部到全局

推行品質成本管理工作並不是一件十分容易的事情，如果一開始就在整個企業全面推行，難度和複雜程度都可能較大，同時也會給相關人員造成很大壓力，不利於激發這些人員的積極性。所以，在大中型企業開展品質成本工作時，最好選擇一個產品進行試點，甚至可以選擇一個工廠或一部份品質成本項目進行試點。這樣可使品質成本的管理人員集中精力，分析、研究面臨的問題，總結試點的經驗和教訓，從而為全面推行品質成本管理工作奠定堅實的基礎。總結經驗之後再在全局推廣，可使我們的工作避免很多阻力和障礙。

⑷品質成本項目的設置應根據品質成本的定義

凡與把產品品質保持在規定的品質水準上有關的費用均應計入品質成本，凡與因產品品質未達到規定的品質水準而造成的損失費用也應計入品質成本，要避免不於品質成本的項目進入品質成本。

⑸品質成本項目的設置應與會計核算制度相適應

應根據國家的會計核算制度逐步建立起品質成本的核算制度，使用權財會、統計人員便於核算，加速品質成本工作的進程。

⑹品質成本項目的設置應結合企業的具體特點

品質成本項目的設置一定要結合企業的具體特點，要根據本企業的產品特點、技術特點、設備、計量測試水準、產品的協作關係和銷售對象等，設置適宜的品質成本項目。

# 第二節　如何進行品質成本分析

品質分析是品質成本控制工作的重要環節。通過品質成本分析可以找出產品品質的缺陷和管理工作中的不足之處，為改進品質提出建議，為降低品質成本、尋求最佳品質水準指出方向。

## 一、明確品質分析內容

品質成本分析是品質成本管理的重點環節之一。通過品質成本核算的數據，對品質成本的形成，變動原因進行分析和評價，找出影響品質成本的關鍵因素和管理上的薄弱環節。其內容包括：

1. 品質成本總額分析

通過核算計劃期的品質成本總額，與上期品質成本總額或計劃目標值作比較，以分析其變化情況，從而找出變化原因和變化趨勢。此項分析可以掌握企業產品品質整體上的情況。

2. 品質成本構成分析

分別計算內部故障成本、外部故障成本、鑑定成本以及預防成本各佔運行品質成本的比率，計算運行品質成本、外部保證品質成本佔品質成本總額的比率。分析運行品質成本的項目構成是否合理，以便尋求降低品質成本的途徑，並探尋適宜的品質成本水準。

3. 品質成本與企業經濟指標的比較分析

即計算各項品質成本與企業的整體經濟指標，如相對於企業銷售收入產值、利潤等指標的比率，有利於分析和評價品質管理水準。

如故障成本總額與銷售收入總額的比率可稱為百元銷售收入故障成本率，它反映了因產品品質而造成的損失對企業銷售收入的影響程度。又如外部故障成本與銷售收入總額的比率，稱為百元銷售收入外部故障成本率，它反映了企業為用戶服務的費用支出水準，也反映因品質問題給用戶造成的損失。

4.故障成本分析

由於預防成本、鑑定成本和外部品質保證成本的計劃性較強，而故障成本發生的偶然因素較多，所以故障成本分析是查找產品品質缺陷和管理工作中薄弱環節的主要途徑。

⑴故障成本總額與銷售收入總額比較，計算百元銷售收入故障成本率，它反映了產品品質不佳造成的損失對企業銷售收入的影響程度；

⑵外部故障成本與銷售收入總額比較，計算百元銷售收入外部故障成本率，它反映了企業為用戶服務的支出水準，以及企業給用戶帶來的損失情況；

⑶預防成本與銷售收入總額比較，計算百元銷售收入預防成本率，它反映為預防發生品質故障和提高產品品質的投入佔企業銷售收入的比重。

## 二、掌握品質成本分析方法

品質成本分析方法不僅需要定性分析，更重要的是要進行定量分析，定量分析的方法主要有以下幾種：

1.指標分析法

⑴品質成本目標指標。是指在一定時期內品質成本總額及其四

大構成項目的增減值或增減率。假設 C、C1、C2、C3、C4；分別代表品質成本總額及預防、鑑定、內部故障、外部故障在計劃期與基期的差額(增減值)，則 C 的計算公式是：

C＝基期品質成本總額－計劃期品質成本總額

C 的增減率指標計算公式是：

P＝品質總成本差額/基期品質總成本＝C/基期品質總成本×100%

C1、C2、C3、C4 增減值和增減率的計算與 C 計算方法相同。

⑵品質成本結構指標。是指預防成本、鑑定成本、內部故障成本、外部故障成本各佔品質總成本的比例。

⑶品質成本相關指標。是指品質成本與其他有關經濟指標的比值，這些指標有：

百元商品產值的品質成本＝品質成本總額/商品產值總額×100

百元銷售收入的品質成本＝品質成本總額/銷售收入總額×100

百元總成本的品質成本＝品質成本總額/產品成本總額×100

百元利潤的品質總成本＝品質成本總額/產品銷售總利潤×100

根據需要，還可以用百元銷售收入的內外部故障、百元總成本的內外部故障等指標進行計算分析。

## 2.品質成本趨勢分析

趨勢分析，就是要掌握品質成本的各種指標在一定時期內的變動趨勢，可分短期趨勢與長期趨勢兩類。分析一年內各月的變化情況屬於短期分析，五年以上的屬於長期分析。趨勢分析可以採用表格法和作圖法兩種形式。前者以具體的數值表達，準確明瞭；後者以曲線表達，直觀清晰。

## 3.靈敏度分析

是指品質成本四大項目的投入與產出在一定時間內的變化效果

或特定的品質改進效果，用靈敏度 $\alpha$ 表示如下。

$\alpha$ ＝計劃期內外故障成本之和與基期相應值之差值/計劃期預防與鑑定成本之和與基期相應值之差值。

### 4. 排列圖分析

採用排列圖進行分析，不僅可以找出主要矛盾，而且可以層層深入。逐步展開，一直分析到一個產品、一道工序、一個工位、一個操作者，最後能採取措施為止。

### 5. 故障成本分析

由於預防成本、鑑定成本和外部品質保證成本的計劃性較強，而故障成本發生的偶然因素較多，所以故障成本分析是查找產品品質缺陷和管理工作中薄弱環節的主要途徑。

可以從部門、產品種類、外部故障等角度分析。

### 6. 部門故障成本分析

追尋品質故障的原因，會涉及到企業的各個部門，按部門分析可以直接瞭解各部門的品質管理工作狀況，所以是很必要的。分析的主要方法是採用如下兩張統計圖：

⑴部門故障成本匯總金額時間序列圖。

⑵部門故障成本累計金額統計圖。

### 7. 按產品分類作故障成本分析

同一企業內，由於設計的、設備的、技術的、材料的以及其他種種原因，產品之間會有較大的品質差異，通過按產品的故障成本分析，可以發現品質問題較為嚴重的產品，把它選作品質工作的重點。

### 8. 對 A 類產品作重點分析

經 ABC 分析確定為 A 類產品，其故障成本的比重可達 70%左右。

經責任分析，目的在於發現 A 類產品品質管理中存在的問題。

### 9.外部故障成本分析

同樣的產品品質缺陷，交貨前和交貨後所造成的損失差別是很大的，外部損失要大於內部損失。一般從三方面進行分析：

⑴從品質缺陷分類分析，從中可以發現產品的主要缺陷和對應的品質管理工作的薄弱環節。

⑵按產品分類作 ABC 分析，在外部故障成本總額中，A 類產品佔 70%左右，B 類產品佔 25%左右，其餘的為 C 類。從中找出幾種外部故障成本較高的產品作為重點研究對象。

⑶按產品的銷售區域分析，不同的地理環境往往有可能引起不同的故障，按地區分析有利於查找原因，分析的結果對於改進產品設計，提高產品品質有很重要的意義。

## 三、編制品質成本報告

品質成本報告是在品質成本分析的基礎上寫成的書面文件，他們是企業品質成本分析活動的總結性文件，供主管及有關部門決策使用。

品質成本報告的內容與形式視報告呈送對象而定。給高層主管的報告，要求簡明扼要地說明企業品質成本總體情況、變化趨勢、計劃期所取得的效果以及主要存在問題和改進方向；送給中層部門的報告，除了報告總體情況外，還應該根據各部門的特點提供專題分析報告，使他們能從中發現自己部門的主要問題與改進重點。品質成本報告的次數，對高層主管的可少一些，如公司規模大又無異常變化，可一季一次，而對中層主管則應該一月一次；如情況有異常，可每旬報告一次，以便及時處理品質問題。品質成本報告應該有財務部門和品管部門聯合提出，以保證成本數據的正確性。品質成本報告內容可以繁簡各異，形式可以各種各樣。按時間可採用定期報告和不定期報告；書面形式可採用報表式、圖表式和陳述式。

報告一般需要包括品質成本發生額的匯總數據、原因分析和品質改進對策三大內容，所以要包括以下五方面內容：

⑴品質成本計劃執行和完成情況與基期的對比分析。

⑵品質成本的四項構成比例變化分析。

⑶品質成本與主要經濟指標的效益比較分析。

⑷典型事例和重點問題的分析以及處理意見。

⑸對企業品質問題的改進建議。

# 第三節　怎樣進行品質成本計劃與控制

品質成本效益的實現，取決於企業的品質成本計劃與控制。與其他控制活動一樣，在實施控制以前先要制定一個控制目標。制定目標是計劃的主要內容，而目標制定是否合理與品質成本的趨勢預測是否準確有關。

## 一、對品質成本進行預測

品質成本預測是品質成本計劃的基礎工作，甚至是計劃的前提，是企業有關品質問題的重要決策依據。預測時要求綜合考慮用戶對產品品質的要求、競爭對手的品質水準、本企業的歷史資料，以及企業關於產品品質的競爭策略，採用科學的方法對品質成本目標值做出預測。

### 1.品質成本預測的目的

品質成本預測的目的主要有三個：

⑴為企業提高產品品質和降低品質成本指明方向；

⑵為企業制定品質成本計劃提供依據；

⑶為企業內各部門指出降低品質成本的方向和途徑。

### 2.品質成本預測分類

按預測時間的長短可分為短期預測和長期預測。

⑴一年以內的屬於短期預測，用於近期的計劃目標與控制；

⑵兩年或更長時間的屬於長期預測，用於制定企業競爭戰略。

### 3.品質成本預測的準備工作

預測是對事物發展趨勢的超前認識，首先需要掌握大量的觀測數據和資料。主要收集以下資料：

⑴用戶資料，收集用戶關於產品品質和售後服務的要求。

⑵競爭對手資料，包括產品品質，品質成本(這類資料很難獲得)，用戶對競爭對手產品品質的反映等。

⑶企業資料，主要包括本企業關於品質成本的歷史資料，如品質成本結構、品質成本水準等。

⑷技術性資料，即企業所使用的檢測設備、檢測標準、檢測方法以及企業所使用的原材料、外購件對產品品質及品質成本的影響資料，還有企業關於新產品開發、新技術使用的情況。

### 4.品質成本的預測方法

品質成本預測時要求對各成本構成的明細科目逐項進行。由於影響不同科目的方式不同，表現出的規律也不相同，所以對不同科目可採用不同的預測方法。通常採用的方法有經驗判斷法和計算分析法兩種。

⑴經驗判斷法

當影響因素比較多，或者影響的規律比較複雜，難以找出那怕是很粗糙的函數關係，這時可組織經驗豐富的品質管理人員、有關的財會人員和技術人員，根據已掌握的資料，憑藉自己的工作經驗作預測。此外，對於長期品質成本也適宜使用經驗判斷方法。

⑵計算分析法

如果經過對歷史數據作數理統計方法的處理後，有關因素之間呈現出較強的規律性，則可以找到某些反映內在規律的數學運算式用來做預測。

## 二、品質成本計劃內容

品質成本計劃是在預測基礎上，用貨幣量形式規定當生產符合品質要求的產品時，所需達到的品質費用消耗計劃。主要包括品質成本總額及其降低率，四項品質成本構成的比例，以及保證實現計劃的具體措施。

品質成本計劃的內容分為數據和文字兩部份。

### 1. 數據部份計劃內容

⑴企業品質成本總額和品質成本構成項目的計劃。

⑵主要產品的品質成本計劃。

⑶品質成本結構比例計劃。結構比例對企業效益有一定的影響，在品質成本總額一定的條件下，不同的品質成本結構效益是不同的。

(4)各職能部門的品質成本計劃。

2.文字部份計劃內容

(1)各職能部門在計劃期所承擔的品質成本控制的責任和工作任務；

(2)各職能部門品質成本控制的重點；

(3)開展品質成本分析，實施品質成本改進計劃的工作程序等說明。

## 三、實行品質成本控制考核

品質成本是對企業生產的設計、製造、供銷階段以及其他輔助環節都分別進行控制。它貫穿於企業生產的全過程。品質成本考核，就是定期對品質成本責任單位和個人考核其品質成本指標完成情況，評價其品質成本管理的成效，並與獎懲掛鈎以達到鼓勵鞭策，共同提高的目的。因此，品質成本考核是實行品質成本管理的關鍵手段之一。

1.品質成本控制的方法

為了對品質成本實行控制和考核，企業應該建立與經濟責任制掛鈎的品質成本責任制，形成完善的品質成本考核指標體系。對構成品質成本的費用項目進行分解、落實到有關部門和人員，明確責、權、利，統一主管、部門歸口、分級管理的系統。

品質成本控制的方法主要有：

(1)限額費用控制法。

(2)圍繞生產過程重點提高合格率水準的方法。

(3)運用改進區、控制區、至善論區的劃分方法進行品質改進、優化品質成本的方法。

⑷運用價值工程原理進行品質成本控制的方法。

### 2.品質成本控制過程

品質成本控制就是以品質成本計劃所制定的目標為依據，通過控制手段把品質成本控制在計劃範圍內。

控制過程分為核算、制定控制決策和執行控制決策。

⑴核算

核算，是控制活動中的測量環節，通過定期或不定期地對品質成本的責任單位和產品核算其品質成本計劃指標的完成情況，計算實際成本與計劃目標的差異，評價品質成本控制的成效。

⑵制定控制決策

當發現差異量超出控制範圍時，需要制定控制決策。在作詳盡的分析以後，找出問題的原因，需要及時制定控制決策，決策是由一系列的可執行措施組成。

⑶執行控制決策

由有關的部門或個人執行控制決策。在控制過程中，核算應當與考核結合進行，以增強有關部門和員工的品質意識。

### 3.品質成本控制方式

從控制活動中不同使用資訊的方式分類，可以有三種不同的基本控制方式：

⑴事後控制

事後控制是指在事情發生後，回過頭來總結經驗教訓，分析事故原因，研究預防對策，爭取在下個計劃期內把事情做得更好一些。用控制論原理解釋，是基於資訊的負反饋控制。這一控制方式在管理中有普遍應用，最早出現在品質控制活動中。當品質偏離了目標值，往往是已經產生了不合格品，損失已經造成，再通過查找原因採取措施，以達到控制目標。這種方式雖然不能及時控制，但由於操作簡單，仍然有著廣泛的使用價值。

⑵事中控制

事中控制是指在事後控制的基礎上發展起來的。當有跡象表明將要出現品質問題時，及時採取控制措施，避免品質問題的產生。顯然這種控制方式比事後控制更有效，它可以減少、甚至避免損失。使用這種方法的關鍵是需要有一種有效手段來監測受控對象，及時發現不正常的徵兆，以便採取措施。問題是這種手段並非對每一種品質成本控制對象都是存在的，所以事後控制仍是十分有用的控制方式。

⑶事前控制

事前控制是指在事情開始以前就採取的種種措施，完全避免不利因素的衝擊。它的控制論原理是前饋控制，事實證明只要能夠事前預測到不良因素的發生，及時採取預防對策，可以取得非常好的控制效果。在品質控制和成本控制中已普遍意識到最好的控制在產品設計階段，設計階段的工作可以控制住 60%的品質問題和產品成本。

# 第四節　如何使品質成本達到最優

品質成本的優化是指根據品質成本的不同構成及品質成本的特性曲線，選擇合適的品質成本優化法，進而達到品質成本的最低。企業應從宏觀和微觀角度對品質成本的管理和控制，是優化產品品質，提高資本增值效益，深化全面品質管理的關鍵。

## 一、優化品質成本的結構

品質成本的構成，是指預防成本、鑑定成本、內部故障成本和外部故障成本四項，優化品質成本與這些構成因素有極大的關係。品質成本的四個項目之間有一定的比例關係，通常情況下：

1. 內部故障成本佔品質成本總額的 25%～40%；

2. 外部故障成本佔到 20%～40%；

3. 鑑定成本佔 10%～50%；

4. 預防成本僅佔 0.5%～5%；

5. 在簡單的、低公差的工業部門，品質成本的總額一般不超過銷售總額的 2%；

6. 在異常情況下，如高精密度、高可靠性、高複雜性，品質成本總額可能超過銷售總額的 25%；

7. 如果把內部損失成本與外部損失成本統統視為品質損失成本，那麼在消費品工業中，品質損失成本一般是鑑定成本的幾倍；

8. 預防成本一般不到全部品質成本的 10%，普遍認為接近 10%

較好；

9. 品質損失成本的較理想比例是佔品質成本總額的 50%左右。

比例關係隨企業產品的差別和品質管理方針的差異而有所不同。對於生產精度高、或產品可靠性要求高的企業，預防成本和鑑定成本之和可能會大於 50%。

## 二、提高品質成本的關注點

在優化品質成本時應注意以下幾個方面，可以為進一步地優化工作打下良好的基礎。

### 1. 品質成本統一歸口

要想實施品質成本管理工作，深入研究品質成本與效益的關係，向品質成本要效益，就必須首先解決品質成本統計的統一歸口問題。解決品質成本統一歸口的基本方法有兩種：

⑴設置品質成本一級賬戶

在一級賬戶下按「預防成本」、「鑑定成本」、「內部損失成本」及「外部損失成本」設置二級賬戶，下麵再設若幹明細項目統計和核算。

⑵設置賬外記錄

由各工序、各品質成本控制網點進行登記，然後由專人匯總核算，試行一段時間後，逐步過渡到一、二級賬目上加以反映。

### 2. 分產品、分工序建立品質成本賬冊，按明細項目登記品質成本

其中需要設計出必要的原始憑證，制定憑證的傳遞程序，建立必要的賬簿，建立品質成本登記控制網點，並指派專人負責，在重

要統計點上，最好能指派既熟悉品質管理工作，又具有一定經濟知識的人總負責。

3.定期編制和填寫產品品質成本報告表

(1)可供企業主管和職工瞭解品質成本的開支情況，以及瞭解各部份品質成本佔品質成本總額的百分比，為決策提供參考。

(2)為品質管理人員開展品質成本研究提供重要基礎和依據。

4.定期計算有關產品品質的技術指標和有關品質成本的指標

如產品合格率、產品等級率、廢品率、停工工時、返修工時、出廠品質事故率、退貨率、各部份品質成本在品質成本總額所佔的比例、品質成本在總成本和銷售總額中所佔的比例等等，以便準確反映品質變化與品質成本變化的關係，同時便於上下期比較，預算與實際比較，尋求其間的內在聯繫，觀察長期發展變化趨勢。

## 三、如何獲得統計品質成本數據

品質成本數據是品質優化的根據，品質總管可從以下管道獲得這些數據：

1.會計科目中的現成數據

使用會計科目中提供的現成數據，如廢品損失、用戶索賠費用等。

2.現有報表中的數據

使用現有報表中提供的數據，如檢驗報表中列的各種檢驗費。

3.設置專門的品質成本調查表

調查表的格式設計一般有兩種：

⑴單項式。即一張調查表只統計其中一個二級項目的數據，或者只統計某一個二級項目中的某一二項品質成本。採用這樣的調查表需再設置一張用於匯總全部品質費用的統計表。

⑵覽表式。即一張調查表統計各個二級項目，各部門根據本單位品質成本的實際發生情況填寫，最後由財務部門負責匯總。

### 4. 建立臨時報表收集數據

有些不經常發生的費用，最好不列入品質調查表，而採用臨時報表來收集數據為好。

### 5. 進行估計、測算

某些目前確實很難準確計算的費用，可採用估計、測算、分攤等辦法來獲得。例如估計某位工程師為分析產品品質問題所花費的時間。

## 四、掌握品質成本的方法

品質成本優化，是指在保證產品品質滿足用戶的前提下，尋求品質成本總額最小。由於品質成本構成的複雜性，對大多數企業來說很難找到品質成本曲線，現有的基於數學理論的優化方法很難在品質成本優化中使用。比較實用的優化方法是基於品質管理理論和經驗的綜合使用。如圖 8-4-1 所示。

### 1. 品質改進區

企業品質狀態處在這個區域的標誌是故障成本比重很大，可達到 70%，而預防成本很小，比重不到 5%。此時，品質成本的優化措施是加強品質管理的預防性工作，提高產品品質，可以大幅度降低故障成本，品質總成本也會明顯降低。

圖 8-4-1　品質成本曲線區域劃分示意圖

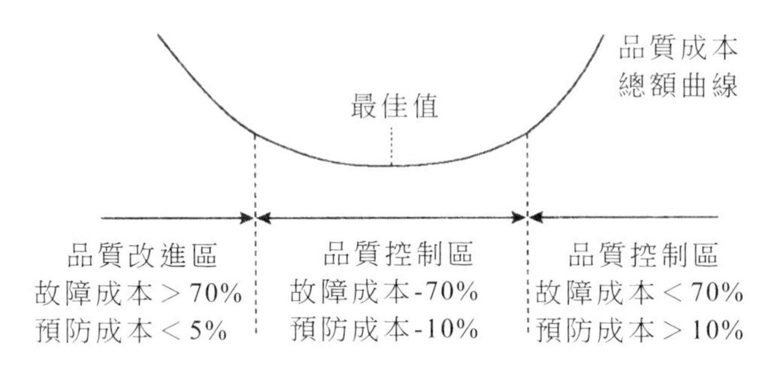


2.品質控制區

企業品質狀態處在這個區域時，故障成本大約佔 50%、預防成本在 10%左右。在最佳值附近，品質成本總額是很低的，處於理想狀態，這時品質工作的重點是維持和控制在現有的水準上。

3.品質過剩區

處於這個區域的明顯標誌是鑑定成本過高，鑑定成本的比重超過 50%，這是由於不恰當的強化檢驗工作所致，當然，此時的不合格品率得到了控制，是比較低的，故障成本比重一般低於 40%。相應的品質管理工作重點是適當放寬標準，減少檢驗程序，維持工序控制能力，可以取得較好的效果。企業應從宏觀和微觀角度加強對品質成本的管理和控制，這是優化產品品質、提高資本增值效益、深化全面品質管理的關鍵。

# 第五節　品質成本管理體系的建立及實施

## 一、品質成本管理體系的建立

### 1. 建立品質成本管理體系的原則

⑴目的性原則，根本目的是確保以最大限度提高企業的效益。

⑵科學性原則，是指品質成本管理指標應有明確的定義和科學的依據。

⑶協調性原則，品質成本指標應與其他技術經濟指標相互協調、相互促進、相互補充。

⑷全面性原則，品質成管理本指標既要包括評價指標又要包括考核指標，並且貫穿與生產經營全過程。

⑸系統性原則，是指品質成本管理指標體系的各指標之間相互依存、相互制約的關係。

⑹有效性原則，是指品質成本管理指標體系應具有一定的使用性和可操作性。

### 2. 品質成本管理體系指標的構成

⑴品質成本評價指標體系

品質成本評價指標按其作用和要求大致可劃分為三大類：品質成本結構指標；品質成本相關指標；品質成本目標指標。

品質成本結構指標總的來說有兩大類：一類是指預防成本、鑑定成本、內部損失成本、外部損失成本各二級科目佔總品質成本的比率；另一類是二級科目中的三級科目佔相應各二級科目的比率。

具體指標有：

①預防成本率。即預防成本佔品質成本的百分比。其計算公式為：

預防成本率(%)＝預防成本/品質成本×100

②鑑定成本率。即鑑定成本佔品質成本的百分比。共計算公式為：

鑑定成本率(%)＝鑑定成本/品質成本×100

③內部損失成本率。即內部損失成本佔品質成本的百分比。其計算公式為：

內部損失成本率(%)＝內部損失成本/品質成本×100

④外部損失成本率。即外部損失成本佔品質成本的百分比。其計算公式為：

外部損失成本率(%)＝外部損失成本/品質成本×100

⑤外部品質保證成本率。即外部品質保證成本佔品質成本的百分比。其計算公式為：

外部品質保證成本率(%)＝外部品質保證成本/品質成本×100

⑥某一品質成本三級科目佔其相應二級科目的百分比。例如：

返修費占內部損失成本比率(%)＝返修費/內部損失成本×100

**圖 8-5-1　內部損失成本率較高時效益變化示意圖**

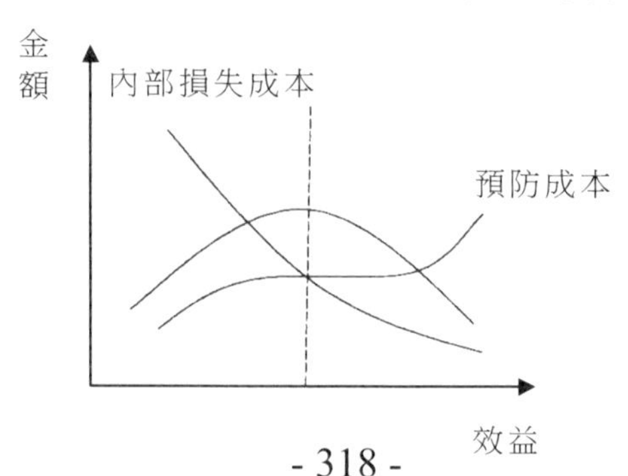

圖 8-5-2　鑑定成本率較高時效益變化示意圖

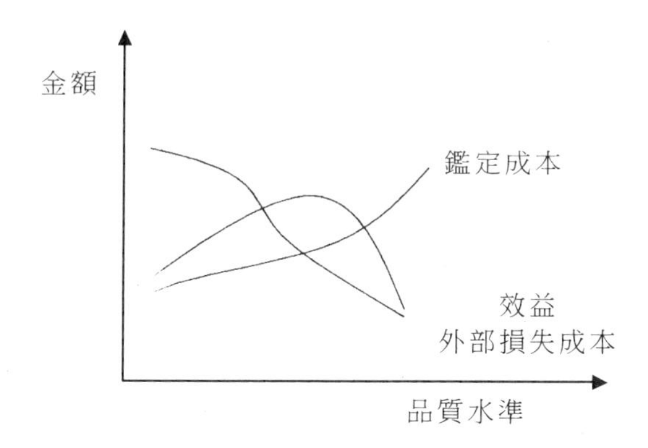


⑦品質成本相關指標：

銷售收入品質成本率(%)＝品質成本總額/銷售收入總額×100

產值品質成本率(%)＝品質成本總額/工業總產值×100

⑧品質成本目標指標

品質成本目標指標＝基期(計劃期)品質成本(指標)值－報告期品質成本(指標)值

⑵品質成本考核指標體系

品質成本考核指標一般依品質成本計劃、品質成本控制目標以及品質成本評價指標來確定，也可選定那些考核工作品質的指標，如：廢品損失率、返修損失率等。

## 二、品質成本管理的實施

### 1. 品質成本管理的概念

品質成本管理就是企業對品質成本進行的預測、計劃、核算、分析、控制和考核等一系列有組織的活動，以尋求適宜的品質成本為手段，提高產品品質水準、品質管理水準和品質保證能力。

2.品質成本管理的作用

⑴品質成本管理是要查明一種產品或服務的實際成本與每個人都符合標準既無缺陷也無差錯的工作時應有的成本之間的差異。

⑵企業運用品質成本可以協調品質管理與其他經營管理的關係，把品質考核與效益考核結合起來，從而把經濟利益與品質責任、承包的經濟指標與品質指標統一起來。使品質責任成為各項管理的核心，使品質管理融入各項管理之中。

⑶強化企業主管的品質意識。

⑷進一步完善品質體系。

⑸便於品質資訊網路的有效運轉。

3.品質成本管理工作的實施

⑴要建立一個完整的品質成本管理體系，負責組織、協調、落實品質成本工作和品質改進計劃，應配有專職（兼職）品質成本核算和管理人員，負責品質成本資訊的收集、分析和處理。

⑵實施品質成本管理，必須充分發揮各部門的品質職能，以達到不斷降低產品品質成本，降低消耗，提高效益的目的。

⑶推行品質成本管理，必須廣泛發動，全面試行，分階段考核。

## 三、品質成本管理的系列活動

### (一)品質成本的預測與計劃

1.品質成本預測

品質成本預測是制定品質成本計劃的依據，是通過分析各種品質要素與品質成本的依存關係，對一定時期的品質成本目標，做出長期、中期、短期預測。

品質成本預測是在認真分析研究本企業已有的品質成本數據的基礎上，測算在一定時期內企業應支付的品質成本。品質成本預測不僅要對品質總成本進行預測，還要分別對預防成本、鑑定成本、內部損失成本、外部損失成本和外部品質保證成本進行預測。

⑴品質成本預測的主要依據

①企業的歷史資料。

②企業的方針目標。

③國內外同行業的品質成本資料。

④產品生產的技術條件及產品品質要求。

⑤用戶的特殊要求。

⑵品質成本預測的程序

①確定預測目標。一般的做法是根據企業的品質目標以及達到目標的要求，確定預測目標。

②調查和收集資料，內容包括：

a. 國內外同類企業的品質成本的有關資料。

b. 市場調研資料。通過對市場的調查，瞭解用戶對本企業產品在品質上和維修服務上的要求，為企業採取相應措施和投入品質費用提供可靠的依據。

c. 本企業品質成本的歷史資料。

d. 同行業品質水準，品質改進和品質成本水準、結構等資料。

e. 品質改進措施的經濟效果方面的資料。

f. 有關的品質政策。

g. 國際和國內與產品品質相關的品質標準、原材料定額等有關資料。

h. 新產品的發展，新技術的應用和產品結構的改進等。

i. 設備修理及更新狀況。

j. 其他有關資料。

③選擇適合的預測方法與模型。

④分解品質成本並進行具體測算。

a. 按項目進行分解，即按預防成本、鑑定成本、內部損失成本和外部損失成本、外部品質保證成本等項目分別進行預測。

b. 按工廠、部門進行分解，即根據產量、品質要求的程度、技術複雜的程度、操作工人的平均級別、設備狀況等因素考慮。

c. 按工作性質進行分解和預測，常按設計、製造、銷售和技術服務等進行測算。

⑤對預測結果進行分析和判斷。即根據整理分析後的資料，提出品質改進措施，對預測得出的結果進行判斷，為編制品質成本計劃奠定基礎。

⑥根據結論性意見，下達計劃。

⑶品質成本預測的方法

品質成本的預測方法主要有經驗判斷法、比例測算法和數學計算法。

①用回歸分析法預測品質成本。

②簡單平均法預測品質成本。

③加權平均法預測品質成本。

④推定平均值法預測品質成本。

## 2. 品質成本計劃

制定品質成本計劃，應與企業綜合經營計劃、品質計劃和成本計劃相協調，依據品質成本預測結果制定品質成本計劃。為企業進行品質成本控制、分析、檢查和考核提供依據。

(1)品質成本計劃的內容

品質成本計劃的具體內容包括：

①總品質成本計劃。即反映計劃期內各種可比產品和不可比產品的總品質成本及品質成本降低額的計劃。

②品質成本構成比例計劃。即反映計劃期內品質成本結構、各種有關基數以及它們之間的比例情況。

③品質費用計劃。即反映計劃期內品質費用的分配和品質費用水準的計劃。

(2)品質成本計劃的編制

①改進區域，損失成本較多，預防成本較低，因此要適當提高預防成本，降低故障成本。

②至善區域，損失成本很低，鑑定成本過高，因此要適當減少預防、鑑定成本，使損失成本高於預防、鑑定成本。

③最佳區域，主要目標是採用有效的辦法使這個時期的產品品質總成本控制在這一最佳狀態。但要注意最佳狀態是隨著產品的產量、結構、技術要求變化的。因此它是相對某一時期的固定值。

## (二)品質成本的科目設置

### 1. 品質成本科目和產品成本科目

(1)產品成本科目和品質成本科目相同點

①產品成本科目和品質成本科目都是對具有特定屬性的費用進行分類、歸納。各層次的科目構成各自的完整獨立的科目系統。

②產品成本科目與品質成本科目各自的名稱均具有相當的連續性和穩定性。

③同級科目所歸集的費用相互獨立，互不重疊，不允許重覆計算。

⑵產品成本科目與品質成本科目的差異

①品質成本科目的名稱、內容、數量可依據不同行業、不同企業、不同的產品特點的不同，在一定程度和一定範圍內設置不同的科目。

②科目歸集的內容不同。即品質成本科目所歸集的費用同產品成本科目所歸集的費用有本質的差別。

③品質成本科目所歸集的品質費用的全面程度不同於產品成本科目。

④品質成本科目所歸集的品質費用的精確性不同於產品成本科目。產品成本所歸集的成本費用必須精確無誤，以保證賬戶之間的資金平衡。

### 2.品質成本科目的設置原則和目的

①符合現行產品成本核算制度。

②能具體反映品質管理和經濟核算的要求。

③符合品質成本定義範圍，避免科目內容交叉重覆，或將不屬於品質成本開支範圍的費用包括進來，以保證如實反映企業品質成本狀況。

④要適合企業規模、產品類型、技術規範、設備及計量測試水準，以便於應用品質成本，實施品質改進。

⑤品質成本各科目的內容範圍大小要適當，內容範圍過小使品質成本數據的收集、分析複雜化；內容過大則影響品質成本

分析的準確性，且不易說明品質問題。

⑥設置品質成本科目要根據不同企業的具體情況進行。科目設置工作是一項分步驟逐步完善的過程，不可一蹴而就，要依據企業的品質管理水準、技術水準、會計核算體系的水準以及各項企業基礎管理的水準。

### 3. 推薦的品質成本科目的設置

一級科目：品質成本

二級及三級科目：

(1)預防成本(包括以下三級科目)

①品質工作費。為制定品質政策、計劃、目標、編制品質手冊及有關文件等一系列活動所支付的費用。

②品質培訓費。為達到品質要求或改進產品品質的目的，提高職工的品質意識和品質管理業務水準，進行培訓所支付的費用。

③工資及職工福利費。從事品質管理人員的工資及職工福利基金。

④新產品評審費。新產品投產前進行品質評審所支付的費用。

⑤品質管理活動費。為推行全面品質管理工作所支付的費用。如品質管理協會經費、品質管理諮詢診斷費、品質獎勵費、品質情報費及品管部門的辦公費。

⑥品質改進措施費。為保證或改進產品品質所支付的費用。

⑦品質評審費。對本部門、本企業的產品品質審核和品質體系進行評審所支付的費用。

⑧其他費用。上述科目未包括的有關費用。

⑵鑑定成本（包括以下三級科目）

①進貨檢驗費。對外購原材料、零件、元器件及外協件進行檢驗、鑑定、審核所支付的費用。

②工序檢驗費。在產品製造過程中，查核在製品、半成品、產成品的品質是否符合品質要求所支付的費用。

③質檢部門辦公費。質檢部門為開展日常檢驗工作所支付的費用。

④工資及職工福利基金。從事品質檢驗工作人員的工資及職工福利基金。

⑤檢驗設備維修費。檢測設備的維護、修理費用。

⑥產品品質認證費。對產品品質進行認證所支付的費用。

⑦產品試驗費。以檢驗產品品質為目的進行試驗支出的費用。

⑧檢測設備的折舊費。

⑨其他費用。上述科目未包括的有關費用。

⑶內部損失成本（包括以下三級科目）

①不合格品損失費。由於產品品質、半成品、元器件、零件、原材料達不到品質要求且無法修復或在經濟上不值得修復，造成報廢所損失的費用。

②返修費。為修復不合格品使之達到品質要求所支付的費用。

③降級損失費。由於產品品質達不到規定的品質等級而降級所損失的費用。

④停工損失費。由於設計、技術、原材料等品質原因造成停工所損失的費用。

⑤產品品質事故分析處理費。由於處理內部產品品質事故所支付的費用。如重新篩選或重新檢驗等支付的費用。

⑥積壓損失費。由於品質原因造成產成品、半成品、元器件、原材料等積壓超儲所損失的費用。

⑦責任損失費。由於人為原因造成的損失費用，如物品混放、損壞或丟失所造成的損失費用。

⑧其他費用。上述科目中未包括的有關費用。

(4)外部損失成本(包括以下三級科目)

①理賠費。因產品品質不符合要求，用戶提出申訴，進行理賠處理所支付的費用。

②退貨損失費。因產品品質不符合要求造成用戶退貨、換貨所損失的費用。

③折價損失費。因產品品質未達到品質標準，折價銷售所損失的費用。

④保修費。根據保修規定，為用戶提供修理服務所支付的費用。

⑤工資及職工福利基金。保修服務人員的工資及職工福利基金。

⑥其他費用。上述科目中未包括的有關費用。

(5)外部品質保證成本(包括以下三級科目)

①品質保證措施費。應用戶特殊要求而增加的品質管理費用。

②產品品質證實試驗費。為用戶提供產品品質受控依據，進行品質證實試驗所支付的費用。

③評定費。應用戶特殊要求進行產品品質評定和認證支付的費用。

④其他費用。上述科目未包括的有關費用。

以上介紹的科目基本完善和發展了現行的各種不同的科目，具有一定的適用性。同時它也制定有關品質成本管理的標準化提供了有利條件，但它還有待於具體實踐的檢驗。

(三)品質成本核算

1. 品質成本核算的任務

⑴確定品質成本應注意的事項

①品質成本的真實性

影響品質成本真實性的因素有兩個：一是由於將非品質費用劃入品質成本開支範圍所造成的品質成本不真實。二是由於品質費用數據的不準確性所造成的品質成本偏差。

②品質成本的全面性

品質成本管理服務於全面品質管理，而全面品質管理有一條基本原則——重點性原則，即解決主要矛盾，抓住關鍵的少數，因此品質成本管理也同樣體現這一原則。

⑵建立科學、系統的品質費用收集系統

①建立科學合理的品質費用收集管道。

②落實責任部門。

③制定數據收集圖表、報表。

⑶制定品質費用分配辦法

①確定核算對象。

②確定財務處理制度。

⑷品質成本的屬性

2. 品質成本核算的原則

根據以上所述，推薦品質成本核算原則如下：

⑴採用統一的核算度量值。

⑵儘量和現行的經濟核算(成本核算)相一致，利用會計資料和統計資料，適應和促進而不是擾亂會計核算和統計核算工作。

⑶確定統一的核算價格。

⑷根據產品類型、責任部門、技術過程、品質管理和品質保證的需要確定核算對象。

⑸遵守品質成本開支範圍，正確劃分各種品質費用界線。

⑹儘量採用以會計核算為主的核算方法，儘量實行權、責統一原則。

### 3.品質成本的開支範圍

對品質成本進行核算，首先必須確定其開支範圍，即根據品質成本的定義，確定有關的品質費用，剔除不屬於品質費用的其他費用，以保證品質成本核算結果的真實性，如實反映品質管理的水準和產品的品質水準。根據品質成本的定義，確定品質成本開支範圍如下：

⑴為開展品質管理和改進產品品質而消耗的各種原材料、動力、燃料、用品的費用。

⑵品質管理人員、品質檢驗人員的工資及提取的職工福利基金、工會經費、職工教育經費及各種津貼補助；其他從事品質管理、品質檢驗、售後服務等工作人員按規定計算的工資和職工福利基金；各種品質獎金。

⑶品管部門和檢驗部門使用的設備、儀器、儀錶的基本折舊、大修折舊以及實際支付的中、小修理費，日常維護校準費和為進行品質管理和品質檢驗使用的工具、量具等低值易耗品的攤銷費用及消耗的材料、工時費用。

⑷品管部門、檢驗部門以及其他部門等品質有關的辦公費、旅差費、勞保費等。

⑸因品質不符合要求造成的停工損失、返修、報廢、減產、產品降級、折價出售等內部損失費，以及因品質缺陷造成的對外維修、

銷售、服務等部門的外部損失費。

⑹品質機構對產品品質進行抽查、認證、測試以及對品質體系進行審核、諮詢等所支付的費用。

⑺與品質管理、品質核對總和產品品質有關的其他費用。

## 4.品質費用原始憑證

⑴廢品通知單

⑵廢品損失匯總表

⑶返修通知單

⑷返修損失計算匯總表

⑸物資領用單和物資費用匯總分配表

⑹工資費用匯總分配表

⑺折舊費分配表

⑻產品保修記錄單

⑼其他原始憑證

⑽隱含成本統計表

## 5.品質成本核算方法的確定

### ⑴以會計核算為主的品質成本核算方法

①運用設置賬戶、複式記賬、填制憑證、登記賬簿、成本計算、財產清查和編制報表等一系列的專門方法，按照活動發生的順序進行連續、系統、全面和綜合的記錄。

②以貨幣作為主要的統一計量單位。

③嚴格地以審核無誤的憑證，記錄經濟活動的全過程，明確其責任。按下列程序逐步進行：

· 設置會計科目、總賬和明細賬

· 工作程序

· 數據資料的收集

· 賬務處理

· 根據賬務處理，即編號成冊的收、付、轉會計憑證逐步登記各分戶明細賬和總賬，並定期和總賬核對。

· 品質成本還原的賬務處理。

⑵品質成本的統計核算方法

①建立品質成本核算點，落實各有關職能部門的品質成本統計核算的職責，提供品質成本統計核算的組織保證。

②制定品質成本統計核算報表制度，編制各種統計報表。

③要連續不斷地反映各項品質費用現狀和品質成本的變化趨勢。

④需要對所統計的各項品質費用毫不例外地反映出來，保證品質成本核算結果的全面性和一致性。

⑤盡可能利用成本核算中的各種有關費用數據、避免重覆勞動，提高統計核算的準確性。

⑶品質成本的統計核算步驟

品質成本的統計核算大致可按三個步驟進行，即品質成本的統計歸集，品質成本的統計整理及品質成本的報表編制。

①品質成本的統計歸集。

②品質成本的統計整理和報表編制。

⑷品質成本以會計核算為主統計核算為輔的方法

採用會計方法進行品質成本核算的優點與不足：

①能在品質費用支付或發生時及時通過記賬憑證進行反映、監督。

②能明確責任，保證核算資料的嚴肅性。

③最大可能地利用了成本核算的成果，減少了重覆勞動，利於品質成本核算工作的開展。單純運用會計核算方法，無法解決隱含品質成本的核算。隱含品質成本超出了現在會計核算的範圍，且由於品質成本與產品成本的屬性之間的差別，也不可能將隱含品質範圍劃入會計核算範圍。

採用會計核算為主統計核算為輔的具體做法：

①顯見品質成本按會計科目進行歸集。

②隱含品質費用按統計科目歸集。

③顯見品質費用，按現行產品成本核算辦法計入品質成本。

④隱含品質費用中的直接費用直接計入相應的品質成本之中；間接費用分攤到各產品品質成本之中。分攤的原則可參照成本核算規定的相應原則。

## (四)品質成本綜合分析與報告

### 1.品質成本綜合分析

(1)比較基期和比較基數

①比較基期。被確定作為比較基準的某一時期稱做比較基期。

②比較基數。基數也是一種比較基準，它由與品質成本有關的一系列技術經濟指標構成。

由於企業的情況不同，一個企業所選擇的基數不一定能滿足另一個企業的需要，一般情況下，基數的選擇應考慮以下幾點：

①所選取的基數應能靈敏反映出企業生產經營的變化情況。

②所選取的基數應能滿足建立品質成本指標體系的需要。

③所選取的基數應能將品質成本與工作成效結合起來。

④品質成本與基數的比較分析結果應有利於企業增加收入，提

高效益。

⑵常用的比較基數

①工時基數。工時基數一般包括：總工時、直接工時、標準工時等。

②成本基數。成本基數一般包括：總成本、生產成本、製造成本等。

③銷售額基數。銷售額基數一般包括：淨銷售額、成品銷售額、商品產品銷售額等。

④產量基數。產量基數一般包括：產量、產值等。

2.品質成本分析方法

⑴品質成本指標分析

品質成本指標分析就是通過對品質成本指標進行定期核算，並與基期或計劃值進行比較，以分析和評價品質成本管理效果的一種綜合分析方法。

⑵品質成本趨勢分析

趨勢分析就是將目前水準與過去水準進行比較，以分析預測將來的水準。也可以採用排列圖分析法，如圖 8-5-3 和圖 8-5-4。

圖 8-5-3　排列圖分析法（之一）

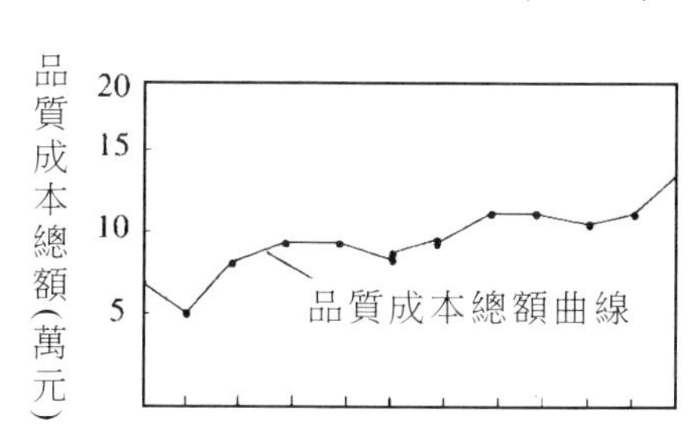

圖 8-5-4 排列圖分析法（之二）

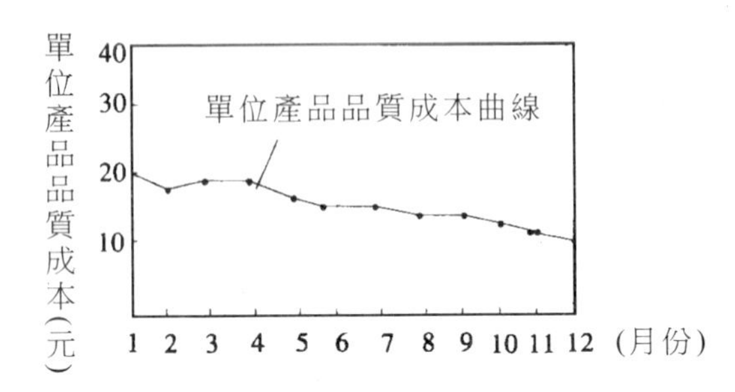


⑶投資目標分析

投資目標分析就是對需進行品質預防的產品，確定其所佔費用的佔有率，對其各項費用的分擔幅度進行對比分析，從而確定最有潛力的投資目標。

3.開展品質成本分析應注意的問題

⑴要做好品質成本分析的基礎工作，保證品質成本分析所需數據的準確性、可靠性和及時性。

⑵開展品質成本分析是為了降低成本和提高品質，達到提高企業和社會效益的目的。

⑶進行品質成本分析，不能只停留在對若干指標的一般分析和數據的簡單處理，而必須與具體的品質管理活動相結合，配合品質控制和品質改進活動進行有目的的品質成本分析，重視品質成本分析與實務相結合，以達到品質成本分析的目的。

⑷由於企業生產經營規模、特點各異，並且不同企業，其品質成本科目劃分和核算方法也各不相同，因而企業之間的品質成本數據一般不具有可比性。

⑸品質成本分析中的各種分析方法應注意配合使用，每一種方法都有其特點，解決問題、分析問題的角度各不相同。

## 4.品質成本報告

### (1)品質成本報告內容

品質成本報告一般應包括如下內容：

①品質成本、品質成本二級科目以及品質成本三級科目的統計、核算結果。

②品質成本計劃的執行情況以及與基期或前期的對比分析。

③品質成本趨勢分析結果。

④品質成本指標分析結果。

圖 8-5-5　柱狀品質成本分析圖

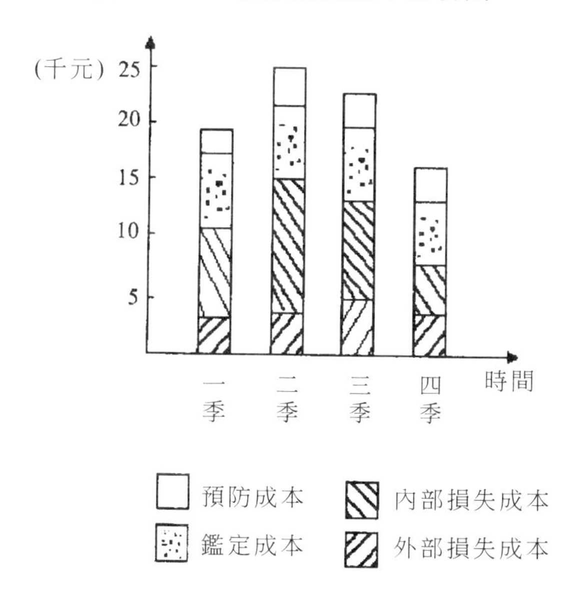


⑤分析並找出影響品質成本的關鍵因素，提出相應的改進措施。

⑥提出對典型事件的分析結果。

⑦對品質成本管理中存在的問題及取得的成就做出文字說明。

⑧對品質管理和品質保證體系的有效性做出評價。

⑵品質成本報告分類

按報告形式可分為報表式、圖表式、陳述式和綜合式等，這裏列出柱狀品質成本分析圖，見圖 8-5-5。

## 四、品質成本管理體系的控制

### (一)品質成本管理控制

所謂控制是指在一定約束條件下為達到某一既定目標而採取的一系列有組織活動。

成本控制是指企業在生產經營過程中，按既定的成本目標進行控制，並採取有效措施及時糾正脫離目標的偏差，將實際成本限制在控制目標之內。品質成本管理控制具有三層含義：一是在品質成本核算和分析的基礎上，確定品質成本目標，並對品質成本目標本身實施控制；二是對品質成本目標完成情況進行過程控制和監督；三是在過程控制的基礎上著眼未來，自始至終以改進工作為手段，以提高產品品質、實現品質成本優化為目標，發現產品生產過程中一切低品質、高消耗之所在。

#### 1. 品質成本控制的三個階段

⑴事前控制。

⑵事中控制。

⑶事後處置。

#### 2. 品質成本控制目標的確定和分解

⑴品質成本控制目標的確定。

⑵品質成本控制目標的分解。

### 3.品質成本控制是全過程控制

(1)產品開發設計階段的品質成本控制。

(2)製造過程的品質成本控制。

(3)銷售服務過程的品質成本控制。

### 4.建立品質成本責任制，形成品質成本控制管理系統

品質成本控制歸口責任單位和內容大致劃分如下：

(1)預防成本。由品管部門歸口管理。

(2)鑑定成本。由品質檢驗部門歸口管理。

(3)內部損失成本。由各直接生產部門歸口管理。

(4)外部損失成本。由銷售部門歸口管理。

(5)全部品質成本。由品管部門牽頭，財務部門歸口管理。

## (二)品質成本管理考核

### 1.品質成本考核指標體系的建立

#### (1)基本生產工廠的考核指標

如產值內部品質損失率、內部損失成本率、內部損失成本降低額(率)、廢品損失率、一次交驗合格率、返修率、品質事故等。

#### (2)檢驗部門的考核指標

如鑑定成本率、漏檢及錯檢率、漏檢及錯檢損失等。

#### (3)銷售部門的考核指標

如外部損失成本率、外部損失回饋及時率、維修服務及時率、工作失誤損失等。

#### (4)設計或技術部門的考核指標

如設計或技術品質事故損失成本，即因設計或技術問題造成的內部損失成本或外部損失成本等。

⑸品管部門的考核指標

如預防成本率、工作失誤損失等。

⑹其他部門的考核指標

2.監督考核

品質成本管理考核指標要實現其有效性，取決於對它的嚴格監督與考核。

3.成本管理效果評價

⑴定性效果評價

①品質成本管理體系的科學性和實效性以及企業的品質成本管理意識如何。

②開展品質成本管理對企業品質管理工作的影響。

③開展品質成本管理對產品品質的影響。

④開展品質成本管理為企業和社會帶來的直接或間接效益。

⑵定量效果評價

①優質優價品質收益評價

優質優價品質收益＝品質等級差價×提高品質等級產品數

②增加銷量品質收益評價

增加銷量品質收益＝(產品單價－單位產品變動成本)

×增銷產品數量

③降低損失品質收益評價

降低損失品質收益＝內部損失成本降低額＋外部損失成本降低額

# 第六節　案例：汽車公司的製程控制策略

在第 26 屆巴黎達喀爾拉力賽上，日產汽車公司生產的帕拉丁多功能運動型汽車首次參賽，成功地跑完全程，在 170 多個參賽車隊中位列第 57 名。1999 年日產導入 ISO 9000 品質管理體系後，按照該標準的規定進行生產管理。

從生產線上下來的汽車都接受制動試驗台的制動檢測，包括前輪制動、後輪制動、剎車、發動機加速等部件。檢測出的不合格部位，將重新裝配。

另外，根據標準要求，日產每個月按時召開品質例會，聽取並討論上月份品質會議決議及品質計劃完成情況報告、品質狀況分析報告，佈置本月重點品質工作。以完成製程監控，保證產品達到設定的品質目標。

從日產案例可以看出，高效的製程控制必須控制每道生產工序的品質，使生產出來的零件 100%合格，並結合前期管理、日常生產管理和製程改善制定過程控制文件，嚴格執行。

## 1. 前期管理

在生產新產品或零件的早期階段，以計劃或技術變更為準，開展全面的品質控制活動，隨後轉入日常生產管理。

前期管理時間一般為三個月，主要進行計劃書的製作、標準書的準備、教育培訓與工程能力評價、檢查與監查的實施等工作。

## 2. 日常生產管理

在生產階段，為了保持穩定的工序品質，應注意開展一系列活動，標準書的準備和執行、人員培訓、管理水準的把握、技術變更管理、不合格品管理、記錄管理、儀器管理和檢測。

### 3.製程改善

為了提高和控制產品品質，進行一些能提高工程管理水準的活動，促進工程的改善。

可通過使用工程能力指數和工程不良率把握工程管理水準，做到產品100%合格。

### 4.提交檢驗報告

指定的重要零件和特殊零件的檢驗結果和試驗結果，應定期提交給品質檢查部門。

通過瞭解日產製程管理方式，可以看出品管部門在製造過程中起著舉足輕重的作用。

### 1.首件檢驗

各工序開始作業時，由質檢員按規定進行確認最初加工完的半成品有無異常。

### 2.巡迴檢驗

檢驗人員在製造現場進行檢驗，以便及時發現問題，防止出現不合格品。

### 3.最終檢驗

最終檢驗屬於事後把關的行為，完成品只有通過最終檢驗後方可出貨。最終檢驗一般採取抽樣檢驗的方式進行。

### 4.記錄

檢驗記錄和其他與品質有關的記錄是產品的合格與否的證據，應該如實記錄，並妥善存放。

5. 可靠性檢驗

可靠性檢驗主要是指在模擬環境條件和使用條件下的產品使用壽命實驗，包括吊重實驗、拉伸實驗、搖擺實驗。

6. 異常處理

參與品質異常的處理，並跟蹤糾正和預防措施，確認其效果。

心得欄 ------------------------------

------------------------------------------

------------------------------------------

------------------------------------------

------------------------------------------

------------------------------------------

# 第 9 章

# 品管部實際案例

## （案例一） 膠皮尺寸偏長的品管問題

工作中出現過膠皮到 HSG 的尺寸偏長的問題，所以會出現這一問題，是由於脫皮的定位尺寸未做標記，也未給員工明確的標準，而品檢人員也沒有嚴格按產品標準進行檢驗。採取的措施是馬上返工，然後對責任人進行通報批評。同時對其他部門的班組長展開專案品質教育。當時工廠裏有很多生產線，每條生產線由許多工位組成，雖然只是某個工位發生的問題，但這一問題也可能在其他工位發生，所以也要對其他工位的班組長進行培訓，並要求班組長回去以後，對他的員工進行品質教育。

針對這個問題，採取以下改善措施：對脫皮機定位尺寸並用膠水粘牢。這樣，線頂過去剛剛好，誰也不會弄錯；要求品檢人員嚴格按圖紙尺寸檢查作判定，經常測量尺寸對不對；對班組長的工作也要進行抽查。表格中的 C 是我們將問題定的級別，表明問題的嚴重程度。

表中的第二個案例也是關於電線的。它也有事故描述、應急措施、原因分析、責任人處理，還有類似產品橫向展開專案品質教育。另外，改善對策也清楚了，這個問題的級別被定為B。

第三、第四個問題情況也差不多，第五個問題是輸出錯誤訂單了，本來訂單是3438PCS，結果輸成了34407PCS，這就是工作品質不良造成的後果，這也是為什麼生產管理者一再強調間接員工一定要講工作品質的原因。

以此類推，每一個問題都可以用這種方法記錄，並把它們做成電子文檔保存在電腦裏面。一旦問題重覆出現，就可以查看其發生的次數，並做好備註。當然，記錄表裏面最好列出對原因的分析，也要有相應的措施，這樣才能把PDCA落到實處。

表 9-1-1　問題記錄表

| 序號 | 日期 | 事故現狀描述 | 應急措施 | 原因分析 | 責任人處理 | 橫向展開教育 | 改善對策 | 備注 |
|---|---|---|---|---|---|---|---|---|
| 1 | 11/15 | 邁高膠皮到HSG尺寸偏長（內部抱怨） | 返工 | ①脫皮定位尺寸未標記<br>②品檢員沒有嚴格按產品標準檢驗 | 責任人通報批評 | 對本部門所有班組長作橫向展開專案品質教育 | ①對脫皮機定位尺寸並用膠水粘牢<br>②要求品檢員嚴格按圖紙尺寸檢查作判定，不良品及時挑出，班組長不定時作檢查 | C |
| 2 | 11/20 | 國俊日規二插+SR壓線 | 返工 | ①線溝偏低，導致壓線<br>②作業員操作手法不正確，線材未擺正 | 對相關人員進行批評教育 | 對類似產品作橫向展開專案品質教育 | ①請工程改線<br>②糾正操作手法並且保證每一條線擺正後方可關模 | B |

續表

| | | | | | | | | |
|---|---|---|---|---|---|---|---|---|
| 3 | 11/24 | 圖紙印字要求為XYP-201，而實標生產為XYP-01 | 分析檢討 | ①員工、班長、品管人員沒有認真確認首件並未嚴格執行<br>②同規格插頭兩種以上的新亞編號字板 | 相關責任人作教育及處罰 | 對本部門所有模具橫向展開追蹤，對同規格同客戶的模具字板做統一 | ①對班長監督確認首件的落實情況<br>②要求工程同一客戶同規格的模具統一編碼 | B |
| 4 | 11/27 | 抱怨歐規二插+SR+HSG端子有退PIN現象 | 分析改善 | 端子倒鉤變形彈片下陷，造成倒鉤不能完全卡膠殼倒槽 | 對相關人員進行處罰，批評教育 | 對相關責任人進行專案品質教育 | ①鉚壓後端子要求作外觀全檢，對不良品及時區分，並剪掉重新鉚壓<br>②組裝時落實一聽二看三反拉的作業方法 | B |
| 5 | 11/28 | 生管輸單錯誤（訂單3438PCS打生產通知單時輸為34407PCS | 立即停止生產，查清損失金額為41398元 | 責任人工作沒有做到位、粗心大意，打好生產通知單後沒有再次核對業務訂單 | 對責任人進行相應的處罰教育 | 對本次異常展開橫向教育 | 更改作業流程，追加K3內部審核權 | C |

### 1. 按輕重程度對問題進行分類

表 8 的備註欄裏有 B、C 等字母，這是企業對問題輕重程度的一種分類。生產管理者應對不同嚴重程度的問題給予不同的處理時間。例如，對 A 類問題，企業要求生產管理者要在 2 小時內把應急措施、原因分析、責任人處理等工作做完，在 24 小時之內進行橫向展開專案品質教育並採取改善措施。B 類問題要在 4 個小時內處理完畢，C 類問題要在 8 小時內處理完畢。

解決問題必須按問題的嚴重程度逐一處理，越重要緊急的問題，處理的時間會越短，以減少損失，如表 9-1-2 所示：

表 9-1-2　按輕重程度對問題進行分類

| 問題類型 | 應急措施/原因分析/責任人處理 | 橫向展開專案品質教育/改善措施 |
|---|---|---|
| A類 | 2小時內 | 24小時 |
| B類 | 4小時內 | 24小時 |
| C類 | 8小時內 | 48小時 |

### 2. 定期召開會議的好處

一企業每週都要召開週例會，有四個事業部，每個事業部生產一種產品。開週例會時，每個事業部都把他們生產的產品拿來給我看。

定期開會有什麼好處？它可以使相同的問題不會重覆第二次。有時候，幾個工廠生產的產品是一樣的，當某個工廠出現問題時，也可以對其他工廠進行橫向展開專案品質教育，同時也便於及時瞭解相關部門的工作進展情況，以便及時發現問題、處理問題。

定期開會透過半年或者一年的積累，企業可以把所有遇到的問題編成一個「問題集」或者叫做「產品的常見問題彙集」。例如，某個產品經常會碰到的 A 類問題有那些、B 類問題有那些、C 類問題有那些，碰到某類問題時應該採取什麼措施、什麼措施才是最好的，等等。改善對策使用以後，要在備註處標明這個問題有沒有得到徹底解決，如果沒有徹底解決，改善對策就是無效的，還得重新做。

開會的時候把問題拿出來討論，有利於集中大家的智慧。當一個問題提出來的時候，可能就會有人提出不同意見：原因分析好像不對、應該怎麼分析、應急措施好像不對、有什麼更好的方法，等等。透過討論，生產管理者收集了不同意見之後再回去修改問題記錄表，檢討「四不放過」問題，問題就有可能得到更快的解決。

# （案例二） 電腦線外觀不良的品管問題

客戶對我公司電腦線的不良率要求非常苛刻，而電腦線外觀不良率佔電腦線總不良率的 80%以上，由此引起客戶抱怨和退貨的情況時有發生。

改善目標：將電腦線外觀不良率從 2.68%降到 0.68%。

針對此問題，首先應該把握現狀、研究解決方案，然後找到改善目標。

## 1. 用表格統計所有不良數據

這一步在 QC 手法裏叫查檢，即把所有的不良項目找出來，如尺寸不良、表面不良、碰傷，等等，然後將其所有數據用表格一一列出來。

表 9-2-1　電腦線外觀不良查檢表

| 日期<br>不良項目 | 10月<br>8日 | 10月<br>9日 | 10月<br>10日 | 11月<br>11日 | 10月<br>12日 | 10月<br>13日 | 10月<br>14日 | 10月<br>15日 | 11月<br>16日 | 10月<br>17日 | 合計 |
|---|---|---|---|---|---|---|---|---|---|---|---|
| 尺寸不良 | 16 | 15 | 14 | 15 | 18 | 13 | 14 | 15 | 15 | 14 | 149 |
| 表面不良 | 7 | 6 | 8 | 6 | 8 | 6 | 9 | 6 | 7 | 6 | 69 |
| SR露銅絲 | 1 | 2 | 1 | 3 | 4 | 2 | 1 | 3 | 2 | 3 | 22 |
| 開口 | 1 | 0 | 0 | 1 | 1 | 0 | 1 | 1 | 0 | 1 | 6 |
| 碰傷 | 2 | 0 | 1 | 0 | 1 | 0 | 2 | 0 | 1 | 0 | 7 |
| 其他 | 1 | 0 | 1 | 2 | 3 | 2 | 2 | 1 | 1 | 2 | 15 |
| 合計 | 28 | 23 | 25 | 27 | 35 | 23 | 29 | 26 | 26 | 26 | 268 |
| 查檢數 | 1000 | 1000 | 1000 | 1000 | 1000 | 1000 | 1000 | 1000 | 1000 | 1000 | 10000 |
| 不良率<br>(%) | 2.8 | 2.3 | 2.5 | 2.7 | 3.5 | 2.3 | 2.9 | 2.6 | 2.6 | 2.6 | 2.68 |

查檢人：A 先生

查檢時間：1998 年 10 月 8 日至 10 月 17 日每天下午 15 時至 17 時

查檢週期：一天一次查檢方法：抽查

查檢數：1000 條/天

記錄方式：阿拉伯數字

判定方式：

尺寸不良——電腦線長度不在允許範圍之內

表面不良——由於縮水造成的凹面

SR 露銅絲——接頭與線材接口

露銅絲開口——接頭該吻合處出現裂縫

碰傷——表面出現劃痕

表 9-2-2　電腦線外觀不良統計表

| 不良項目 | 不良數 | 不良率(%) | 累計不良率(%) | 影響度(%) | 累計影響度(%) |
|---|---|---|---|---|---|
| 尺寸不良 | 149 | 1.49 | 1.49 | 55.60 | 55.60 |
| 表面不良 | 69 | 0.69 | 2.18 | 25.75 | 81.35 |
| SR露銅絲 | 22 | 0.22 | 2.40 | 8.21 | 89.56 |
| 開口 | 6 | 0.06 | 2.46 | 2.24 | 91.80 |
| 碰傷 | 7 | 0.07 | 2.53 | 2.61 | 94.41 |
| 其他 | 15 | 0.15 | 2.68 | 5.59 | 100 |
| 合計 | 268 | 2.68 | | 100 | |

## 2. 用柏拉圖分析不良率

有了電腦外觀不良率統計表就可以用柏拉圖對其進行分析。柏拉圖分析法的目的是把眾多數據重新組合排列，排成有意義的圖表，從而找出問題產生的原因。

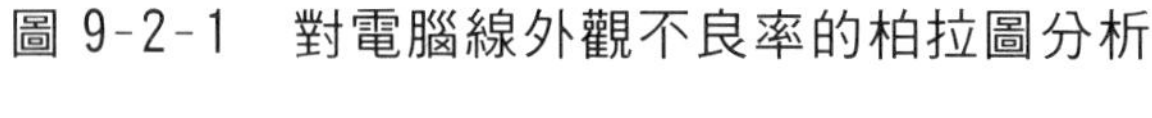
圖 9-2-1　對電腦線外觀不良率的柏拉圖分析

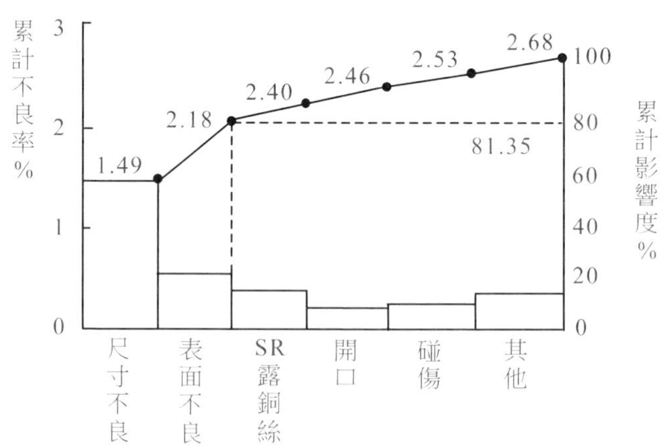

### 3. 用魚骨圖分析特性要因

透過柏拉圖分析法，我們得知影響產品品質的主要因素是尺寸不良和表面不良，假設尺寸不良為 A，表面不良為 B，就要重點分析 A、B 兩項內容，這時就要用到魚骨圖，因為它能透過現象看本質，找到問題的根本原因。

圖 9-2-2　電腦線尺寸不良的要因分析

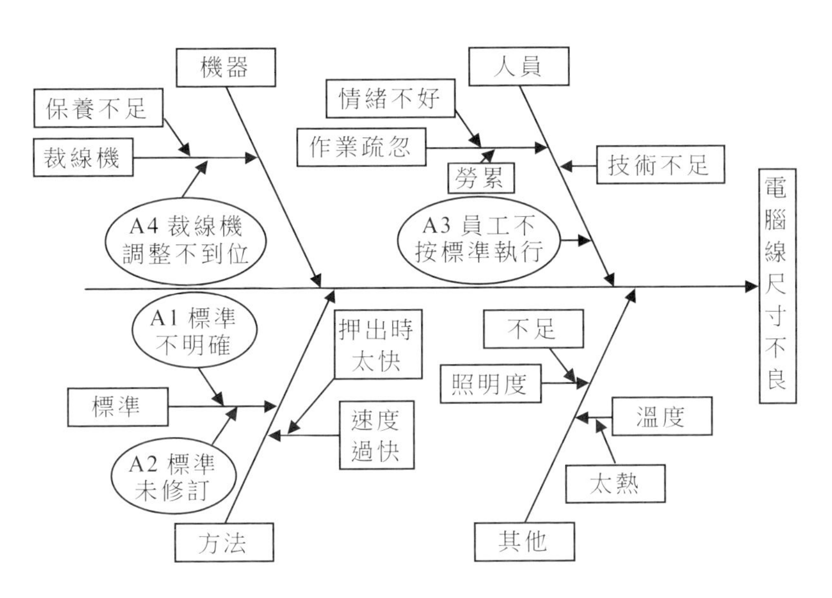

圖 9-2-3　電腦線表面不良的要因分析

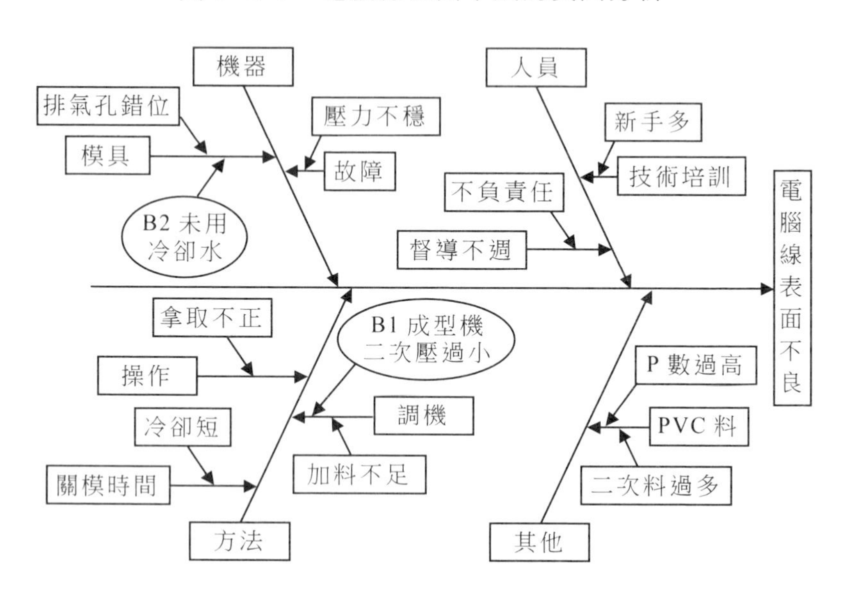


魚骨圖是非常實用的分析圖，它簡潔實用、具體直觀，是尋找問題根本原因的好方法。魚骨圖是 QC 手法裏最有效，也是最有用的一種分析方法，每個生產管理者都應該學會使用。

魚骨圖的畫法非常簡單，首先畫出主骨，並填好「魚頭」的內容；然後依次畫出「大骨」，填寫重要因素；畫出「中骨」、「小骨」，填寫次要因素，並用特殊符號標記重點內容。

物總是交期不準、品質總是出問題，等等。

魚骨圖既簡單又實用，一學就懂、一做就有效。我一再強調把簡單的事情做好就是非常不簡單的，做生產管理就要提倡使用簡單的方法。

4.對策的制訂與實施

魚骨圖畫出來了，對電腦線尺寸不良率的特性要因進行分析後找到了四個重要因素：A1、A2、A3和A4，分別列出來、框起來。

對電腦線外觀不良率的特性要因分析也使用同樣的方法，找出B1、B2兩個重要因素。找出要因後，就要針對各個問題提出解決方案，即制訂相關的對策。

制訂對策以後，明確責任人、時間期限，最後就去實施。

表 9-2-3　對策的制訂與實施

| 不良項目 | 要因細分 | 對策提出 | 檢討 | | | | | | 提案人 | 實施計劃 | |
|---|---|---|---|---|---|---|---|---|---|---|---|
| | | | 效果 | 費用 | 可行性 | 期間 | 得分 | 順位 | | 試行日期 | 負責人 |
| A電腦線尺寸不良 | A1標準不明確 | 制定明確的標準 | 5 | 5 | 5 | 3 | 20 | 1 | | 11月2日～11月8日 | |
| | A2標準未修訂 | 對標準不斷修訂 | 3 | 3 | 5 | 3 | 14 | 4 | | 11月23日～11月29日 | |
| A電腦線尺寸不良 | A3員工不按標準執行 | 實施教育訓練 | 5 | 3 | 5 | 5 | 18 | 3 | | 11月16日～11月22日 | |
| | A4裁線機調整不夠 | 實施教育訓練 | 5 | 5 | 5 | 3 | 18 | 3 | | 11月16日～11月22日 | |
| | | 對裁線機進行點檢調整 | 5 | 3 | 5 | 5 | 18 | 2 | | 11月9日～11月15日 | |
| B電腦線表面不良 | B1成型機二次壓過小 | 將二次壓從15千克調至20千克 | 5 | 5 | 5 | 5 | 20 | 1 | | 11月2日～11月8日 | |
| | B2未用冷卻水 | 安裝冷卻水管 | 5 | 5 | 5 | 3 | 18 | 1 | | 11月2日～11月8日 | |

### 5.推移圖比較改善前後情況

實施工作完成以後要比較改善對策實施前、實施中、實施後的差異。

圖 9-2-4　用推移圖比較改善前、改善中和改善後的電腦線外觀不良率

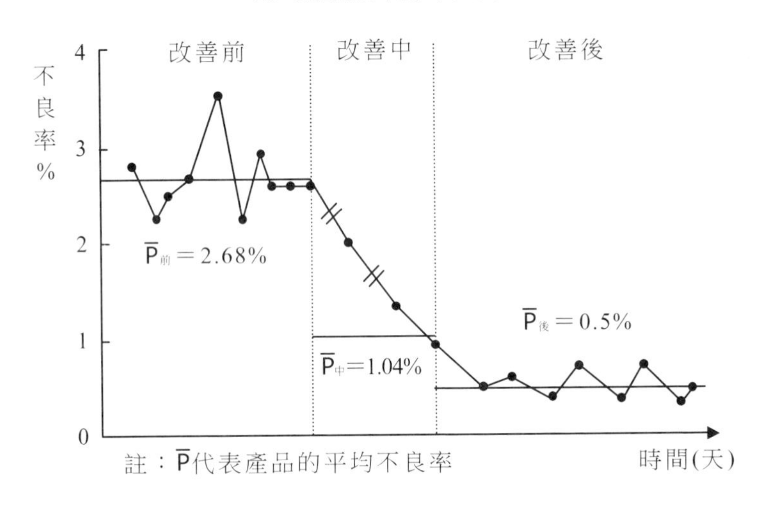


### 6.解決方案標準化

問題解決以後，就要將解決問題的方法標準化，如果不標準化，過了一段時間，類似的問題就會再次發生。如將解決的方法標準化，類似的問題就不會再發生。

總之，運用 PDCA 解決問題的幾個步驟如下：把現狀分析出來；用柏拉圖分析原因，然後透過畫魚骨圖找出問題的要因；針對重要原因制訂對策；制訂對策以後，實施對策；實施對策之後檢查效果；如果效果很好要將其標準化；如果沒有效果，進入第二個 PDCA 循環。

表 9-2-4　解決問題的方法標準化

| | 原訂標準 | 新訂或修訂標準 | 修訂 | 制定 |
|---|---|---|---|---|
| 1 | 無標準 | 制訂《電腦線尺寸執行標準》 | | √ |
| 2 | 員工QC教育訓練2小時/月 | 員工QC教育訓練12小時/月 | √ | |
| 3 | 設備查檢標準：裁線機點檢1次/週 | 設備查檢標準：裁線機點檢1次/天 | √ | |
| 4 | 押出機操作規程：二次壓15千克 | 押出機操作規程：二次壓20千克 | √ | |

心得欄 ------------------------------

| 146 | 主管階層績效考核手冊 | 360 元 |
|---|---|---|
| 147 | 六步打造績效考核體系 | 360 元 |
| 148 | 六步打造培訓體系 | 360 元 |
| 149 | 展覽會行銷技巧 | 360 元 |
| 150 | 企業流程管理技巧 | 360 元 |
| 152 | 向西點軍校學管理 | 360 元 |
| 154 | 領導你的成功團隊 | 360 元 |
| 155 | 頂尖傳銷術 | 360 元 |
| 160 | 各部門編制預算工作 | 360 元 |
| 163 | 只為成功找方法，不為失敗找藉口 | 360 元 |
| 167 | 網路商店管理手冊 | 360 元 |
| 168 | 生氣不如爭氣 | 360 元 |
| 170 | 模仿就能成功 | 350 元 |
| 176 | 每天進步一點點 | 350 元 |
| 181 | 速度是贏利關鍵 | 360 元 |
| 183 | 如何識別人才 | 360 元 |
| 184 | 找方法解決問題 | 360 元 |
| 185 | 不景氣時期，如何降低成本 | 360 元 |
| 186 | 營業管理疑難雜症與對策 | 360 元 |
| 187 | 廠商掌握零售賣場的竅門 | 360 元 |
| 188 | 推銷之神傳世技巧 | 360 元 |
| 189 | 企業經營案例解析 | 360 元 |
| 191 | 豐田汽車管理模式 | 360 元 |
| 192 | 企業執行力（技巧篇） | 360 元 |
| 193 | 領導魅力 | 360 元 |
| 198 | 銷售說服技巧 | 360 元 |
| 199 | 促銷工具疑難雜症與對策 | 360 元 |
| 200 | 如何推動目標管理（第三版） | 390 元 |
| 201 | 網路行銷技巧 | 360 元 |
| 204 | 客戶服務部工作流程 | 360 元 |
| 206 | 如何鞏固客戶（增訂二版） | 360 元 |
| 208 | 經濟大崩潰 | 360 元 |
| 215 | 行銷計劃書的撰寫與執行 | 360 元 |
| 216 | 內部控制實務與案例 | 360 元 |
| 217 | 透視財務分析內幕 | 360 元 |
| 219 | 總經理如何管理公司 | 360 元 |
| 222 | 確保新產品銷售成功 | 360 元 |
| 223 | 品牌成功關鍵步驟 | 360 元 |
| 224 | 客戶服務部門績效量化指標 | 360 元 |

| 226 | 商業網站成功密碼 | 360 元 |
|---|---|---|
| 228 | 經營分析 | 360 元 |
| 229 | 產品經理手冊 | 360 元 |
| 230 | 診斷改善你的企業 | 360 元 |
| 232 | 電子郵件成功技巧 | 360 元 |
| 234 | 銷售通路管理實務〈增訂二版〉 | 360 元 |
| 235 | 求職面試一定成功 | 360 元 |
| 236 | 客戶管理操作實務〈增訂二版〉 | 360 元 |
| 237 | 總經理如何領導成功團隊 | 360 元 |
| 238 | 總經理如何熟悉財務控制 | 360 元 |
| 239 | 總經理如何靈活調動資金 | 360 元 |
| 240 | 有趣的生活經濟學 | 360 元 |
| 241 | 業務員經營轄區市場（增訂二版） | 360 元 |
| 242 | 搜索引擎行銷 | 360 元 |
| 243 | 如何推動利潤中心制度（增訂二版） | 360 元 |
| 244 | 經營智慧 | 360 元 |
| 245 | 企業危機應對實戰技巧 | 360 元 |
| 246 | 行銷總監工作指引 | 360 元 |
| 247 | 行銷總監實戰案例 | 360 元 |
| 248 | 企業戰略執行手冊 | 360 元 |
| 249 | 大客戶搖錢樹 | 360 元 |
| 250 | 企業經營計劃〈增訂二版〉 | 360 元 |
| 252 | 營業管理實務（增訂二版） | 360 元 |
| 253 | 銷售部門績效考核量化指標 | 360 元 |
| 254 | 員工招聘操作手冊 | 360 元 |
| 256 | 有效溝通技巧 | 360 元 |
| 257 | 會議手冊 | 360 元 |
| 258 | 如何處理員工離職問題 | 360 元 |
| 259 | 提高工作效率 | 360 元 |
| 261 | 員工招聘性向測試方法 | 360 元 |
| 262 | 解決問題 | 360 元 |
| 263 | 微利時代制勝法寶 | 360 元 |
| 264 | 如何拿到 VC（風險投資）的錢 | 360 元 |
| 267 | 促銷管理實務〈增訂五版〉 | 360 元 |
| 268 | 顧客情報管理技巧 | 360 元 |
|  |  |  |

| | | |
|---|---|---|
| 269 | 如何改善企業組織績效〈增訂二版〉 | 360 元 |
| 270 | 低調才是大智慧 | 360 元 |
| 272 | 主管必備的授權技巧 | 360 元 |
| 275 | 主管如何激勵部屬 | 360 元 |
| 276 | 輕鬆擁有幽默口才 | 360 元 |
| 278 | 面試主考官工作實務 | 360 元 |
| 279 | 總經理重點工作（增訂二版） | 360 元 |
| 282 | 如何提高市場佔有率（增訂二版） | 360 元 |
| 283 | 財務部流程規範化管理（增訂二版） | 360 元 |
| 284 | 時間管理手冊 | 360 元 |
| 285 | 人事經理操作手冊（增訂二版） | 360 元 |
| 286 | 贏得競爭優勢的模仿戰略 | 360 元 |
| 287 | 電話推銷培訓教材（增訂三版） | 360 元 |
| 288 | 贏在細節管理（增訂二版） | 360 元 |
| 289 | 企業識別系統 CIS（增訂二版） | 360 元 |
| 290 | 部門主管手冊（增訂五版） | 360 元 |
| 291 | 財務查帳技巧（增訂二版） | 360 元 |
| 292 | 商業簡報技巧 | 360 元 |
| 293 | 業務員疑難雜症與對策（增訂二版） | 360 元 |
| 295 | 哈佛領導力課程 | 360 元 |
| 296 | 如何診斷企業財務狀況 | 360 元 |
| 297 | 營業部轄區管理規範工具書 | 360 元 |
| 298 | 售後服務手冊 | 360 元 |
| 299 | 業績倍增的銷售技巧 | 400 元 |
| 300 | 行政部流程規範化管理（增訂二版） | 400 元 |
| 302 | 行銷部流程規範化管理（增訂二版） | 400 元 |
| 304 | 生產部流程規範化管理（增訂二版） | 400 元 |
| 305 | 績效考核手冊(增訂二版) | 400 元 |
| 307 | 招聘作業規範手冊 | 420 元 |
| 308 | 喬・吉拉德銷售智慧 | 400 元 |
| 309 | 商品鋪貨規範工具書 | 400 元 |
| 310 | 企業併購案例精華(增訂二版) | 420 元 |
| 311 | 客戶抱怨手冊 | 400 元 |
| 312 | 如何撰寫職位說明書(增訂二版) | 400 元 |
| 313 | 總務部門重點工作（增訂三版） | 400 元 |
| 314 | 客戶拒絕就是銷售成功的開始 | 400 元 |
| 315 | 如何選人、育人、用人、留人、辭人 | 400 元 |
| 316 | 危機管理案例精華 | 400 元 |
| 317 | 節約的都是利潤 | 400 元 |
| 318 | 企業盈利模式 | 400 元 |
| 319 | 應收帳款的管理與催收 | 420 元 |
| 320 | 總經理手冊 | 420 元 |
| 321 | 新產品銷售一定成功 | 420 元 |
| 322 | 銷售獎勵辦法 | 420 元 |
| 323 | 財務主管工作手冊 | 420 元 |
| 324 | 降低人力成本 | 420 元 |
| 325 | 企業如何制度化 | 420 元 |
| 326 | 終端零售店管理手冊 | 420 元 |
| 327 | 客戶管理應用技巧 | 420 元 |
| 328 | 如何撰寫商業計畫書（增訂二版） | 420 元 |
| 329 | 利潤中心制度運作技巧 | 420 元 |
| 330 | 企業要注重現金流 | 420 元 |
| 331 | 經銷商管理實務 | 450 元 |
| 332 | 內部控制規範手冊（增訂二版） | 420 元 |
| 333 | 人力資源部流程規範化管理（增訂五版） | 420 元 |
| 334 | 各部門年度計劃工作（增訂三版） | 420 元 |
| 335 | 人力資源部官司案件大公開 | 420 元 |

## 《商店叢書》

| | | |
|---|---|---|
| 18 | 店員推銷技巧 | 360 元 |
| 30 | 特許連鎖業經營技巧 | 360 元 |
| 35 | 商店標準操作流程 | 360 元 |
| 36 | 商店導購口才專業培訓 | 360 元 |
| 37 | 速食店操作手冊〈增訂二版〉 | 360 元 |

| | | |
|---|---|---|
| 38 | 網路商店創業手冊〈增訂二版〉 | 360 元 |
| 40 | 商店診斷實務 | 360 元 |
| 41 | 店鋪商品管理手冊 | 360 元 |
| 42 | 店員操作手冊（增訂三版） | 360 元 |
| 44 | 店長如何提升業績〈增訂二版〉 | 360 元 |
| 45 | 向肯德基學習連鎖經營〈增訂二版〉 | 360 元 |
| 47 | 賣場如何經營會員制俱樂部 | 360 元 |
| 48 | 賣場銷量神奇交叉分析 | 360 元 |
| 49 | 商場促銷法寶 | 360 元 |
| 53 | 餐飲業工作規範 | 360 元 |
| 54 | 有效的店員銷售技巧 | 360 元 |
| 55 | 如何開創連鎖體系〈增訂三版〉 | 360 元 |
| 56 | 開一家穩賺不賠的網路商店 | 360 元 |
| 57 | 連鎖業開店複製流程 | 360 元 |
| 58 | 商鋪業績提升技巧 | 360 元 |
| 59 | 店員工作規範（增訂二版） | 400 元 |
| 61 | 架設強大的連鎖總部 | 400 元 |
| 62 | 餐飲業經營技巧 | 400 元 |
| 64 | 賣場管理督導手冊 | 420 元 |
| 65 | 連鎖店督導師手冊（增訂二版） | 420 元 |
| 67 | 店長數據化管理技巧 | 420 元 |
| 68 | 開店創業手冊〈增訂四版〉 | 420 元 |
| 69 | 連鎖業商品開發與物流配送 | 420 元 |
| 70 | 連鎖業加盟招商與培訓作法 | 420 元 |
| 71 | 金牌店員內部培訓手冊 | 420 元 |
| 72 | 如何撰寫連鎖業營運手冊〈增訂三版〉 | 420 元 |
| 73 | 店長操作手冊（增訂七版） | 420 元 |
| 74 | 連鎖企業如何取得投資公司注入資金 | 420 元 |
| 75 | 特許連鎖業加盟合約（增訂二版） | 420 元 |
| 76 | 實體商店如何提昇業績 | 420 元 |
| 77 | 連鎖店操作手冊（增訂六版） | 420 元 |
| | | |
| | | |

## 《工廠叢書》

| | | |
|---|---|---|
| 15 | 工廠設備維護手冊 | 380 元 |
| 16 | 品管圈活動指南 | 380 元 |
| 17 | 品管圈推動實務 | 380 元 |
| 20 | 如何推動提案制度 | 380 元 |
| 24 | 六西格瑪管理手冊 | 380 元 |
| 30 | 生產績效診斷與評估 | 380 元 |
| 32 | 如何藉助 IE 提升業績 | 380 元 |
| 38 | 目視管理操作技巧(增訂二版) | 380 元 |
| 46 | 降低生產成本 | 380 元 |
| 47 | 物流配送績效管理 | 380 元 |
| 51 | 透視流程改善技巧 | 380 元 |
| 55 | 企業標準化的創建與推動 | 380 元 |
| 56 | 精細化生產管理 | 380 元 |
| 57 | 品質管制手法〈增訂二版〉 | 380 元 |
| 58 | 如何改善生產績效〈增訂二版〉 | 380 元 |
| 68 | 打造一流的生產作業廠區 | 380 元 |
| 70 | 如何控制不良品〈增訂二版〉 | 380 元 |
| 71 | 全面消除生產浪費 | 380 元 |
| 72 | 現場工程改善應用手冊 | 380 元 |
| 77 | 確保新產品開發成功（增訂四版） | 380 元 |
| 79 | 6S 管理運作技巧 | 380 元 |
| 84 | 供應商管理手冊 | 380 元 |
| 85 | 採購管理工作細則〈增訂二版〉 | 380 元 |
| 88 | 豐田現場管理技巧 | 380 元 |
| 89 | 生產現場管理實戰案例〈增訂三版〉 | 380 元 |
| 92 | 生產主管操作手冊(增訂五版) | 420 元 |
| 93 | 機器設備維護管理工具書 | 420 元 |
| 94 | 如何解決工廠問題 | 420 元 |
| 96 | 生產訂單運作方式與變更管理 | 420 元 |
| 97 | 商品管理流程控制(增訂四版) | 420 元 |
| 101 | 如何預防採購舞弊 | 420 元 |
| 102 | 生產主管工作技巧 | 420 元 |
| 103 | 工廠管理標準作業流程〈增訂三版〉 | 420 元 |
| | | |

| 104 | 採購談判與議價技巧〈增訂三版〉 | 420 元 |
|---|---|---|
| 105 | 生產計劃的規劃與執行（增訂二版） | 420 元 |
| 106 | 採購管理實務〈增訂七版〉 | 420 元 |
| 107 | 如何推動 5S 管理（增訂六版） | 420 元 |
| 108 | 物料管理控制實務〈增訂三版〉 | 420 元 |
| 109 | 部門績效考核的量化管理（增訂七版） | 420 元 |
| 110 | 如何管理倉庫〈增訂九版〉 | 420 元 |
| 111 | 品管部操作規範 | 420 元 |

## 《醫學保健叢書》

| 1 | 9 週加強免疫能力 | 320 元 |
|---|---|---|
| 3 | 如何克服失眠 | 320 元 |
| 4 | 美麗肌膚有妙方 | 320 元 |
| 5 | 減肥瘦身一定成功 | 360 元 |
| 6 | 輕鬆懷孕手冊 | 360 元 |
| 7 | 育兒保健手冊 | 360 元 |
| 8 | 輕鬆坐月子 | 360 元 |
| 11 | 排毒養生方法 | 360 元 |
| 13 | 排除體內毒素 | 360 元 |
| 14 | 排除便秘困擾 | 360 元 |
| 15 | 維生素保健全書 | 360 元 |
| 16 | 腎臟病患者的治療與保健 | 360 元 |
| 17 | 肝病患者的治療與保健 | 360 元 |
| 18 | 糖尿病患者的治療與保健 | 360 元 |
| 19 | 高血壓患者的治療與保健 | 360 元 |
| 22 | 給老爸老媽的保健全書 | 360 元 |
| 23 | 如何降低高血壓 | 360 元 |
| 24 | 如何治療糖尿病 | 360 元 |
| 25 | 如何降低膽固醇 | 360 元 |
| 26 | 人體器官使用說明書 | 360 元 |
| 27 | 這樣喝水最健康 | 360 元 |
| 28 | 輕鬆排毒方法 | 360 元 |
| 29 | 中醫養生手冊 | 360 元 |
| 30 | 孕婦手冊 | 360 元 |
| 31 | 育兒手冊 | 360 元 |
| 32 | 幾千年的中醫養生方法 | 360 元 |
| 34 | 糖尿病治療全書 | 360 元 |
| 35 | 活到 120 歲的飲食方法 | 360 元 |
| 36 | 7 天克服便秘 | 360 元 |
| 37 | 為長壽做準備 | 360 元 |
| 39 | 拒絕三高有方法 | 360 元 |
| 40 | 一定要懷孕 | 360 元 |
| 41 | 提高免疫力可抵抗癌症 | 360 元 |
| 42 | 生男生女有技巧〈增訂三版〉 | 360 元 |

## 《培訓叢書》

| 11 | 培訓師的現場培訓技巧 | 360 元 |
|---|---|---|
| 12 | 培訓師的演講技巧 | 360 元 |
| 15 | 戶外培訓活動實施技巧 | 360 元 |
| 17 | 針對部門主管的培訓遊戲 | 360 元 |
| 21 | 培訓部門經理操作手冊（增訂三版） | 360 元 |
| 23 | 培訓部門流程規範化管理 | 360 元 |
| 24 | 領導技巧培訓遊戲 | 360 元 |
| 26 | 提升服務品質培訓遊戲 | 360 元 |
| 27 | 執行能力培訓遊戲 | 360 元 |
| 28 | 企業如何培訓內部講師 | 360 元 |
| 29 | 培訓師手冊（增訂五版） | 420 元 |
| 30 | 團隊合作培訓遊戲(增訂三版) | 420 元 |
| 31 | 激勵員工培訓遊戲 | 420 元 |
| 32 | 企業培訓活動的破冰遊戲（增訂二版） | 420 元 |
| 33 | 解決問題能力培訓遊戲 | 420 元 |
| 34 | 情商管理培訓遊戲 | 420 元 |
| 35 | 企業培訓遊戲大全(增訂四版) | 420 元 |
| 36 | 銷售部門培訓遊戲綜合本 | 420 元 |
| 37 | 溝通能力培訓遊戲 | 420 元 |

## 《傳銷叢書》

| 4 | 傳銷致富 | 360 元 |
|---|---|---|
| 5 | 傳銷培訓課程 | 360 元 |
| 10 | 頂尖傳銷術 | 360 元 |
| 12 | 現在輪到你成功 | 350 元 |
| 13 | 鑽石傳銷商培訓手冊 | 350 元 |
| 14 | 傳銷皇帝的激勵技巧 | 360 元 |
| 15 | 傳銷皇帝的溝通技巧 | 360 元 |
| 19 | 傳銷分享會運作範例 | 360 元 |
| 20 | 傳銷成功技巧（增訂五版） | 400 元 |
| 21 | 傳銷領袖（增訂二版） | 400 元 |

| | | |
|---|---|---|
| 22 | 傳銷話術 | 400 元 |
| 23 | 如何傳銷邀約 | 400 元 |

## 《幼兒培育叢書》

| | | |
|---|---|---|
| 1 | 如何培育傑出子女 | 360 元 |
| 2 | 培育財富子女 | 360 元 |
| 3 | 如何激發孩子的學習潛能 | 360 元 |
| 4 | 鼓勵孩子 | 360 元 |
| 5 | 別溺愛孩子 | 360 元 |
| 6 | 孩子考第一名 | 360 元 |
| 7 | 父母要如何與孩子溝通 | 360 元 |
| 8 | 父母要如何培養孩子的好習慣 | 360 元 |
| 9 | 父母要如何激發孩子學習潛能 | 360 元 |
| 10 | 如何讓孩子變得堅強自信 | 360 元 |

## 《成功叢書》

| | | |
|---|---|---|
| 1 | 猶太富翁經商智慧 | 360 元 |
| 2 | 致富鑽石法則 | 360 元 |
| 3 | 發現財富密碼 | 360 元 |

## 《企業傳記叢書》

| | | |
|---|---|---|
| 1 | 零售巨人沃爾瑪 | 360 元 |
| 2 | 大型企業失敗啟示錄 | 360 元 |
| 3 | 企業併購始祖洛克菲勒 | 360 元 |
| 4 | 透視戴爾經營技巧 | 360 元 |
| 5 | 亞馬遜網路書店傳奇 | 360 元 |
| 6 | 動物智慧的企業競爭啟示 | 320 元 |
| 7 | CEO 拯救企業 | 360 元 |
| 8 | 世界首富　宜家王國 | 360 元 |
| 9 | 航空巨人波音傳奇 | 360 元 |
| 10 | 傳媒併購大亨 | 360 元 |

## 《智慧叢書》

| | | |
|---|---|---|
| 1 | 禪的智慧 | 360 元 |
| 2 | 生活禪 | 360 元 |
| 3 | 易經的智慧 | 360 元 |
| 4 | 禪的管理大智慧 | 360 元 |
| 5 | 改變命運的人生智慧 | 360 元 |
| 6 | 如何吸取中庸智慧 | 360 元 |
| 7 | 如何吸取老子智慧 | 360 元 |
| 8 | 如何吸取易經智慧 | 360 元 |
| 9 | 經濟大崩潰 | 360 元 |
| 10 | 有趣的生活經濟學 | 360 元 |
| 11 | 低調才是大智慧 | 360 元 |

## 《DIY 叢書》

| | | |
|---|---|---|
| 1 | 居家節約竅門 DIY | 360 元 |
| 2 | 愛護汽車 DIY | 360 元 |
| 3 | 現代居家風水 DIY | 360 元 |
| 4 | 居家收納整理 DIY | 360 元 |
| 5 | 廚房竅門 DIY | 360 元 |
| 6 | 家庭裝修 DIY | 360 元 |
| 7 | 省油大作戰 | 360 元 |

## 《財務管理叢書》

| | | |
|---|---|---|
| 1 | 如何編制部門年度預算 | 360 元 |
| 2 | 財務查帳技巧 | 360 元 |
| 3 | 財務經理手冊 | 360 元 |
| 4 | 財務診斷技巧 | 360 元 |
| 5 | 內部控制實務 | 360 元 |
| 6 | 財務管理制度化 | 360 元 |
| 8 | 財務部流程規範化管理 | 360 元 |
| 9 | 如何推動利潤中心制度 | 360 元 |

為方便讀者選購，本公司將一部分上述圖書又加以專門分類如下：

## 《主管叢書》

| | | |
|---|---|---|
| 1 | 部門主管手冊（增訂五版） | 360 元 |
| 2 | 總經理手冊 | 420 元 |
| 4 | 生產主管操作手冊（增訂五版） | 420 元 |
| 5 | 店長操作手冊（增訂六版） | 420 元 |
| 6 | 財務經理手冊 | 360 元 |
| 7 | 人事經理操作手冊 | 360 元 |
| 8 | 行銷總監工作指引 | 360 元 |
| 9 | 行銷總監實戰案例 | 360 元 |

## 《總經理叢書》

| | | |
|---|---|---|
| 1 | 總經理如何經營公司(增訂二版) | 360 元 |
| 2 | 總經理如何管理公司 | 360 元 |
| 3 | 總經理如何領導成功團隊 | 360 元 |
| 4 | 總經理如何熟悉財務控制 | 360 元 |
| 5 | 總經理如何靈活調動資金 | 360 元 |
| 6 | 總經理手冊 | 420 元 |

## 《人事管理叢書》

| | | |
|---|---|---|
| 1 | 人事經理操作手冊 | 360 元 |
| 2 | 員工招聘操作手冊 | 360 元 |
| 3 | 員工招聘性向測試方法 | 360 元 |

| | | |
|---|---|---|
| 5 | 總務部門重點工作（增訂三版） | 400 元 |
| 6 | 如何識別人才 | 360 元 |
| 7 | 如何處理員工離職問題 | 360 元 |
| 8 | 人力資源部流程規範化管理（增訂四版） | 420 元 |
| 9 | 面試主考官工作實務 | 360 元 |
| 10 | 主管如何激勵部屬 | 360 元 |
| 11 | 主管必備的授權技巧 | 360 元 |
| 12 | 部門主管手冊（增訂五版） | 360 元 |

## 《理財叢書》

| | | |
|---|---|---|
| 1 | 巴菲特股票投資忠告 | 360 元 |
| 2 | 受益一生的投資理財 | 360 元 |
| 3 | 終身理財計劃 | 360 元 |
| 4 | 如何投資黃金 | 360 元 |
| 5 | 巴菲特投資必贏技巧 | 360 元 |
| 6 | 投資基金賺錢方法 | 360 元 |
| 7 | 索羅斯的基金投資必贏忠告 | 360 元 |
| 8 | 巴菲特為何投資比亞迪 | 360 元 |

## 《網路行銷叢書》

| | | |
|---|---|---|
| 1 | 網路商店創業手冊〈增訂二版〉 | 360 元 |
| 2 | 網路商店管理手冊 | 360 元 |
| 3 | 網路行銷技巧 | 360 元 |
| 4 | 商業網站成功密碼 | 360 元 |
| 5 | 電子郵件成功技巧 | 360 元 |
| 6 | 搜索引擎行銷 | 360 元 |

## 《企業計劃叢書》

| | | |
|---|---|---|
| 1 | 企業經營計劃〈增訂二版〉 | 360 元 |
| 2 | 各部門年度計劃工作 | 360 元 |
| 3 | 各部門編制預算工作 | 360 元 |
| 4 | 經營分析 | 360 元 |
| 5 | 企業戰略執行手冊 | 360 元 |

當 市 場 競 爭 激 烈 時：

# 培訓員工，強化員工競爭力
# 是企業最佳對策

「人才」是企業最大的財富。如何提升人才，是企業永續經營、戰勝對手的核心競爭力。積極培訓公司內部員工，是經濟不景氣時期的最佳戰略，而最快速的具體作法，就是「**建立企業內部圖書館，鼓勵員工多閱讀、多進修專業書藉**」

**建議您：請一次購足本公司所出版各種經營管理類圖書，作為貴公司內部員工培訓圖書。** 使用率高的（例如「贏在細節管理」），準備 3 本；使用率低的（例如「工廠設備維護手冊」），只買 1 本。

# 給總經理的話

總經理公事繁忙，還要設法擠出時間，赴外上課進修學習，努力不懈，力爭上游。

總經理拚命充電，但是員工呢？

公司的執行仍然要靠員工，為什麼不要讓員工一起進修學習呢？

買幾本好書，交待員工一起讀書，或是買好書送給員工當禮品。簡單、立刻可行，多好的事！

工廠叢書 (111) 售價：420 元

# 品管部操作規範

西元二〇一九年八月 初版一刷

編輯指導：黃憲仁
編著：曹子健 陳進福
策劃：麥可國際出版有限公司（新加坡）
編輯：蕭玲
校對：劉飛娟
發行人：黃憲仁
發行所：憲業企管顧問有限公司
電話：(02) 2762-2241 (03) 9310960 0930872873
電子郵件聯絡信箱：huang2838@yahoo.com.tw
銀行 ATM 轉帳：合作金庫銀行 帳號：5034-717-347447
郵政劃撥：18410591 憲業企管顧問有限公司

登記證：行政業新聞局版台業字第 6380 號



本圖書是由憲業企管顧問(集團)公司所出版，以專業立場，為企業界提供最專業的各種經營管理類圖書。

圖書編號 ISBN：978-986-369-083-2